中国第六次
北极科学考察报告

THE REPORT OF 2014 CHINESE ARCTIC RESEARCH EXPEDITION

潘增弟　主编

U0202165

海洋出版社

2015年·北京

图书在版编目(CIP)数据

中国第六次北极科学考察报告 / 潘增弟主编. — 北京 : 海洋出版社, 2015.12

ISBN 978-7-5027-9297-8

Ⅰ.① 中… Ⅱ.① 潘… Ⅲ.① 北极 – 考察报告 – 中国 Ⅳ.① N816.62

中国版本图书馆CIP数据核字(2015)第283962号

责任编辑：白　燕　王　溪
责任印制：赵麟苏

海洋出版社 出版发行

http://www.oceanpress.com.cn

北京市海淀区大慧寺路 8 号　　邮编：100081
北京画中画印刷有限公司印刷　　新华书店经销
2015年12月第 1 版　2015 年12月北京第 1 次印刷
开本：889mm×1194mm　1 / 16　印张：19.5
字数：460千字　　定价：120.00 元
发行部：010-62132549　邮购部：010-68038093　总编室：010-62114335

海洋版图书印、装错误可随时退换

　　公元 2014 年，即农历甲午马年，中国第六次北极科学考察队乘"雪龙"号极地考察船于 7 月 11 日从上海起航，风雪兼程，顽强拼搏，历经 76 天，逾 22 000 千米航程，在安全、顺利、圆满完成各项考察任务后，于 9 月 24 日返回上海中国极地考察国内基地码头。本次考察是"南北极环境综合考察与评估"专项的第二个北极科考航次，也是我国成为北极理事会观察员国后实施的首次极地科学考察。考察队紧紧围绕"北极快速变化及其对我国气候的影响"这一主题，科学计划，精心组织，克服恶劣天气和北冰洋考察区域冰情较常年偏重等不利因素，完成了多项具有突破性意义和科学影响的考察活动，取得了突出成绩，推动我国北极科考事业再上新台阶。

　　党的十八大报告明确提出"提高海洋资源开发能力，发展海洋经济，保护海洋生态环境，坚决维护国家海洋权益，建设海洋强国"的宏伟目标，凸显了做好海洋工作的紧迫感、责任感和使命感，同时也要求海洋工作者要付出长期不懈的艰苦努力。自 1999 年我国首次组织实施北极科学考察以来，至 2014 年已经在白令海和北冰洋太平洋扇区成功实施了 6 次多学科综合考察，取得了一大批令人瞩目的考察成果。中国第六次北极科学考察时值中华人民共和国成立 65 周年，也恰逢我国开展南极考察 30 周年，北极考察 15 周年，北极建站 10 周年，也是我国实施极地考察"十二五"规划的关键一年。在国家海洋局的坚强领导下，在极地考察办公室的精心指挥和中国极地研究中心的大力保障下，在各考察任务参与单位的大力支持下，考察队临时党委团结并带领全体考察队员，弘扬"爱国、拼搏、求实、创新"的极地精神，在白令海、楚科奇海、加拿大海盆等海域完成了 90 个站位、7 个短期冰站、1 个长期冰站的船基和冰基多学科综合考察，获得了大量的观测资料和样品。

　　中国第六次北极科学考察队由来自国内外 32 家单位的 128 名队员组成，其中包括来自美国、俄罗斯、德国、法国和我国台湾地区的 7 位科学家。全体考察队员精诚合作，同舟共济，在白令海盆成功布放了我国首套锚碇观测浮标，首次开展了海冰浮标阵列协同观测和浮冰区近海底磁力测量，并通过国际合作，首次利用"雪龙"船平台在加拿大海盆布放了 3 套深水冰拖曳浮标。本航次取得的这些成果，对于深入开展北极生态、环境和气候变化效应研究，提升我国极地考察与研究水平和国际影响，建设海洋强国，具有非常重要的科学价值和现实意义。

　　为全面总结此次现场考察任务完成情况，向关心和支持我国极地科考事业的祖国和人民汇报考察工作取得的进展和成果，并为我们继续深入开展北极地区科学考察提供借鉴和经验，在"雪龙"船和考察队各学科组的共同努力下，编写完成了本册《中国第六次北极科学考察报告》。

　　当前，我国正在推进海上丝绸之路建设和海洋强国建设，极地科学考察事业正面临实现跨越发展的难得机遇。希望广大极地考察工作者进一步明确肩负的历史使命，继续弘扬极地精神，勇于改革创新，大胆探索实践，造就一支作风顽强、业务精湛的科考队伍，为更加深入地了解北极、认识北极，更加广泛地参与北极事务做出新的更大的贡献。

国家海洋局副局长

2015年1月

地球的南北极，是人类家园中不可或缺的组成部分，尽管距离我们遥远，但与人类社会的生存与发展息息相关。探索研究全球气候变化这一时代命题，离不开对地球两极地区的全面深入研究。因为，那里蕴含着地球演化过程中众多的科学奥秘，那里丰富的科学资源与自然资源，对人类社会的可持续发展有着重要意义。作为近北极国家，北极气候变暖对我国环境、气候有着重要的影响，北极航道的开通以及北极资源的开发也将给我国的社会经济发展带来机遇和挑战。因此，探索北极，认知北极，促进北极的和平与可持续发展，关乎我国未来的可持续发展，也是建设海洋强国的重要举措，具有重大意义。

中国第六次北极科学考察队暨"雪龙"号科学考察船自上海出发，于2014年7月11日至9月24日，前往北极白令海、楚科奇海、加拿大海盆地区执行科学考察任务。来自国内外32个单位的128名考察队员，历时76天，行程约22 000千米，围绕"北极快速变化及其对我国气候的影响"这一主题，开展了海洋水文与气象、海洋化学、海洋生物与生态、海洋地质、海洋地球物理、海冰动力学与热力学等学科领域的考察，为"南北极环境综合考察"专项的深入研究，获取了大量第一手宝贵的基础资料。经过全体考察队员的共同拼搏和努力，安全、顺利、圆满、超计划完成了本次北极科学考察任务。

本航次不仅取得了丰硕的考察成果，在航次考察计划制订、现场组织实施、国际合作、科考数据和样品共享、航次质量监控等方面，也取得了新的突破。不仅为今后开展北极科学研究奠定了良好的基础，同时也为未来更加科学、高效、安全地组织开展极地科学考察积累了宝贵的经验。

《中国第六次北极科学考察报告》作为本次科学考察的成果之一，全面、真实地记录了本次科学考察的现场工作情况，总结了考察的初步成果。除文字外，大量现场图片也尽可能地传递现场工作和环境的信息。报告反映了考察的基本情况，是北极科考宝贵的第一手资料。

作为本次北极科学考察队的临时党委书记和领队，在此特别感谢中国第六次北极科学考察队全体考察队员和"雪龙"号科学考察船全体船员，感谢大家为完成考察任务所付出的辛勤劳动与汗水。同时向给予本次科学考察大力支持的专家、领导、组织管理单位和本次考察的参加单位表示衷心的感谢！

中国第六次北极科学考察队领队　曲探宙

2015年1月

　　被永久冰盖和海冰常年覆盖的南北两极是地球的两个冷极，也是地球气候系统的重要组成部分和调节器，是全球变化中最显著、响应最敏感的区域，也是研究地球气候系统的关键区域。两极地区大气、冰雪、海洋、陆地和生物等多圈层的相互作用过程，对现代与过去的全球气候变化有着极其重要的作用和影响。近年来，"南北两极'跷跷板'式消长关系"理论正在挑战传统意义上"北大西洋深层水是全球气候系统变化触发机制"的假设，详细了解两极地区的气候演变过程也就成为了气候变化研究的迫切需求。

　　北极地区因冰雪、冰川、海冰和大陆冰盖覆盖面积大，反射率高，反射太阳辐射能力是开放大洋的 5 ～ 10 倍。大量研究表明，大气－海冰－海洋之间的正反馈效应会使全球气候变化在北极放大，甚至北极地区自身微小的变化也会通过这些反馈而扩大，因此，北极气候变化堪称全球气候变化的风向标。过去 200 万年以来北极气候的自然变化一直存在，尤其是过去 2 万年内其变化极不稳定，存在着剧烈的快速气候变化，特别是最近几十年内气温快速升高。虽然，400 ～ 1000 年前，北极地区经历了气候特别寒冷的时期，大量的证据显示这一时期冰川延伸至威斯康星冰期后的最大范围。自 1750 年以来，北极地区气候在人类活动的影响下总体呈现增暖的趋势，过去 100 年间（1906－2005 年）地球表面温度提高了 0.74℃，而北极地区升高幅度则是其他地区的 2 倍。过去 50 年间，阿拉斯加和西伯利亚的年平均气温上升了 2 ～ 3℃，阿拉斯加和加拿大西部冬季气温更是平均上升了 2.78 ～ 3.89℃。这也直接导致了北冰洋洋面上的浮冰覆盖面积不断减少，北美洲东北部格陵兰岛上的冰层逐渐融化，灌木丛开始向阿拉斯加地区的冻土地带蔓延生长，永久冻土带也有加速融化的迹象。上述的各种变化都会对全球气候和生态系统带来巨大的影响。过去 20 年间，北极地区的冰层融化导致全球海平面平均上升了约 7.62 cm；降水量和径流量的增加可引起北冰洋海水淡化，降低深层水的形成速率，从而影响到全球的热盐循环；气温上升，植物生长季延长，也会导致生态系统中动植物群落组成的改变，同时气候变暖也会改变陆地和海洋生物迁徙路线，由此影响土著居民的生活。

　　北极气候系统的快速变化又可以通过全球大气、海洋环流的径向热传输与中纬度甚至低纬度地区紧密联系在一起。自 1970 年开始，欧亚和北美地区极端气候环境过程极有可能与北极涛动的变化紧密相关。2009 年冬季亚洲北部、美国东部、欧洲等北半球地区遭遇罕见严寒，2010 年 1 月寒潮和暴风雪强烈袭击北半球，2012 年年末亚欧大陆出现的极寒天气，2015 年年初美国东海岸更是迎来了可能是近 200 年以来最严重的暴风雪袭击，这些都可能与北极地区气温升高有关。我国作为近北极国家，北极气候环境变化对我国气候有着更直接的影响，与我国的工农业生产、经济活动和人民生活息息相关。已有证据显示，2008 年冬季我国北方干旱少雨，南方却出现冰雪灾害；2009 年北方频繁的雨雪天气和南方五省出现的干旱；2012 年底至 2013 年初，东北的气温创 45 年来历史同期最低，都可能与北极海冰的变化和北极涛动的异常存在遥相关。

　　北极地区茫茫的冰雪下面蕴藏着丰富的油气、矿产、生物和淡水等资源，各类资源的开发利用方兴未艾，特别是海冰的加速融化使得北极资源的价值和开发前景日益突出，极大地刺激了环北极各国对其资源的争夺和开发利用，北极的战略地位迅速提高，业已成为当今国际政治、经济、科技和军事竞争的重要舞台。北冰洋沿岸的加拿大、俄罗斯、美国、丹麦和挪威等国纷纷采取在北冰洋海底插旗、修建基础设施、勘探资源以及加强军事存在等措施扩大其北极利益。2014 年年底，丹麦政府以其属地格陵兰岛与北极圈的"重要关联"为由，正式向联合国提出对格陵兰海岸线以外

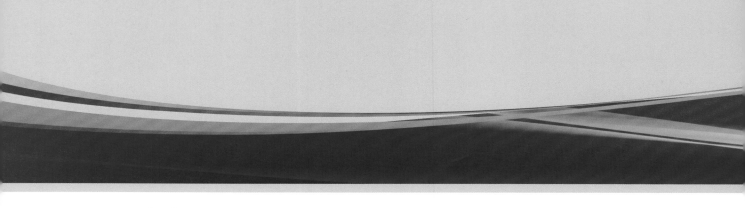

$90 \times 10^4\,\mathrm{km}^2$ 的区域的主权要求，这一区域的面积是其领土面积的近 20 倍。舆论认为，丹麦的这一举动势必导致有关北极资源的争端更加白热化，环北极国家的"北极大博弈"也将是一场漫长的"拔河比赛"。

也正是由于北极地区集特殊的地理区位、独特的自然环境、丰富的自然资源以及复杂的地缘政治关系于一身，才彰显了其非常重要的科研价值。国际北极科学考察与研究已有上百年的历史，几乎涉及全部的科学领域。目前，在适合考察活动的季节，各国的科考船都会不约而同地出现在北冰洋的不同区域开展考察和实验，拉开每年的北极科学考察的大幕，凸显北极科考的热点地位。一些重大的国际研究计划，如世界气候研究计划（WCRP）、国际地圈－生物圈研究计划（IGBP）、国际大洋钻探计划（ODP/IODP）、国际极地年等也都将北极作为关键地区，并制订有详细的北极研究计划。国际北极科学委员会发起的 2015 年"北极科研计划第三次国际会议（ICARP Ⅲ）"将形成今后 10 年北极研究重点框架，并为相关国家、机构决策者和北极地区居民提供信息和服务。

我国的北极科学考察开展得较晚，但发展很快。自 1999 年我国首次组织实施以我为主北极科学考察以来，已成功实施了 5 次多学科综合考察，在白令海和北冰洋太平洋扇区开展了系统的有关海洋环境变化和海－冰－气系统变化过程的关键要素考察与观测，取得了令人瞩目的考察成果。2012 年在我国第五次北极科学考察期间，"雪龙"船首航北极航道，完成我国首次跨越北冰洋的科学考察任务，也开启了我国大型船舶航行北冰洋东北航线的先例，极大地促进了我国航运公司进行欧洲北部商业航线的开发与尝试。2012 年，经国务院批准，我国极地研究领域近 30 年来规模最大的极地专项——"南北极环境综合考察与评估"专项开始实施，这是中国极地事业发展新的里程碑，标志着我国的北极科学考察与研究进入跨越式发展新阶段。

作为"南北极环境综合考察与评估"专项实施以来开展的第二个北极科学考察航次，2014 年 7 月 11 日，我国第六次北极科学考察队搭乘"雪龙"船从上海出发，一路向北挺进北冰洋，开展以"北极快速变化及其对我国气候的影响"为主题的大气－海冰－海洋综合考察。考察队克服了恶劣天气和北冰洋海冰较常年偏重等不利因素的影响，在圆满完成各项任务后，于 9 月 24 日顺利返回上海。本次考察共历时 76 天，安全航行 1 201 小时，总航程 11 858 n mile（约 22 000 km），浮冰区航行 2 586 n mile（约 4 800 km），"雪龙"船最北到达 81°11′50″N。考察队由来自国内外 32 家单位的 128 名队员组成，其中包括来自美国、俄罗斯、德国、法国和我国台湾地区的 7 位科学家。

本次考察得到了党中央国务院、国家海洋局的高度重视和大力支持，同时也得到了全国人民的热情关注。在国家海洋局极地考察办公室的精心组织和中国极地研究中心的大力保障下，在各考察任务参与单位的大力支持下，考察队临时党委团结并带领全体考察队员，针对北极的海洋环境变化和海洋生态系统响应等一些关键的科学问题，开展了船基和冰基多学科综合考察。先后在白令海、楚科奇海、楚科奇海台、北风海脊、加拿大海盆等海域完成 12 条断面 90 个站位的物理海洋与海洋气象、海洋地质、海洋化学与生物生态定点综合考察，海洋地球物理考察完成 5 条测线总长度超过 1 300 km 的近海底磁力、拖曳式地磁和反射地震探测，开展全航程海洋重力和表层海水多要素走航观测，实施了 7 个短期冰站和 1 个长期冰站的冰基海－冰－气界面多要素立体协同观测，获得了一大批有价值的考察数据和样品，可为我国科学家更好地探索北极，认知北极，探索北极快速变化背景下不同气候带之间的关系，更全面地了解北极／亚北极地区不同尺度气候演变规律提供基础资料。本次考察取得的主要考察成果概述如下。

（1）在白令海海盆成功布放了我国首套锚碇观测浮标，这对于我国科研人员获取北极高纬度海

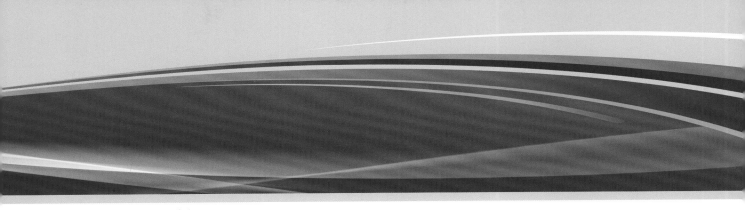

气界面的长期观测数据，了解北极定点海气界面要素（温度、盐度、气压、风速等）变化特征，分析其对全球气候系统，特别是对我国气候变化所产生的影响具有重要意义。

（2）首次在极地海域开展了近海底磁力测量，获得了 2 条测线 592 km 的高精度地磁探测数据，可为追踪加拿大海盆的磁条带，推断其扩张历史和形成机制提供必要的实测数据。

（3）在冰站作业期间，依托直升机平台，通过国际合作方式，首次成功布放了深水冰拖曳浮标（ITP）3 套。该浮标可用来观测冰底到冰下约 800 m 深处海洋的温盐剖面变化，为解决北冰洋表层太平洋海水和中层大西洋海水对北极海冰融化的作用和贡献等科学问题提供数据支撑。

（4）首次进行了海冰浮标（海冰温度链浮标、海冰漂移浮标）阵列布放，共布放 4 组，合计布放海冰浮标 36 套。基于浮标阵列的观测数据（海冰漂移轨迹、气温、气压等），可更详细、全面地了解海冰形变过程，研究北极海冰变化特点和规律。

（5）考察队设立随船质量监督员，由其负责组织开展随船质量监督检查工作，这在我国南北极科学考察中是首次设立。本航次严格按照《中国第六次北极科学考察现场实施计划》，对各专业考察开展了质量控制与监督管理工作，确保了航次考察各项任务安全、高效、高质量完成，满足可靠性、完整性和规范性的要求。

《中国第六次北极科学考察报告》全面总结了本次考察任务的完成情况，展示了各学科考察工作取得的主要进展和初步成果。本考察报告的编写得到了国家海洋局极地考察办公室和极地专项办公室的大力支持，在考察队各学科组的集体努力下，由潘增弟、刘娜、刘焱光、何琰、林丽娜等汇总编制完成。各章节主要编写人员如下：

第 1 章　中国第六次北极科学考察概况（潘增弟、刘焱光、刘娜、李丙瑞、李涛、王硕仁、张涛、庄燕培、林凌）；

第 2 章　物理海洋和海洋气象考察（刘娜、李涛、李志强、李丙瑞、丁明虎）；

第 3 章　海冰和冰面气象考察（雷瑞波、李丙瑞、李涛、丁明虎、田忠翔）；

第 4 章　海洋地质考察（刘焱光、董林森、叶黎明）；

第 5 章　海洋地球物理考察（张涛、华清峰、李海东）；

第 6 章　海洋化学与大气化学考察（庄燕培、郝锵、祁第、李玉红、马新东）；

第 7 章　海洋生物多样性和生态考察（林凌、顾海峰、钟指挥、黄丁勇、林俊辉、刘晨临、徐志强、郝锵、崔鹏飞）；

第 8 章　中国第六次北极科学考察主要成果、经验及建议（潘增弟、刘焱光、徐世杰、刘娜、金波）。

本报告的出版是全体考察队员和编写人员的智慧和心血的结晶，作为本次考察的首席科学家，在报告即将出版之际，谨向参加中国第六次北极科学考察的全体同仁，向给予本次科学考察大力支持的各级领导、专家和有关组织管理单位和参加单位表示崇高的敬意和衷心的感谢！

由于时间仓促和水平所限，报告对整个考察过程的描述和总结可能不够全面和翔实，科学认识还很初步，或有不足和错误之处，敬请专家和读者给予批评指正和谅解。

中国第六次北极科学考察队

首席科学家　潘增弟

2015 年 1 月

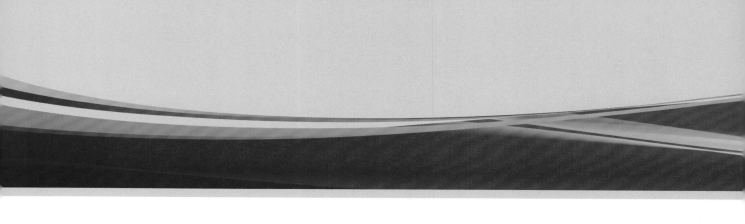

中国第六次北极科学考察概况 第1章

- 背景和意义
- 科学目标
- 考察海区概况
- 考察内容、考察站位与完成工作量
- 考察队组成
- 考察日程和作业航段
- 考察支撑保障
- 航次气象和海冰预报保障
- 航次质量控制与监督管理
- 国际与地区合作

1.1 背景和意义

南北极作为全球气候变化的敏感因子，是热盐环流的重要组成部分，物质和能量的重要交换场所，有着重要的研究意义。近年来，在全球气候变化加速的背景下，南极臭氧空洞加剧，北极海冰发生快速减退，南北极作为气候研究十分特殊而重要的区域也正在发生着重大的改变。

2014 年正值我国南极考察 30 周年，北极建站 10 周年，同时也是我国成为北极理事会观察员的第一年，更是我国实施极地考察"十二五"规划的关键一年。经历了 5 次北极科考和 30 次南极科考，在南北极的物理海洋、海洋气象、海洋地质、海洋生物和海洋化学等学科领域有了进一步认识。随着人类活动对气候系统影响的日益加深，极地气候变化愈发复杂，南北极科考为北冰洋生态系统的多样性、敏感性、稳定性及其气候环境变化的响应与反馈研究、水文环境与海洋生态系统的变化趋势和程度等科学问题的研究探索都提供了考察支撑。

作为近北极国家，北极气候变暖对我国环境、气候有着重要的影响，北极航道的开通以及北极资源的开发也将给我国的社会经济发展带来机遇和挑战。因此，探索北极，认知北极，促进北极的和平与可持续发展，关乎我国未来的可持续发展，也是建设海洋强国的重要举措，既是我国的重要国际权利与义务，更是负责任大国对世界应作出的贡献，具有重大意义。

第六次北极科学考察是"南北极环境综合考察与评估"专项（以下简称"极地专项"）的组成部分，也是我国"十二五"期间第二次在北冰洋实施的科学考察工作，具有承上启下、继往开来的关键作用。

1.2 科学目标

根据极地专项的总体布局和阶段目标，中国第六次北极科学考察重点对中国传统北冰洋考察区域（北冰洋太平洋扇区的白令海、楚科奇海、楚科奇海台及加拿大海盆）进行多学科综合环境考察，系统掌握该海域海洋水文与气象、海冰、海洋地质与地球物理、海洋生物与生态、海洋化学等环境要素的分布特征和变化规律，为北极地区环境气候综合评价及油气、天然气水化合物、生物等资源潜力评估提供基础资料。中国第六次北极科学考察具体学科目标如下。

1.2.1 物理海洋与海洋气象综合考察

物理海洋与海洋气象综合考察旨在了解北冰洋以及北太平洋边缘海重点海域海洋水文、海洋气象、海冰（雪）等基本环境信息，获取调查海域海洋环境变化和海-冰-气系统变化过程的关键要素信息，建立重点海区的环境基线，为全球气候变化研究、资源开发、北极航道利用和极地海洋数据库的完善等提供基础资料和保障。

1.2.2 海冰和冰面气象考察

海冰和冰面气象考察旨在通过船基、冰基和浮标观测的方式获得海冰形态学的空间分布特性，气-冰-海相互作用的关键过程和关键参数，为研究卫星遥感相关产品提供基础数据，为开展冰-海耦合数值模拟，优化气候模式中海冰模块关键参数和过程的参数化方案奠定数据基础，为研究极区气候变化提供参考，并支撑评估北极通航潜力，服务于我国利用北极航道。

1.2.3 海洋地质考察

海洋地质考察旨在开展不同时间尺度和分辨率的沉积学和古海洋学研究工作，系统认识考察海域的沉积特征、分布规律及沉积作用特点，重建北冰洋中心区晚第四纪以来古海洋、海冰和气候变化历史，为揭示北极和亚北极海域海洋环境变化与我国过去环境与气候变化之间的内在联系及其反馈机制提供实测资料。

1.2.4 海洋地球物理考察

海洋地球物理考察根据重力、地震和热流等地球物理资料的约束，利用近海底磁力测量得到的高精度地磁数据，追踪加拿大海盆的磁条带，推断加拿大海盆的扩张历史和形成机制。通过对楚科奇海台和加拿大海盆的地球物理综合调查，获取调查区的水深、重力、磁力、热流和地层剖面的基础数据，推断美亚盆地的初始张裂过程和张裂模式。

1.2.5 海洋化学考察

海洋化学考察以海冰快速融化下西北冰洋碳通量和营养要素生物地球化学循环如何响应为主线，旨在通过综合考察，查明西北冰洋海水化学参数、碳体系、颗粒物组成、大气化学、沉积环境参数的分布特征；利用水化学要素、生物标志物、放射性和稳定同位素示踪水团和海洋过程；了解北极地区污染物质在各介质中的分布，评价北极海洋环境的污染状况。

1.2.6 海洋生物生态考察

海洋生物生态考察旨在通过重点海域浮游生物、底栖生物等生态考察，分析各类海洋生物群落结构组成与多样性现状、关键种与资源种的分布及生态适应性，了解考察海域生态系统功能现状及在全球变化背景下的潜在变化，获得海洋生物标本和分析数据，为生态资源变化和生态建模及应用评估提供基础数据。

1.3 考察海区概况

中国第六次北极科学考察（简称"六北"科考）重点对我国历次北极科考的传统考察海域，即白令海和北冰洋－太平洋扇区的楚科奇海、楚科奇海台、北风海岭（脊）、加拿大海盆等，作业区海底地形复杂多样，既有平坦宽阔的白令海、楚科奇海浅水陆架区，也有地形起伏剧烈的海台、海脊和陆坡区，白令海盆和加拿大海盆作业海域的平均水深则都超过了 3 000 m，最大作业水深约3 800 m 余。考察海区地理位置示意图见图 1-1。

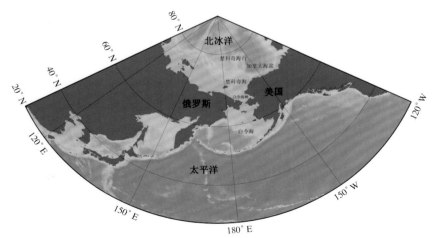

图1-1 中国第六次北极科学考察区域示意图

Fig. 1-1 Main observation areas of the 6th Chinese Arctic Research Expedition (CHINARE)

北冰洋是北极地区的主体之一，位于地球的最北端，被欧亚大陆、北美洲、格陵兰岛等陆块以及数个岛屿所环绕。北冰洋面积约 $1\,310\times10^4\,km^2$，占北极地区总面积的 60 % 以上，其绝大部分水域都在北极圈以北，是世界五个大洋分区中面积最小和水深最浅的一个，平均深度为 1 225 m，最大深度超过 5 500 m（位于格陵兰海东北部）。虽然有些海洋学家称之为"北极地中海"或者简称为"北极海"，将其分类为地中海或大西洋的一个海湾，但是国际海道测量组织（IHO）则将其定位为大洋。或者说，北冰洋可以被看作是全球大洋系统的最北部分。

北冰洋是全球海洋环流的重要通道，它通过白令海峡与太平洋相通，经格陵兰海与大西洋相连，而且有一部分终年被海冰所覆盖（冬季几乎全部被覆盖）。北冰洋的形状大致呈椭圆形，中央为近似梨形的深海盆，海盆周边为水浅、宽广的陆架。一般认为，北冰洋包括巴芬湾、巴伦支海、波弗特海、楚科奇海、东西伯利亚海、格陵兰海、哈得逊湾、喀拉海、拉普捷夫海、白海及其他附属水体和深水盆地。

北冰洋具有全球最为宽广的浅水陆架，包括处于加拿大北极群岛之下的加拿大北极陆架和俄罗斯北部大陆架。其中俄罗斯北部大陆架因其范围较大，有时被简称为"北极陆架"，主要由巴伦支陆架、楚科奇陆架和西伯利亚陆架三个相对独立的小型陆架组成，其中西伯利亚陆架是世界上最大的陆架。

北冰洋的洋底是由一系列近似平行的活动洋脊、海岭以及被其分隔的深水盆地组成。由欧美一侧至亚美一侧分别为南森海盆、北冰洋洋中脊、阿蒙森海盆、罗蒙诺索夫海岭、马卡罗夫海盆、门捷列夫海岭、阿尔法海岭、楚科奇海台、北风海岭和加拿大海盆等。其中，北冰洋洋中脊通过冰岛裂谷与大西洋洋中脊相连，是全球大洋中脊体系的一部分，并以低达 $0.2\sim0.3\,cm/a$ 的速度缓慢扩张。

北冰洋海岸线曲折且类型较多，岸线总长达 45 390 km，既有陡峭的基岩海岸及峡湾型海岸，也有磨蚀海岸、低平海岸、三角洲及潟湖型海岸和复合型海岸。北冰洋中岛屿也很多，基本上属于陆架区的大陆岛，其中最大的岛屿是格陵兰岛，最大的群岛是加拿大北极群岛，它由数百个面积不同的岛屿组成。

北极地处高纬度地区，有着独特的气候特征，夏季出现持续极昼、潮湿多雾并伴有降水、降雪，冬季出现持续极夜、气候寒冷、天空晴朗。北冰洋的海表面温度和盐度随着冰盖的融化和冻结发生季节性变化，其盐度因蒸发率低、大量河流淡水的注入以及与周边高盐度大洋水域的有限沟通和流出等缘故而成为五个大洋平均盐度最低的一个。北冰洋存在三个大的环流系统：一个是从东西伯利亚海和拉普捷夫海向西朝格陵兰方向流动；一个是在波弗特海沿顺时针旋转；一个是沿新西伯利亚群岛到丹麦海峡（格陵兰岛与冰岛之间）做直线运动。

北冰洋还是北半球海洋中寒流的主要发源地，其中以东格陵兰寒流和拉布拉多寒流势力最强，寒流带走了大量的北极浮冰、冰山和北极海域过剩的海水。北冰洋也受到北大西洋暖流的巨大影响，北大西洋暖流为其带来了大量的高温、高盐海水。

北极地区的冰雪总量只有南极的 1/10 左右，而且大部分集中在格陵兰岛厚度超过 2 000 m 的大陆性冰盖中，北极海冰、其他岛屿及周边陆地的永久性冰雪量仅占很小一部分。北冰洋表面的绝大部分终年被海冰覆盖，是地球上唯一的白色海洋，海冰平均厚度为 3 m，由于洋流的运动，北冰洋表面的海冰总在不停地漂移、裂解与融化。美国国家冰雪数据中心（NSIDC）利用卫星数据提供的北冰洋海冰覆盖的日变化记录及其与历史时期融化速率的比较结果表明，有些年份北冰洋夏季冰盖面积的缩减已达到 50 %。

北极地区的自然资源极为丰富，包括不可再生的矿产资源和化学能源，可再生的生物资源，特别是渔业资源，以及水力、风力、森林等资源。

北极的矿物资源十分丰富，其中石油、天然气、煤炭和金属矿物资源的蕴藏量达到世界总蕴藏量的 1/3，尤以石油、天然气蕴藏量最丰富和最重要。据不完全统计，北极地区潜在的可采石油储量约 2 500 亿桶，天然气约 $50 \times 10^{12} \sim 80 \times 10^{12} \, m^3$，约占世界未开发油气资源的 1/4。主要的油气富集区有北美洲阿拉斯加北坡、俄罗斯西伯利亚北部、加拿大麦肯奇三角洲等陆域以及巴伦支海、挪威海、喀拉海和加拿大北极群岛沿岸陆架区。目前，北极的油气资源已为环北极国家开发利用，俄罗斯的开采量最大，其在北极开采的石油累计总量为美国、加拿大和挪威 3 国总量的 4 倍还多，占据了整个北极地区石油开采总量的 80 % 以上。在北极地区面积广阔的永久冻土层和北冰洋的大陆架中，还蕴含着丰富的天然气水合物（可燃冰）资源。

北极的生物资源分为陆地和海洋两部分。在北极的生物资源种类中，人类已经利用的有海洋及陆地哺乳动物、鱼类以及泰加林木材，尤其是北极海域的渔业资源占有极为重要的地位。北极海域的经济鱼类主要有北极鲑鱼、鳕鱼、鲱鱼、蝶鱼等，与其他海洋生物资源相比，鱼类资源目前仍较丰富，其中尤以北极鲑鱼和北极鳕鱼最为丰富、最为重要。巴伦支海、挪威海、格陵兰海和白令海都属于世界著名的渔场，捕鱼量占世界的 8 % ～ 10 %。除了丰富的鱼类资源外，北大西洋海域的北极虾类等甲壳类海洋生物资源量也很可观。

北极地区的水利资源也相当丰富。在环北极苔原带和泰加林带上，孕育了许多世界著名的河流，主要有叶尼塞河（俄罗斯水量最大的河流）、鄂毕河、勒拿河、马更些河（北美洲北极地区最大的河流）等。这些巨大的河流不仅向北冰洋注入了大量富含营养的淡水，也为北极地区的采矿业、加工工业及居民生活提供了丰富的水利资源。

另外，随着全球气候变化的脚步逐渐加快，北极地区的航运资源和旅游资源也有着良好的开发利用前景。

1.4 考察内容、考察站位与完成工作量

1.4.1 考察内容与考察站位

考察内容主要包括海洋水文与气象考察、海洋地质考察、海洋地球物理考察、海洋化学考察和海洋生物与生态考察。海洋水文与气象考察内容主要包括重点海域断面调查、锚锭浮标观测、走航断面观测和抛弃式观测等；海洋地质考察内容主要包括表层沉积物采样、柱状沉积物采样和悬浮体采样等；海洋化学考察内容主要包括海水化学、大气化学、沉积化学、海冰化学和沉积物捕获器锚系潜标布放等。海洋生物与生态考察内容主要包括微小型生物、叶绿素和初级生产力，浮游生物和底栖生物采样与分析等。中国第六次北极科学考察海洋综合观测站位及冰站观测站位信息见图 1-2。

根据"雪龙"船科考支撑设备的分布和各学科考察的特点，本次考察期间的主要作业区可分为舯部甲板和艉部甲板两个作业面。其中，舯部作业面主要为海洋水文、海洋化学和海洋生物作业区，主要作业内容包括：CTD/LADCP 观测、湍流 VMP、硝酸盐、光学 PRR、垂直拖网、海水原位过滤与大体积采水、锚碇浮冰布放等；艉部甲板作业面主要为海洋地质、地球物理和底栖生物作业区，主要作业内容包括地质与悬浮体取样、底栖生物拖网、生物多联网和地球物理拖曳式调查 4 类。

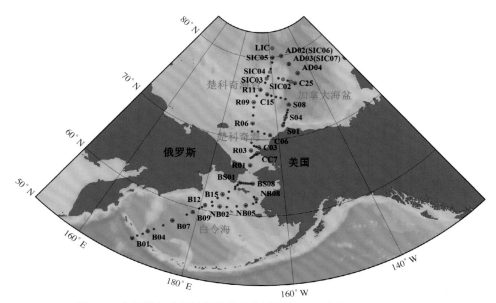

图 1-2　中国第六次北极科学考察海洋综合观测站位及冰站观测站位

Fig. 1-2　Marine integrated observation stations and ice camp locations of the sixth CHINARE

1.4.2　完成工作量

为协调舯部和艉部两个作业面之间以及各作业面与"雪龙"船驾驶台之间的联络和沟通，本次考察队制定了大洋队与"雪龙"船之间的协调作业方案，经作业期间的磨合与调整，船队间达成了高度的默契，为圆满顺利完成考察计划奠定了良好的基础。

考察队紧紧围绕着北极海洋环境变化和海洋生态系统响应等一些关键的科学问题，克服了恶劣天气和北冰洋海冰较常年偏重等不利因素的影响，自7月18日开始，至9月10日结束，历时55天，开展了12个海洋断面立体协同观测，共完成90个定点站位的海洋环境综合考察、7个短期冰站和1个长期冰站的现场考察，布设了多种海洋和海冰观测浮标，开展了走航断面观测和抛弃式观测（图1-2）。在浮冰区开展了走航海冰物理特征综合观测，获取了大量北冰洋海冰变化的第一手观测数据、样品和影像。国内首次在白令海盆成功布放锚碇海—气通量观测浮标1套，各种传感器观测和数据传输正常；通过国际合作，首次利用"雪龙"船平台在加拿大海盆布放了3套深水冰拖曳浮标，均正常工作；首次在极地海域开展了近海底磁力测量，获得了2条测线592 km的探测数据；国内首次进行了海冰浮标（海冰温度链浮标、海冰漂移浮标）阵列布放，共布放4组，均工作正常。

1.5　考察队组成

中国第六次北极科学考察总人数128名，包括科考人员62人、管理和后勤保障人员22人、船员44人。其中，女队员18人，博士31人，硕士30人。分别来自国家海洋局极地考察办公室、国家海洋局东海分局、中国极地研究中心、国家海洋局第一海洋研究所、国家海洋局第二海洋研究所、国家海洋局第三海洋研究所、国家海洋环境预报中心、国家海洋技术中心、国家海洋局宣传教育中心、中国气象科学研究院、中国科学院海洋研究所、中国科学院沈阳自动化研究所、中国科学院南海海洋研究所、中国海洋大学、中国科技大学、同济大学、厦门大学、大连理工大学、太原理工大学、上海海事大学、中信海直公司、上海中波轮船股份有限公司、长海医院、新华通讯社、中央电视台和中国海洋报社。航次参加人员详细信息见书后附件。

中国第六次北极科学考察队实行在临时党委领导下的领队与首席科学家分工负责制。临时党委成员 7 人，临时党委下设大洋队、冰站队和综合队党支部。领队负责协调整体考察任务，首席科学家负责组织协调科考工作，领队助理和首席科学家助理协助领队及首席科学家工作。本航次人员组织结构图如下。

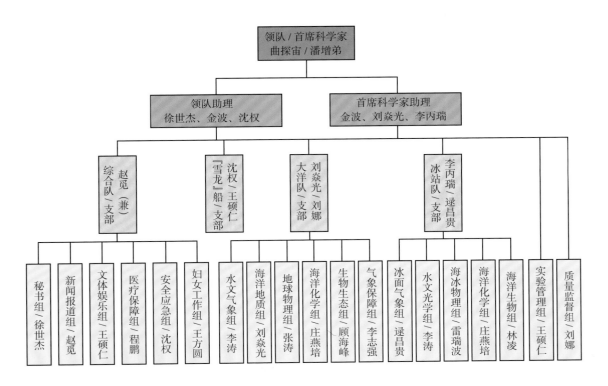

1.6 考察日程和作业航段

1.6.1 考察日程

"雪龙"船自 7 月 11 日从上海起航，累计考察 76 天，总航程 11 858 n mile，总航时 1 201 h，浮冰区总航程 2 586 n mile。7 月 18 日进入白令海开始海洋站位综合科考作业，7 月 27 日开始楚科奇海作业，8 月 10 日开始短期冰站作业，8 月 18 日开始长期冰站作业，9 月 7 日结束地球物理作业，9 月 9 日结束所有定点站位作业，9 月 24 日抵达上海基地码头。

1.6.2 作业航段

如图 1–3 所示，本次考察分 8 个作业航段，每个作业航段时间、作业海域、完成任务情况如表 1–1 所示。

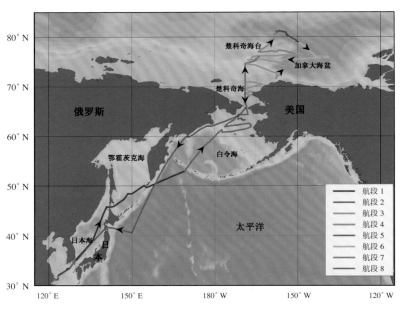

图 1-3 "六北"科考作业航段

Fig. 1-3 Tracks of the sixth CHINARE

表 1-1 "六北"科考任务时间安排
Table 1-1 Work schedule of the sixth CHINARE

航段时间（2014年）	调查海域	考察任务
航段1（07-11—07-18）	白令海以南的太平洋海域	部分抛弃式XBT、XCTD、Argo浮标投放
航段2（07-11—07-27）	白令海	B、NB、BS共3个断面共计37个站位科考作业，锚锭浮标布放
航段3（07-27—08-10）	楚科奇海、加拿大海盆	R断面R01-R11、CC断面、C01断面、C02断面、S断面、C1断面、C2断面中的C25站共计38个站位科考作业。捕获器浮标布放
航段4（08-10—08-18）	加拿大海盆、楚科奇海台	冰站与水文科考站同步观测，完成C2断面中的C21-C24站，R断面R12-R15站共计9个站位科考作业和5个短期冰站
航段5（08-18—08-29）	加拿大海盆	1个长期冰站，2个短期冰站和3个站位科考作业
航段6（08-29—09-07）	加拿大海盆	地球物理拖曳式地磁、近海底磁力测量、海洋地震和热流测量等
航段7（09-07—09-09）	楚科奇海	R断面3个重复站位作业
航段8（09-09—09-24）	白令海及白令海以南的太平洋海域	部分抛弃式XBT、XCTD、Argo浮标投放

1.7　考察支撑保障

1.7.1　"雪龙"号考察船

图1-4　"雪龙"号考察船
Fig. 1-4　Picture of the Xuelong Vessel

　　"雪龙"船是我国唯一一艘专门从事南北极科学考察的破冰船，隶属于国家海洋局，担负着运送我国南、北极考察队员和考察站物资的任务，同时又为我国的大洋调查提供科考平台。

　　"雪龙"船自 1993 年从乌克兰购进以来，先后完成了 17 次南极科学考察和 5 次北极科学考察任务。船上共有 120 个床位，2 个公用餐厅；实验室面积 500 多平方米，可进行多学科海洋调查；120 多平方米的多功能学术报告厅，可满足科考队员在船上进行学术交流的需要。配备先进的通信导航设备、数据处理中心、安保监控中心、机舱自动化控制系统和科考调查设备，拥有能容纳两架直升机的机库和和 1 个停机坪。2013 年 4 月至 10 月 "雪龙" 船进行了恢复性维修改造工程。完成了动力系统、甲板机械、环保系统、科考设备等的恢复性修理和改造。更新了主推进动力装置和辅助机械，增强了冰区作业的安全系数。"雪龙"船主要技术参数如表 1-2 所示。

表1-2　"雪龙"船主要技术参数
Table 1-2　Main technical parameters of the *Xuelong* Vessel

总长：167.0 m	最大航速：17.9 kn
型宽：22.5 m	续航力：20 000 n mile
型深：13.5 m	主机1台：13 200 kW
满载吃水：9.0 m	副机3台：3×1 140 kW
总吨：15 352 t	净吨：4 605 t
满载排水量：21 025 t	载重量：8 916 t
该船属B1*级破冰船，能以1.5 kn航速连续破厚度为1.2 m（含0.2 m雪）的冰	

1.7.2 "雪龙"船船载科考设备

设备所在位置	序号	设备名称	规格型号	用途	备注
罗经甲板	1	组合式自动气象观测站	CR3000	测量"雪龙"船航行和停泊期间周围环境各气象参数的瞬时变化	
	2	GPS接收系统	SPS550 Location	可以决定移动船只的位置和方向	分米到亚米级的定位精度
	3	自动气象站	visala	对船舶所处区域的风速、风向、温度、湿度、气压、露点温度进行实时监测	
	4	自动气象站、船用气象站	Weatherpak 2000、XZC6	对船舶所处区域的风速、风向、温度、湿度进行实时监测	
	5	智能大气采集器		采集大气样品	
	6	seaspace 气象卫星接收分析系统		能实时接收船经过区域气象卫星信息	
舯部甲板	1	双频测深仪	EA600	进行水深测量作业	
	2	鱼探仪	Simrad EK60	航行区域鱼群分析	
	3	milipore 纯水仪和超纯水仪		为实验室提供纯水和超纯水	
	4	双传感器CTD911（2套）	Seabird–911	可获取0～6 000 m水深剖面的海水温度、盐度、深度、溶解氧、叶绿素实时连续数据	
	5	表层海水走航观测系统		对表层海水的温度、盐度、叶绿素、浊度进行实时监测、存储并实时局域网发布	配备SBE21、SBE38、CHLOROPHYLL WETSTAR、CDIN WETSTAR等传感器
	6	海气二氧化碳通量分析仪		对走航表层海水进行海气二氧化碳通量对比研究	
	7	走航表层海水供水系统		各实验室和各走航观测设备提供在航期间连续的表层海水样品	
	8	低温实验室		主要用于需要在低温环境下进行的实验及部分需要冷藏的试剂和海水样品的存放	
	9	冰机系统2套（4台冰机）		为样品冷藏库和低温实验室提供冷源	中部和尾部各1套
	10	船载ADCP系统		最大能实时走航测量1 000 m以内水深的多层海洋洋流数据	一个300K浅水传感器和一个38K深水传感器
艉部甲板		样品冷藏库		存储地质取样柱	控制温度4℃，面积20 m²左右

1.7.3 "雪龙"船船载科考支撑装备

舯甲板水文生物绞车	
型号HYJ1-3B，用于收放水文生物考察设备 安全工作负载：2.2 t 最大线张力：2.75 t 绳线速度：最大1.2 m/s	钢绳直径：9.5 mm 绳端负载工作水深：3 000 m 绞车外形尺寸：长2.0 m 宽1.8 m 高：2.3 m 工作环境温度：−25℃～+45℃

舯甲板CTD绞车	
用于CTD投放、回收。最多能起吊36瓶12 L采水器，并将参数直接传至接收器 安全工作负载：3.4 t 最大线张力：4.25 t 绳线速度：1.6 m/s	电缆直径：8～9 mm 绳端负载作业深度：6 000 m 绞车外形尺寸：长2 670 mm，宽2 019 mm，高2 032 mm 工作环境温度：−25℃～+45℃

舯甲板A架吊	
动态安全工作负载：2.5 t 最大动态负载：4.5 t 吊臂变幅角度：0～71°	折臂角度：0～81° 两腿内宽：3.20 m 滑轮下端高度：3.80 m 总跨距（舷外+舷内）：5.00 m

艉甲板A架吊	
静态安全工作负载：20 t 动态安全工作负载：4 t 最大动态负载：5 t（动态安全工作负载的1.25倍） 两腿间距：＜7.3 m（外边界） 两腿内宽：6.3 m	吊点距船艉：4.0 m（舷外） 吊点距船舷：4.0 m（舷内） 滑轮下端高度：4.0 m（A架在垂直甲板时） 全程变幅时间：60 s（舷内至舷外） 电机泵组功率：40 kW

艉甲板地质绞车	
安全工作负载：13.5 t 最大线张力：16.875 t 绳线最大速度：1.5 m/s	钢绳直径：16 mm 绳端负载作业深度：8 000 m 工作环境温度：−25℃～+45℃

艉甲板生物拖网绞车		
安全工作负载：5 t		钢绳直径：12 mm
最大线张力：6.25 t		绳端负载工作水深：3 000 m
绳线速度：最大1.4 m/s		绞车外形尺寸：长2.9 m×宽2.5 m×高2.3 m
		工作环境温度：-25℃～+45℃

艉甲板折臂伸缩吊机		
起吊范围：船艉甲板作业区及直升机甲板		变幅速度：0.03 r/s
安全工作负载：5 t（$R \leqslant 10$ m）		臂架全程伸缩时间：48 s
最大回转半径：10 m（船艉甲板）、9 m(直升机甲板)		回转速度：0.1 r/s
钢绳直径：15 mm		回转角度：>360°
起升速度：0～23.5 m/min		工作环境`温度：-25～+45℃
		工作时船倾角度：纵±2°，横±5°

1.7.4 "雪龙"船科考实验室

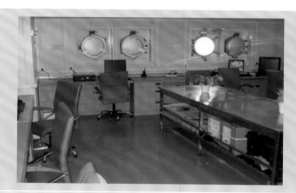

物理数据间：位于"雪龙"船舯部右舷，实用面积约60 m²，实验台面约22 m²。实验室拥有下放式声学多普勒流速剖面仪（Lowered ADCP）、温深盐仪（CTD）、CTD液压绞车、回声探测系统（Echo Sounder 500）、万米测深仪（EA-600）等先进物理海洋学仪器设备。实验室可开展海洋环流动力学、海洋波动与混合、南北极海流、水团、地形等方面的研究。

海洋化学实验室：位于"雪龙"船舯部右舷，实用面积约28 m²，实验台面约9 m²。实验室拥有密理博分析级纯水仪（Millpore）、10升玫瑰分层采水器、大洋表层海水采集与处理系统等仪器设备。实验室可开展南北极海水营养盐、二氧化碳、溶解氧、同位素、碳通量等方面的研究。

生物实验室：位于"雪龙"船舯部左舷，实用面积约46 m²，实验台面约20 m²。实验室拥有–80℃超低温冰箱、电子恒温鼓风干燥箱、光学显微镜、ALPKEM自动营养盐分析仪（美国）、TURMER荧光计（美国）、FORMA光温程控培养箱（美国）、SANYO无菌操作室（日本）、超净工作台、电子分析天平等仪器设备。可开展南北极海洋及冰川浮游生物、游泳生物、生态等方面的研究。

干湿通用实验室：位于"雪龙"船舯部左舷，实用面积约20 m²，实验台面约7 m²。实验室拥有大体积大气采样器、气瓶间、FORMA光温程控培养箱（美国）、SANYO无菌操作室（日本）、超净工作台等仪器设备。可开展海—气界面、真光层/深层大洋界面、海水/沉积物界面等碳氮通量和气溶胶等方面的测量和评估工作。

通用物理实验室：位于"雪龙"船舯部负一楼左舷，实用面积约28 m²，实验台面约8 m²，是另一个化学实验室。拥有低温冰箱、电子恒温鼓风干燥箱等仪器设备，为海洋化学提供了实验分析平台和储存样品的条件。

分析化学实验室：位于"雪龙"船舯部负一楼左舷，实用面积约30 m²，实验台面约6 m²。实验室有表层水供水装置，可直接进行表层海水化学分析研究。提供分析实验平台，进行海水同位素示踪、天然颗粒物含量分析等研究。

艉部干湿结合实验室：位于"雪龙"船艉甲板，实用面积约60 m²，具有地质样品分样平台、样品存储冷藏库，能有效处理和存放长达6 m的柱状沉积物样品，对海洋地质学调查起到十分重要的作用，为我国极地大洋地质调查做出过突出贡献。

表层海水采样间：位于"雪龙"船舯部负二楼，通过这套系统既能对"雪龙"船航经水域的大洋表层海水温度、盐度、叶绿素等常规基础数据进行监测，又能将表层海水源源不断地泵向"雪龙"船各个实验室进行各项特殊指标参数的测量。独创性的冲冰功能保证了整套系统在南北极冰区恶劣的环境条件下依然能即时泵取珍贵的表层水样。

1.7.5 "雪龙"船科考管理系统

科考管理系统可以实现气象预报信息网络发布，增加时间统一系统，建立科考电子海图综合显示平台，为各专业科考任务的安全实施提供实时、有效的现场数据；提高各个作业面数据和样品采集的准确性和有效性；实现科考作业主要设备的实时监视；实现科考作业现场作业的实时监视；实现各作业点有效配合、便于各个部位的作业站点信息互通，提高作业效率、提高作业安全。科考管理系统主要有以下几个部分。

1）科考显示系统

本系统通过 4 个 46 英寸①大屏幕显示科考监控图像，科考电脑图像及所有固定安装的科考设备（EA600、CTD911、ADCP、鱼探仪）VGA 输出的图像。船舯部和船艉部两个 LED 大屏幕可以正常显示船舶航行数据采集系统采集的航行数据。

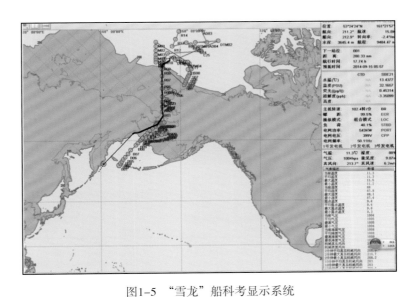

图1-5　"雪龙"船科考显示系统
Fig. 1-5　Scientific parameter display system on the Xuelong Vessel

2）科考现场监控系统

科考现场监控系统可以实现对船舶周围，主要机器场所，作业区域及作业设备等的视频信号采集，显示和保存，实现多画面同时显示，单画面全屏显示，自动切换显示各监视现场的功能。

图1-6　"雪龙"船科考现场监控系统
Fig. 1-6　Monitoring system on the Xuelong Vessel

---

① 英寸为非法定计量单位，1 英寸 ≈ 2.54 厘米。

1.7.6　网络通信保障

"雪龙"船建设有船舶局域网，此网络覆盖全船所有工作舱室，科考舱室以及生活舱室。支持船舶管理、科考管理、电子邮件传送、数据采集和信息查询及发布，与机舱自动化网络相连接。与本船的 Inmarsat-F、B、C 站有完备的接口设施，能支持经过这些设备的远程数据传输，实现与陆地网络的连接。

图1-7　"雪龙"船局域网首页
Fig. 1-7　Homepage of the Xuelong Vessel LAN

1.7.7　航空保障

中国第六次北极科学考察航空保障直升机——"海豚"机为法国原装进口的 SA365N1型直升机，最大起飞重量 4 000 kg，续航时间 3 h 30 min，最大油量 915 kg，最多可承载 11 名乘客，吊挂最大载重 800 kg，不可超越飞行速度 324 km/h，最大升限6 000 m。

直升机组完成的飞行任务包括：外吊挂、寻找建立长期冰站、运送考察队员和设备到冰上作业、航拍、寻找航行水道等。在考察队冰站作业期间，直升机组担任防熊值班任务，全天处于待命状态。自 2014 年 7 月 31 日在69°N 开始北极圈作业飞行，至 2014 年 8 月 28日飞行结束。共飞行 14 h，11 架次，吊挂货物12 吊，约合 6 000 kg（含"苹果屋"），消耗燃油 3 730 kg，约在冰面停留 3 h 20 min。

图1-8　直升机运回"苹果屋"的画面
Fig. 1-8　Picture of the helicopter carrying the "apple house" back to the Xuelong vessel

1.8 航次气象和海冰预报保障

利用"雪龙"船及国内外气象和海冰观测数据进行航线天气及海冰预报，为"雪龙"船安全航行、直升机作业、大洋作业和冰站作业提供保障是中国第六次北极科学考察气象和海冰预报保障的主要任务。

中国第六次北极科学考察期间海冰总体冰情与往年同期水平接近，但海冰密集度空间分布特征却有所不同。拉普捷夫海及以北海域海冰冰情较往年轻，本航次主要大洋及冰站作业区楚科奇海、楚科奇海台及加拿大海盆区的海冰冰情较往年严重得多（图1-9）。除作业区冰情较往年严重外，考察队还经历了诸多特殊天气状况：7月13—14日，在日本海航行期间，受到日本海气旋的影响，航线上出现了西南风5级，阵风6级，浪高1.0～2.0 m的海况；7月20—21日，受高低配合形式的影响，航线上出现了西南风5级，阵风6级，浪高1.0～2.0 m的海况；7月23日，受气旋的影响，航线上出现了西南风阵风6级、阵风7级，浪高1.5～2.5 m的海况；7月28—29日，受冷空气的影响，航线上出现了东北风5～6级，浪高1.0～1.8 m的海况；8月1—2日，受气旋的影响，航线上出现了西南风5～6级；8月27—28日，受气旋的影响，航线上出现了西南风5～6级海况。

在"雪龙"船航行与作业的各个阶段，现场保障人员和国内保障团队紧密沟通，协调一致，做了大量细致的工作。采用 SeaSpace 高分辨极轨气象卫星遥感接收系统，接收 NOAA-15、NOAA-16、NOAA-18、NOAA-19 及 DMSP 极轨卫星云图；利用气象传真机接收日本气象传真图；利用 BGAN 接收日本、欧洲及西班牙气象数值预报图；接收德国 Bremen 大学、MODIS、中国海洋大学、北京师范大学和 DMSP 海冰冰图。进行每日定点人工气象观测，观测项目包括"雪龙"船所在的经纬度、航速、航速、气温、露点温度、气压、相对湿度、风向风速、能见度、天气现象、云状、浪高涌高、海表水温和盐度等。制作北极海冰密集度图57份，海冰预测专题14期，冰情速报5期。为"雪龙"船正常行驶和各项作业任务的顺利开展提供了有力支持。

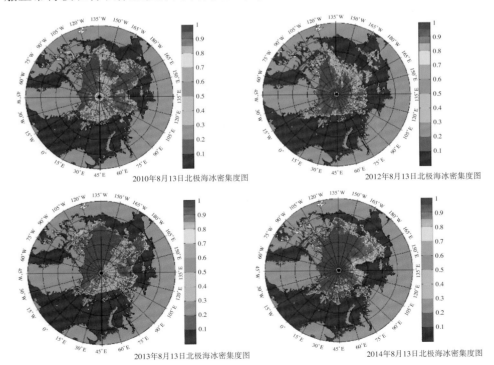

2010年8月13日北极海冰密集度图

2012年8月13日北极海冰密集度图

2013年8月13日北极海冰密集度图

2014年8月13日北极海冰密集度图

图1-9　2010年，2012年，2013年和2014年8月13日的海冰密集度分布图
（数据来源：http://www.iup.uni-bremen.de:8084/）

Fig. 1-9　Images of ice concentration in the Arctic Ocean on August 13th,2010,2012,2013 and 2014
(data website: http://www.iup.uni-bremen.de:8084/)

1.9 航次质量控制与监督管理

为加强"南北极环境综合考察与评估"专项的质量控制与监督管理工作，确保极地专项任务的完成质量，国家海洋局极地专项办公室制定了《"南北极环境综合考察与评估"专项质量控制与监督管理办法》。国家海洋标准计量中心作为极地专项质量监督管理工作机构（以下简称"工作机构"），依据相关管理办法制定了《第六次北极考察航次质量控制与监督管理实施方案》。中国第六次北极考察是我国南北极科学考察中首次设立随船质量监督员，并组织开展随船质量监督检查工作。本航次严格按照实施方案规定，配合工作机构开展质量控制与监督管理工作，确保航次考察各项任务安全、高效、高质的完成，满足可靠性、完整性、规范性的要求。

1.9.1 航次质量控制

中国第六次北极科学考察采取国家实验室认证专用标准 GB/T 27025《检测和校准实验室能力的通用要求》实施管理，针对极地专项北极考察任务的目标，以《第六次北极考察现场实施方案》为基础，航次首席科学家组织各考察学科负责人编写制定了《第六次北极考察航次质量控制与监督管理实施方案》，根据各学科测量次方法、设备、人员和环境条件等的不确定度明确了数据和样品质量保障和管理的责任，并于航前提交至工作机构审查备案。主要包含以下内容。

（1）明确航次质量保障组织机构职责及人员分工：将整个考察队划分为水文、气象、化学、生物、海冰、地质、地球物理共 7 个学科。除航次首席科学家和各学科负责人对航次任务质控负责外，各学科设立 1 名质量保障员协助各学科负责人与极地专项质量监督员共同对考察过程开展现场质量监督管理。

（2）考察人员岗前培训及航次强化培训：任务承担单位对承担航次任务的外业及内业考察人员开展技术培训并保存培训记录；航次首席科学家组织各学科负责人开展航次强化培训，组织具有丰富极地考察经验的人员进行指导，在航渡期间进行分班甲板作业演练，使各作业班组在正式作业前能熟练掌握各规范化操作程序和技术要领，使海上考察工作有序、安全、规范。

（3）仪器设备配置及量值溯源情况：仪器设备配置均需满足航次任务需求且具备有效的检定或校准证书；不能开展检定/校准的仪器设备需采用比测、自校的方式开展量值溯源，明确比测、自校方法，保存结果记录。需要进行期间核查的设备使用者需对该仪器进行期间核查，制订期间核查计划。

（4）样品储存及处理方法：考察航次样品的采集和储存符合《极地海洋水文气象、化学和生物调查技术规程》等极地专项技术规程的要求。

（5）现场考察及实验室分析方法：考察方法均按相关的极地专项技术规程、国家标准和行业标准严格执行。

1.9.2 航次质量监督管理

本航次严格按照工作机构依据极地专项考察航次计划、航次质量保障实施方案制订的第六次北极考察质量监督计划，积极配合工作机构及委派的随船质量监督员完成航次质量监督管理工作。主要包括航前检查和随船监督两部分。

（1）航前检查：出航前工作机构委派检查组对航次的备航情况开展质量监督。检查内容重点包括航前人员培训情况、仪器设备配置及量值溯源情况、考察方法、船舶及实验室环境设施等。对于航前检查发现的问题，各学科负责人积极采取措施完成整改，整改情况由随船质量监督员在航次过程中监督。

（2）随船监督：工作机构委派质量监督员与专项任务承担单位的质量保障员共同对考察过程开展现场质量监督管理。主要组织管理机构如下所示。

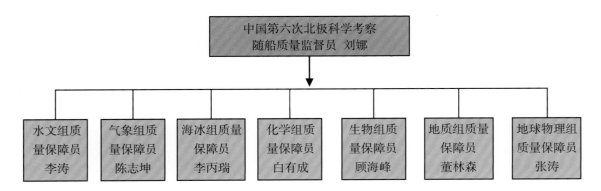

质量监督员的工作内容包括参与仪器的自校准（比对、比测）和仪器的期间核查，定期检查作业过程中工作日志、班报、相关原始记录，检查仪器故障情况记录和解决措施记录，检查采集样品现场预处理和储存是否符合技术规程规定，督促考察任务开展质量工作自查。针对质量监督员定期反馈的问题和不足，考察队领导及各学科负责人积极配合整改工作，确保整个航次任务的完成质量。

1.10　国际与地区合作

本次科考共有 6 名外方和 1 名台湾地区合作人员参加了海洋地质、冰站、海洋化学和海洋生物生态考察作业。他们分别来自美国特拉华大学、美国伍兹霍尔海洋研究所、俄罗斯科学院远东分院太平洋海洋研究所、德国阿尔弗雷德－魏格纳极地与海洋研究所、法国巴黎第六大学和台湾海洋生物博物馆。

国家海洋局第一海洋研究所与俄罗斯科学家合作开展西北太平洋高纬度边缘海和楚科奇海沉积特征与古环境演化研究。国家海洋局第二海洋研究所与德国科学家在楚科奇海台北部的加拿大海盆取得重力柱用作生物标志物研究，重建古海冰时间序列的变化。国家海洋局第二海洋研究所与法国科学家通过高精度 pH 传感器测定北冰洋表层 pH 的分布和机制，研究北冰洋的海洋酸化进程，并且通过颗石藻采样研究海洋酸化对颗石藻钙化作用的影响机制。中国海洋大学与美国伍兹霍尔海洋研究所科学家在加拿大海盆合作布放了 3 套深水冰拖曳浮标，研究北极表层的太平洋海水和中层大西洋海水对北极海冰融化的作用。国家海洋局第三海洋研究所和美国科学家合作开展了海水和海冰碳（CO_2 体系）的生物地球化学研究以及北冰洋酸化研究。来自台湾海洋生物博物馆的科学家通过底栖生物拖网采集各种大型底栖生物样本，用于科教展示、典藏和天然活性物质分析，同时采集水样进行同位素分析。

在考察作业过程中，中外考察队员精诚合作，结下了深厚的友谊。外方考察队员均积极参加各项作业，取得了满意的样品和数据，为下一步深入合作研究做好了充足的准备。

物理海洋和海洋气象考察 第**2**章

中国第六次北极科学考察物理海洋和海洋气象考察在白令海、楚科奇海、楚科奇海台与加拿大海盆等重点海域开展了重点海域断面调查、锚碇海气通量浮标观测、走航观测、抛弃式观测和冰下水文观测工作。按照《中国第六次北极科学考察现场实施计划》，共完成 90 个站位的 CTD 作业，89 个站位的 LADCP 作业，44 个站位的海洋光学作业，41 个站位的海洋湍流作业，1 个站位的海雾辐射观测作业，布放锚碇浮标 1 套，进行走航全程的海水表层温盐观测、ADCP 海流观测、气象观测、大气化学成分观测，释放 GPS 探空气球 58 个，布放 XBT/CTD 458 枚，布放 Argos 浮标 8 枚，布放 Argo 浮标 10 枚，进行 200 个剖面的冰下上层海洋温盐观测，布放 ITP 浮标 4 枚。在国家海洋局和考察队临时党委的坚强领导和精心组织下，考察队和"雪龙"船密切配合，科学合理安排现场科考，考察队员顽强拼搏，顺利、圆满地完成了本次科考的物理海洋和海洋气象考察任务，部分工作超计划完成。

2.1　调查内容

物理海洋和海洋气象考察是中国第六次北极科学考察的重要组成部分，旨在了解 2014 年度夏季包括白令海、楚科奇海、楚科奇海台及加拿大海盆在内的中国传统北冰洋考察海域海洋水文、海洋气象、大气等基本环境信息，建立重点海区的环境基线，为全球气候变化研究、资源开发、北极航道利用和极地海洋数据库的完善等提供基础资料和保障。本航次物理海洋和海洋气象考察的主要调查内容依据"南北极专项"之专题 2014 年度北极海域物理海洋和海洋气象考察（CHINARE 2014-03-01）而确定，具体调查内容如下。

2.1.1　重点海域断面观测

自 2014 年 7 月 18 日至 9 月 9 日，在北冰洋重点海域——白令海、白令海峡、楚科奇海、楚科奇海台和加拿大海盆进行了物理海洋和海洋气象大面站调查，调查要素包括水深、水温、盐度、密度、海流、海况、气压、气温、相对湿度、风速、风向、能见度、云、天气现象、海洋光学和湍流等。该海域是中国北极科学考察的传统海域，结合历次北极科学考察的数据资料，为研究北冰洋太平洋扇区的水文环境特征，年际变化规律及其在全球气候变化中的作用等问题提供基础。

2.1.2　锚碇浮标长期观测

2014 年 7 月 20 日，在北太平洋海域成功布放锚碇海气通量浮标观测 1 套，这是我国首次在北太平洋海域布放的锚碇观测浮标。该浮标旨在获取定点气温、湿度、风速、短波辐射、长波辐射，海表面温度等海气界面连续观测数据，分析海气界面要素及海气通量变化特征。

2.1.3　走航观测

走航断面观测为"雪龙"船航线（冰区段航线），包括东海、日本海、鄂霍次克海、北太平洋等海域的往返观测。开展的主要观测内容包括：

① 走航表层温度和盐度观测：获取走航航迹断面上海水表层温度和盐度数据；

② 走航 ADCP 海流观测：获取走航航迹断面上海水表层流速数据；

③ 走航气象观测：获取风速、风向、气温、气压、相对湿度、能见度等海洋气象要素数据；获取云量、云状、天气现象、涌浪和海冰形态等人工观测数据；

④ 走航探空观测：通过布放 GPS 探空气球，获取温度、湿度、气压、风向、风速等大气气象要素垂直分布数据。

⑤ 走航大气化学成分观测：获取温室气体、一氧化碳、地面臭氧、黑碳气溶胶等大气化学成分分布数据。

2.1.4 抛弃式观测

抛弃式观测和重点海域断面观测及锚锭浮标长期观测相辅相成，互为补充。包括 XCTD 温盐深剖面观测，XBT 温深剖面观测、Argos 表层漂流浮标观测和 Argo 浮标观测。

2.1.5 冰站水文观测

在中国第六次北极科学考察长期冰站和短期冰站作业期间，进行了冰下水文观测，主要观测内容包括：

① 冰下海水温盐观测：8 月 18—26 日长期冰站观测期间，利用自容式 CTD 对冰下上层海洋的温度盐度性质进行连续观测，以了解北极高纬度海区上层海洋（300 m 以内）对海冰融化的贡献；

② 冰下表层海水流速观测：长期冰站观测期间，利用声学多普勒海流剖面仪（LADCP）对冰下表层海水的流速特征进行连续观测；

③ 冰基拖曳式浮标（ITP）观测：在长、短期冰站布放了 3 套 ITP 浮标，编号为 ITP81，ITP82 和 ITP87。该浮标搭载水下温盐传感器，以每日两个剖面的频率观测从冰下约 5 ～ 760 m 深度的海水温度、盐度和深度数据，是获取北冰洋中心区水文特征长期变化的最佳手段。

2.2 调查站位

2.2.1 重点海域断面观测站位

物理海洋重点海域断面调查（CTD 和 LADCP）观测站位如图 2-1 所示。具体站位信息如表 2-1 所示。在这些站位同步进行海洋气象观测。整个航次期间，在白令海、楚科奇海（台）、加拿大海盆共进行了 90 个站位的 CTD 观测，其中，白令海 37 个站位，楚科奇海（台）40 个站位，加拿大海盆 13 个站位，另外 14 个站位进行二次采水作业，89 个站位的流速剖面观测（LADCP）。

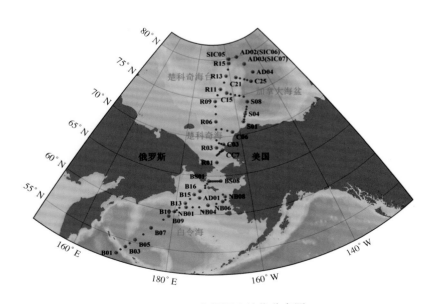

图2-1 CTD全部调查站位分布图
Fig. 2-1 Positions of CTD stations

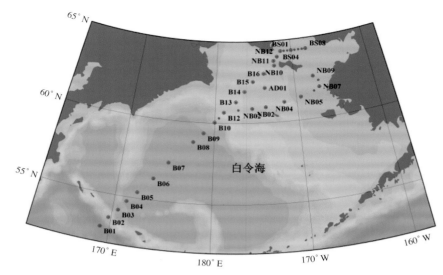

图2-2　白令海CTD调查站位分布图
Fig. 2-2　CTD stations in Bering Sea

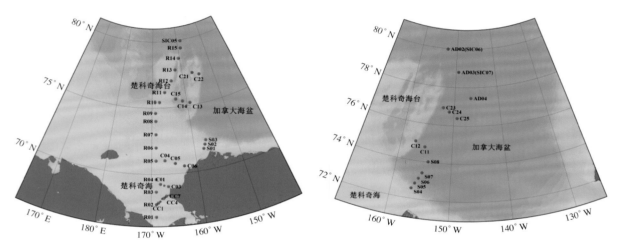

图2-3　楚科奇海及海台区（左）和加拿大海盆（右）CTD调查站位分布图
Fig. 2-3　CTD stations in Chukchi Sea and Canada Sea

表2-1　中国第六次北极科学考察定点站位信息表
Table 2-1　The 6th Arctic Scientific exploration station information

序号	站位	日期	时间	纬度	经度	水深（m）	作业内容
1	B01	2014-07-18	12:43	52°57′18″N	169°04′12″E	4 515	★◆▲
2	B02	2014-07-18	19:52	53°34′00″N	169°44′40″E	1 875	★☆◆▲
3	B03	2014-07-19	01:49	54°07′03″N	170°34′22″E	3 924	★◆▲
4	B04	2014-07-19	09:05	54°43′38″N	171°16′01″E	3 906	★☆◆▲
5	B05	2014-07-19	16:45	55°23′24″N	172°14′25″E	3 886	★◆▲
6	B06	2014-07-20	04:12	56°20′03″N	173°41′39″E	3 856	★◆▲
7	B07	2014-07-20	13:21	57°23′41″N	175°06′44″E	3 784	★☆◆▲
8	B08	2014-07-21	00:58	58°46′49″N	177°38′02″E	3 752	★☆◆▲

序号	站位	日期	时间	纬度	经度	水深（m）	作业内容
9	B09	2014-07-21	10:11	59°21′05″N	178°46′03″E	3 553	★☆◆▲
10	B10	2014-07-21	17:45	60°02′15″N	179°39′34″E	2 654	★☆◆▲
11	B11	2014-07-22	01:06	60°17′56″N	179°30′56″W	1 044	★☆◆▲
12	B12	2014-07-22	08:03	60°41′12″N	178°51′19″W	273	★◆
13	B13	2014-07-22	15:35	61°17′24″N	177°28′48″W	132	★◆▲
14	NB01	2014-07-22	20:02	60°48′00″N	177°12′10″W	131	★◆▲
15	NB02	2014-07-23	02:08	60°52′18″N	175°31′37″W	107	★◆▲
16	NB03	2014-07-23	07:21	60°56′23″N	173°51′34″W	81	★◆▲
17	NB04	2014-07-23	13:56	61°12′03″N	171°33′37″W	57	★◆
18	NB05	2014-07-23	19:53	61°25′07″N	169°26′11″W	39	★◆
19	NB06	2014-07-24	01:21	61°40′52″N	167°43′16″W	25	★◆
20	NB07	2014-07-24	04:47	61°53′50″N	166°59′49″W	28	★◆
21	NB08	2014-07-24	07:41	62°17′57″N	167°00′03″W	33	★◆
22	NB09	2014-07-24	11:52	62°35′45″N	167°36′06″W	24	★◆
23	*AD01	2014-07-25	01:17	62°08′10″N	173°51′49″W	63	★◆
24	B14	2014-07-25	08:05	61°55′58″N	176°24′03″W	102	★◆▲
25	B15	2014-07-25	14:33	62°32′11″N	175°18′29″W	79	★◆▲
26	B16	2014-07-25	20:11	63°00′26″N	173°53′00″W	74	★◆▲
27	NB10	2014-07-26	00:50	63°28′13″N	172°28′24″W	54	★◆
28	NB11	2014-07-26	03:39	63°45′38″N	172°29′48″W	47	★◆
29	NB12	2014-07-26	05:33	63°39′58″N	171°59′13″W	53	★◆
30	BS01	2014-07-26	08:30	64°19′57″N	171°28′32″W	47	★◆
31	BS02	2014-07-26	10:51	64°20′01″N	170°59′14″W	40	★◆
32	BS03	2014-07-26	13:56	64°20′11″N	170°27′58″W	38	★◆
33	BS04	2014-07-26	15:41	64°19′50″N	170°00′06″E	40	★◆
34	BS05	2014-07-26	18:23	64°19′50″N	169°29′58″E	39	★◆
35	BS06	2014-07-27	01:29	64°20′42″N	168°59′30″W	39	★◆
36	BS07	2014-07-27	04:11	64°20′02″N	168°29′56″W	39	★◆
37	BS08	2014-07-27	07:20	64°19′45″N	168°01′50″W	36	★◆
38	R01	2014-07-27	22:50	66°43′23″N	168°59′31″W	43	★◆▼
39	R02	2014-07-28	04:35	67°40′08″N	168°59′58″W	50	★◆▼
40	CC1	2014-07-28	07:18	67°46′44″N	168°36′33″W	50	★◆▼
41	CC2	2014-07-28	09:14	67°54′00″N	168°14′29″W	58	★◆▼
42	CC3	2014-07-28	12:26	68°06′06″N	167°53′55″W	52	★◆▼
43	CC4	2014-07-28	14:39	68°07′46″N	167°30′41″W	49	★◆▼
44	CC5	2014-07-28	16:52	68°11′34″N	167°18′43″W	46	★◆▼

序号	站位	日期	时间	纬度	经度	水深（m）	作业内容
45	CC6	2014-07-28	18:43	68°14′26″N	167°07′38″W	42	★◆▼
46	CC7	2014-07-28	20:52	68°17′54″N	166°57′24″W	34	★◆▼
47	R03	2014-07-29	01:16	68°37′09″N	169°00′00″W	54	★◆▼
48	C03	2014-07-29	08:28	69°01′48″N	166°28′40″W	32	★◆▼
49	C02	2014-07-29	11:49	69°07′02″N	167°20′17″W	48	★◆▼
50	C01	2014-07-29	14:29	69°13′13″N	168°08′18″W	50	★◆▼
51	R04	2014-07-29	18:18	69°36′02″N	169°00′29″W	52	★◆▼
52	C06	2014-07-30	05:05	70°31′09″N	162°46′37″W	35	★◆▼
53	C05	2014-07-30	09:43	70°45′46″N	164°44′06″W	33	★◆▼
54	C04	2014-07-30	14:26	71°00′46″N	166°59′42″W	45	★◆▼
55	R05	2014-07-30	19:46	71°00′13″N	168°59′57″W	43	★◆▼
56	R06	2014-07-31	01:37	71°59′48″N	168°58′48″W	51	★◆▼▲
57	R07	2014-07-31	10:34	72°59′52″N	168°58′15″W	73	★◆▼
58	R08	2014-07-31	21:30	74°00′10″N	169°00′05″W	179	★◆▼
59	R09	2014-08-01	06:09	74°36′49″N	169°01′56″W	190	★◆▼▲
60	S02	2014-08-02	15:46	71°55′01″N	157°27′54″W	73	★◆▼▲
61	S01	2014-08-02	19:55	71°36′54″N	157°55′45″W	63	★◆▼▲
62	S03	2014-08-03	02:44	72°14′17″N	157°04′46″W	169	★◆▼▲
63	S04	2014-08-03	07:58	72°32′24″N	156°34′30″W	1 380	★◆▼▲
64	S05	2014-08-03	13:38	72°49′37″N	156°06′19″W	2 679	★◆▼▲
65	S06	2014-08-03	18:18	73°06′29″N	155°36′17″W	3 383	★◆▼▲
66	S07	2014-08-04	00:28	73°24′59″N	155°08′15″W	3 798	★☆◆▼▲
67	S08	2014-08-04	14:20	74°01′10″N	154°17′23″W	3 907	★◆▼▲
68	C11	2014-08-05	08:42	74°46′37″N	155°15′33″W	3 911	★☆◆▼▲
69	C12	2014-08-06	00:08	75°01′12″N	157°12′11″W	1 464	★◆▼▲
70	C13	2014-08-06	06:49	75°12′13″N	159°10′32″W	942	★◆▼▲
71	C14	2014-08-06	14:39	75°24′01″N	161°13′57″W	2 085	★◆▼▲
72	C15	2014-08-07	00:33	75°35′49″N	163°06′58″W	2 030	★◆▼▲
73	R10	2014-08-07	14:24	75°25′37″N	167°54′14″W	164	★◆▼▲
74	R11	2014-08-08	15:29	76°09′11″N	166°11′45″W	352	★☆◆▼▲
75	C25	2014-08-09	17:33	76°24′04″N	149°18′56″W	3 774	★☆◆▼▲
76	C24	2014-08-10	05:40	76°42′51″N	151°03′46″W	3 773	★◆▲
77	C23	2014-08-10	15:19	76°54′41″N	152°25′51″W	3 782	★◆▼▲
78	C22	2014-08-11	00:12	77°11′15″N	154°36′05″W	1 004	★◆
79	C21	2014-08-11	17:14	77°24′10″N	156°44′45″W	1 674	★◆▼▲
80	R12	2014-08-12	14:05	77°00′05″N	163°53′16″W	439	★◆▼

序号	站位	日期	时间	纬度	经度	水深（m）	作业内容
81	R13	2014-08-13	12:15	77°47′58″N	162°00′00″W	2 661	★☆◆▼▲
82	R14	2014-08-14	10:20	78°37′55″N	160°25′43″W	761	★◆▼▲
83	R15	2014-08-15	03:06	79°23′04″N	159°04′14″W	3 284	★☆◆▼
84	SIC05	2014-08-16	00:13	79°55′52″N	158°36′12″W	3 612	★◆
85	AD02 (SIC06)	2014-08-27	18:52	79°58′26″N	152°41′45″W	3 755	★
86	AD03 (SIC07)	2014-08-28	19:30	78°47′40″N	149°21′55″W	3 762	★☆◆
87	AD04	2014-08-29	19:43	77°26′40″N	146°21′00″W	3 752	★◆
88	SR09	2014-09-07	08:16	74°36′25″N	168°58′51″W	180	★◆
89	SR04	2014-09-08	19:35	69°35′50″N	169°00′19″W	52	★◆
90	SR03	2014-09-09	00:38	68°37′09″N	169°00′13″W	53	★◆

备注：（1）该数据以物理数据室站位信息记录表为基础，经纬度数据为驾驶台通知作业时船舶所处位置，时间为该时刻世界时。

（2）水深数据为船载测深仪数据加上8 m船体吃水深度。

（3）★ CTD采水，☆ CTD二次采水，◆ LADCP观测，▲ VMP湍流观测，▼ 海洋光学观测，* AD01站未采水。

在楚科奇海、楚科奇海台和加拿大海盆海域进行了上层海洋光学特性观测。海洋光学观测采用仪器 PRR 和 ALEC-CTD 联合下放方式，最大深度 120 m 左右。水上部分为 PRR810，水下部分为 PRR800 和 ALEC-CTD。该联合观测方式自 7 月 27 日至 8 月 15 日共获取 44 个海洋站位的数据，其中楚科奇海站位 34 个，加拿大海盆站位 10 个，具体站位信息如图 2-4 和表 2-1 所示。

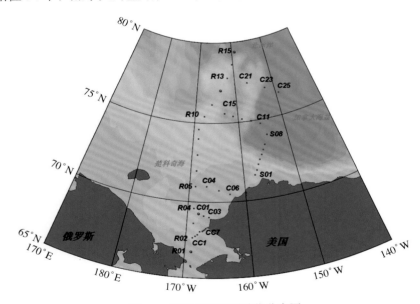

图2-4　海洋光学观测站位分布图

Fig. 2-4　Stations of Ocean optical observation

另外，为了研究北冰洋大西洋水团对海冰融化的贡献，本航次在白令海、楚科奇海、楚科奇海台和加拿大海盆区域共进行了 41 个站位的湍流（VMP）观测，其中白令海站位 18 个，楚科奇海站位 11 个，加拿大海盆站位 12 个，具体站位信息如图 2-5 和表 2-1 所示。

此外，本航次在 S04 站位进行了一次海雾辐射观测，主要观测方式是将辐射计搭载在系留气艇上，对 600 m 以下大气中的海雾辐射特征进行研究。观测时间和地点参照 CTD 站位表。

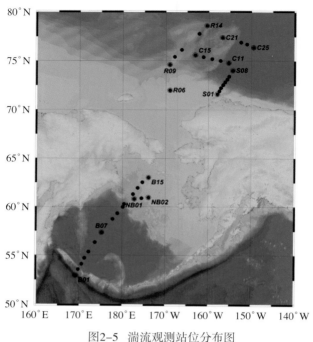

图2-5　湍流观测站位分布图

Fig. 2-5　Stations of turbulence observation

2.2.2　锚碇浮标长期观测站位

锚碇浮标布放位置为 55.6°N，172.6°E（图 2-6），水深 3 800 m。

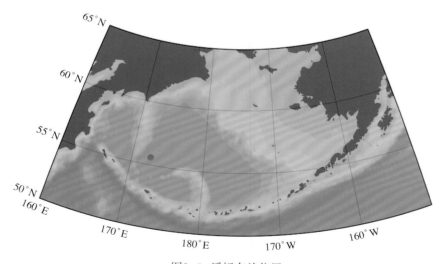

图2-6　浮标布放位置

Fig. 2-6　The position of the buoy

2.2.3　走航观测站位

走航表层温度和盐度观测、走航 ADCP 海流观测和走航大气化学成分观测均为"雪龙"船航迹断面观测。走航探空观测分为白令海－白令海海峡航段和楚科奇海－北冰洋航段。GPS 探空观测点分布如图 2-7 所示。

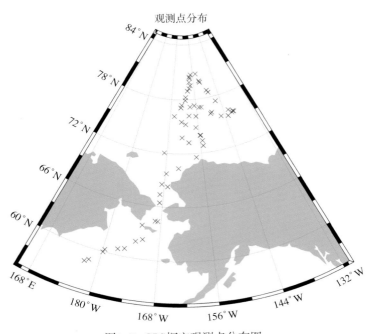

观测点分布

图2-7　GPS探空观测点分布图
Fig. 2-7　stations of the GPS air balloon

2.2.4　抛弃式观测站位

1）抛弃式XBT/XCTD观测

截至航次结束，投放 XBT421 枚，XCTD37 枚，共计458 枚。全航迹（水文站位作业期间除外）投放。其中 144 枚 XBT，37 枚 XCTD 在白令海峡以北的冰区投放，传感器的数据线时常受海冰剐蹭影响，导致部分数据异常。经统计，总计 6 枚 XBT、3 枚 XCTD 数据失效，白令海峡以北的北冰洋冰区 XBT/XCTD 观测中，共计 175 枚数据有效，观测站位如图 2-8 所示。

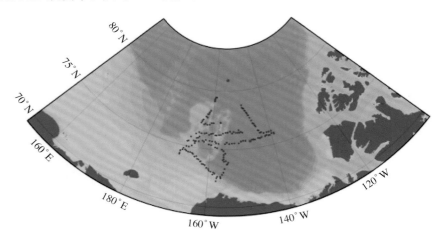

图2-8　北冰洋XBT/XCTD站位
Fig. 2-8　Observation stations of XBT/XCTD in Arctic Ocean

2）Argos表层漂流浮标

中国第六次北极科学考察期间共布放 8 套 Argos 表层漂流浮标，布放站位信息如表 2-2 和图 2-9所示。

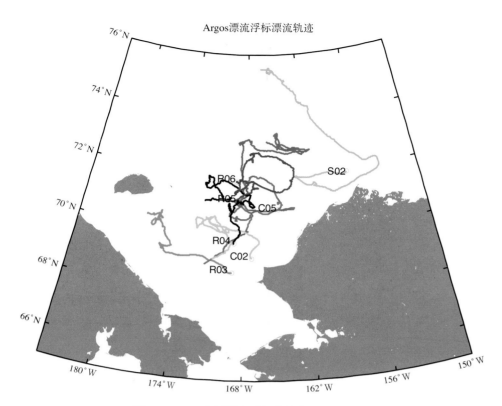

Argos漂流浮标漂流轨迹

图2-9 Argos表层漂流浮标布放位置及轨迹图
Fig. 2-9 tracks of the drifters in the Arctic

表2-2 Argos表层漂流浮标调查站位信息表
Table 2-2 Information on the Argos deployment

测站名	浮标编号	纬度	经度	水深（m）	投放时间	备注
R03	J01	68°37′13″N	169°00′45″W	53	07-29 02:27	无冰
C02	J02	69°07′28″N	167°02′46″W	48	07-29 12:50	无冰
R04	J03	69°36′15″N	169°00′20″W	51	07-29 19:20	无冰
C05	J04	70°45′52″N	164°44′13″W	35	07-30 11:00	无冰
R05	J07	71°02′56″N	168°53′31″W	44	07-30 21:35	低于10%
R06	J06	71°43′29″N	169°00′16″W	49	07-31 00:15	无冰
S02	J05	71°53′49″N	157°28′35″W	70	08-02 16:30	低于10%
浮冰	J08	78°29′07″N	160°39′86″W	无	08-14 02:43	浮冰上投放 直升机配合

3）Argo浮标

中国第六次北极科学考察共布放 Argo（PROVOR 型）浮标 10 枚，其中日本海区 3 枚，鄂霍次克海区 2 枚，千岛群岛附近以东海区附近 3 枚，津轻海峡以东西北太平洋海区 2 枚。具体投放站位信息如表 2-3 和图 2-10 所示。

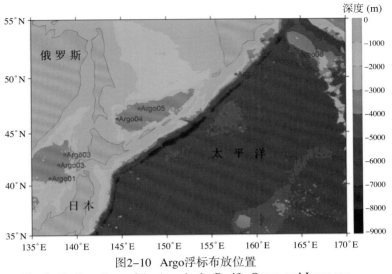

图2-10 Argo浮标布放位置

Fig. 2-10 Locations of the Argo in the Pacific Ocean and Japan sea

表2-3 Argo浮标站位信息表
表2-3 Argo浮标站位信息表
Table 2-3 Information on the Argo deployments

序号	IDs	布放日期	布放纬度	布放经度
1	Argo01	2014-07-14	40° 41′ 42″N	137° 02′ 21″E
2	Argo02	2014-07-14	42° 00′ 00″N	138° 00′ 00″E
3	Argo03	2014-07-14	43° 00′ 00″N	138° 42′ 50″E
4	Argo04	2014-07-15	46° 17′ 29″N	144° 31′ 21″E
5	Argo05	2014-07-15	47° 14′ 32″N	146° 59′ 41″E
6	Argo06	2014-07-17	50° 16′ 00″N	157° 45′ 50″E
7	Argo07	2014-07-17	51° 18′ 17″N	162° 02′ 05″E
8	Argo08	2014-07-18	51° 55′ 58″N	164° 41′ 03″E
9	Argo09	2014-09-15	43° 13′ 24″N	152° 08′ 28″E
10	Argo10	2014-09-16	41° 57′ 19″N	151° 08′ 55″E

2.2.5 冰站水文观测站位

中国第六次北极科学考察共进行了 8 个冰站调查，站位信息如图 2-11 和表 2-4 所示。长期冰站期间（LIC），利用自容式 CTD 以及自动绞车，共获得 200 个温度盐度剖面，深度为 200 ~ 350 m。

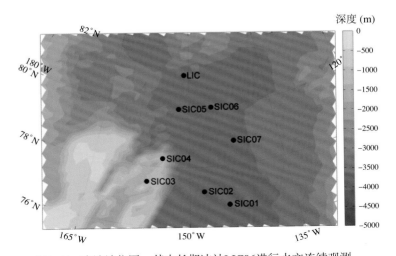

图2-11 冰站站位图，其中长期冰站LIC06进行水文连续观测

Fig. 2-11 Map of the ice stations with the long term ice camp where the CTD profiles were taken

表2-4 冰站信息表
Table 2-4 Information on the ice stations

站位	日期	纬度	经度
ICE01	2014-08-10	76.698 6°N	151.104 7°W
ICE02	2014-08-12	77.181 6°N	154.589°W
ICE03	2014-08-13	77.488 2°N	163.135°W
ICE04	2014-08-14	78.275 6°N	160.981°W
ICE05	2014-08-16	79.932 2°N	158.626°W
ICE06	2014-08-19	81.060 4°N	157.695 5°W
ICE07	2014-08-28	79.976 6°N	152.635 9°W
ICE08	2014-08-28	78.806°N	149.358 5°W

图 2-12(a) 为 3 个 ITP 布放之后的相对位置（08-31），ITP81 布放之后先是向北漂流而后在东西方向来了一个折返之后向东北方向漂移 [图 2-12(b)]，其被波弗特流涡所捕获有向东进入加拿大海盆中的趋势。

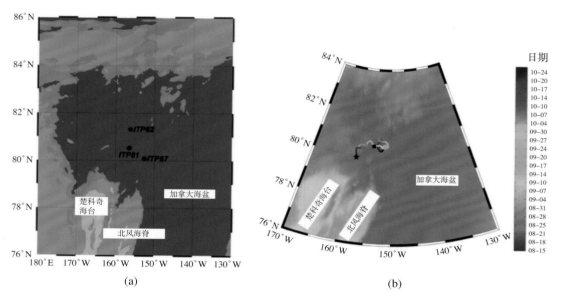

图2-12 (a) 3个ITP布放之后相对位置（08-31）；(b) 截至10月24日ITP81的漂流轨迹
Fig. 2-12 (a) Locations of ITP deployments (08-31), (b) The drift trajectory of the ITP 81(update to 10-24)

2.3 调查设备与分析仪器

2.3.1 重点海域断面观测

1）海鸟911 Plus CTD（"雪龙"船保障）

重点海域断面观测的主要仪器之一为美国海鸟（SBE）公司生产的高精度温盐深测量系统——海鸟 911 Plus CTD 温盐深剖面仪。系统主要包括：双温双导探头，多种传感器探头的自容式主机系统、泵循环海水系统、专用通信电缆、固体存储器、RS232 接口和电磁采水系统。系统安装了双温度、双电导、双溶解氧、压力、叶绿素和高度计 9 个传感器。主要技术参数如表 2-5 所示。

表2-5　海鸟911 Plus CTD温盐深系统技术指标
Table 2-5　Specification of the seabird 911 Plus CTD

观测变量	测量范围	精度	24 Hz分辨率
温度（℃）	−5～+35	0.001	0.000 2
电导率（S/m）	0～7	0.000 3	0.000 04
深度（m）	0～6 800	0.015%全量程	0.001%全量程

图 2-13　海鸟 911 Plus CTD 观测系统
Fig. 2-13　Seabird 911 Plus CTD system

图 2-14　CTD 作业工作照
Fig. 2-14　CTD operation

2）声学多普勒海流剖面仪（Lowed-ADCP，"雪龙"船保障）

声学多普勒海流剖面仪是重点海域断面观测的主要测流仪器，该设备由美国 RDI 公司生产，型号是 WORKHORSE，SENTINEL，300 kHz（"骏马—哨兵"型，300 kHz）。在本航次中，使用的观测方式是与 SBE 911 Plus CTD 捆绑一起下放（图 2-15），由极地中心"雪龙"船实验室提供。

声学多普勒海流剖面仪 ADCP 是 20 世纪 80 年代初发展起来的一种新型测流设备，工作时向海水中发射一定频率（300 kHz）的声波，当声波遇到海水中的颗粒物质时发生反射，根据多普勒效应对反射回的声学信号进行处理和分析，最终得到海水剖面各层的流速信息。

作业中 LADCP 随采水器支架从海表面下达到预定深度。在下降和上升期间连续采集相对仪器所在深度的流速剖面。LADCP 具有自容能力，数据存储于仪器内部的记忆卡内，下放中由仪器内部电池提供工作电源，具体参数如表 2-6 所示。

表2-6　LADCP性能参数
Table 2-6　Specification of the LADCP

性能参数	具体指标
层厚	0.2～16 m
层数	1～128层
工作频率	300 kHz
测量流速范围	±5 m/s（缺省）；±20 m/s（最大）
精度	±0.5%±5mm/s
速度分辨率	1 mm/s
最大倾角	15°
最大耐压深度	6 000 m

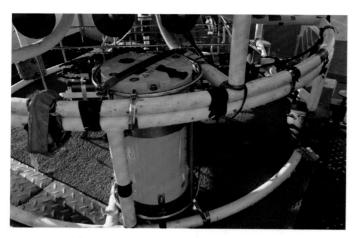

图2-15 固定于CTD观测系统内的LADCP
Fig. 2-15 LADCP tired on CTD observation system

3）ALEC CTD温盐深剖面仪

该CTD由日本ALEC电子公司生产（ALEC Electronics Co. LTD），2006年7月出厂，型号为ASTD687，序列号为83（图2-16）。该CTD除了可以测量温度、盐度、深度以外，还可以测量叶绿素和浊度，采样频率10 Hz。其主要技术指标如表2-7所示。该CTD于2010年6月在国家海洋标准计量中心进行了校准。

表2-7 ALEC CTD主要技术指标
Table 2-7 Specification of the ALEC CTD

参数	量程	分辨率	精度
深度（m）	0～600	0.01	0.3%
温度（℃）	−5～40	0.001	0.01
电导率（S/m）	0～6	0.000 1	0.002
叶绿素（$\times 10^{-12}$）	0～400	0.01	0.1或1%
浊度（FTU）	0～1 000	0.03	0.3或2%

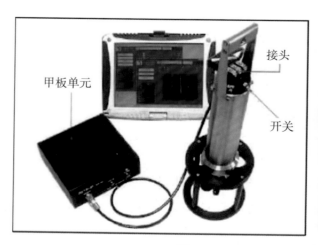

图2-16 ALEC CTD系统（左）和现场布放图（右）
Fig. 2-16 ALEC CTD system (left) and deployment (right)

4）海洋光学剖面辐射计PRR-800/810

海洋光学观测使用的仪器是美国 Biospheric Inc. 公司生产的辐射反射剖面仪（Profiler of Reflectance Radiometer, PRR），型号为 PRR800/810，如图 2-17 所示，白色柱状仪器为 PRR810，黑色柱状仪器为 PRR800，橙红色方盒为数据采集器。该仪器的主要技术参数如下。

光谱特征		传感器
波段(nm)	波幅(nm FWHM)	
313、380、412、443、490、510、520、532、555、565、589、625、665、683、710、765、780、875	10	向下辐照度传感器 向上辐亮度传感器 向上辐照度传感器 压力传感器 倾斜传感器

图2-17　海洋光学剖面辐射计PRR-800/810
Fig. 2-17　PRR-800/810 optical sensors

5）海洋湍流测量仪VMP-200

海洋湍流测量仪 VMP-200（Vertical Micro-structure Profiler-200）由日本和加拿大公司联合生产制造。VMP-200 是一个用于测量海洋上层 500 m 以浅微尺度湍流的仪器。针对不同的作业条件，它有自容式（VMP-200-IR）和直读式（VMP-200-RT）两种型号，在此次调查工作中采用的是直读式 VMP-200-RT，通过线缆将仪器直接连接到计算机设备上进行显示和数据的存储，下放过程通过绞车收放线缆（图 2-18 左）。VMP-200 的后端为方便拆卸的尾翼（图 2-18 白色辫子状），可以通过调节尾翼的数目改变浮力大小使得仪器在测量时的下降速度达到预期速度，并且用还可以稳定仪器在海洋中的姿态。VMP-200 设备的前端为探头（图 2-18 右），它可以同时安装 4 个探头，探头种类可以包含温度、盐度、剪切、溶解氧等，在此次调查工作中我们采用 1 个温度探头、1 个盐度探头和 2 个水平剪切探头同时进行温、盐和水平剪切的测量，然后根据这些物理量进一步分析海洋上层的湍流运动。

图2-18　VMP-200现场布放图（左）和前端探头（右）
Fig. 2-18　VMP-200 deployment (left) and sensor(right)

6）海雾垂向辐射衰减观测系统

海雾垂向辐射衰减观测系统主要分为 3 个模块：① 探空平台模块（探空气艇＋绞车控制端）；② 气象参数观测模块（气象探空仪＋地面信号接收端）；③ 太阳辐射观测模块（winC8L 分光仪）。

其中探空平台模块和气象参数观测模块的设备购买自中科院大气物理研究所，气艇分为 6 m³ 和 10 m³ 两种型号。搭载的气象探空仪可以获取所经各个高度上的风向（°），风速（m/s）和温（℃）、湿（%）四项基本气象参数。其中各项参数的观测精度保留至小数点后一位。

太阳辐射观测模块使用的 winC8L（小型 8 通道光量子辐射计）分光仪一共有 2 台，分为强光和弱光两种型号，均可获取 8 个波长（398 nm，437 nm，488 nm，540 nm，589 nm，629 nm，673 nm，707 nm）的光量子数，单位为 μmol/(m²·s)。观测时，强光分光仪搭载在气艇下方 15m 处探测低空大气垂向的太阳短波辐射强度变化，弱光分光仪则固定在冰面观测同期到达冰面的太阳短波辐射。

图2-19　海雾垂向辐射衰减观测系统
Fig. 2-19　Radiation observations through fog in the Arctic

2.3.2　锚碇浮标长期观测

锚锭浮标系统由浮体和锚系系统组成。浮体示意图如图 2-20 所示。标体自重 2.3 t，直径 2.4 m，型深 2.4 m，吃水 2 m，气象观测平台最高点距离水面 3.5 m，浮标在船上的总高度 5.5 m（含浮标座）。浮标集成有风速风向仪、辐射计、温湿度计、自动气象站（风、温、湿、气压、GPS）和温盐传感器等，主要技术参数如表 2-8 所示。标体配置 8 块 75 Ah 电池、4 块太阳能电池板（400 mm×840 mm）和 1 台 200 W 风力发电机供电。

浮标锚系系统自上而下由配重链、锦纶防扭绳、丙纶防扭绳、深水浮球、拖底锚链和水泥重块组成。其中配重链为直径 28 mm 的标准有档锚链，加连接附件总重 0.3 t，长度为 13.5 m。配重链下方为 1 000 m 沉水的锦纶防扭绳，每根长度 500 m，共 2 根。沉水锦纶防扭绳下方为浮水的丙纶防扭绳，每根长度也为 500 m，共 8 根，合计 4 000 m。锦纶防扭绳和丙纶防扭绳两端均加装耐磨护套，用重型专用套环连接，总长度 5 000 m。在最靠近海底的 500 m 丙纶防扭绳上端等间距固定 6 套耐压浮球（耐压 6 700 m），间距 2 m 左右。单套耐压浮球可提供 254 N 的浮力，总共可提供 1 524 N 浮力。这些浮球可吊起 500 m 左右缆绳，防止缆绳接头与海底摩擦。浮标拖底锚系由 2 条带档锚链和 2 块水泥块组成。2 条带档锚链，每条长 27.5 m，合计长度 55 m。带档锚链直径 38 mm，每条重 700 kg，共重 1 400 kg。每块水泥重 1.2 ~ 1.5 t，2 块共重 2.4 ~ 3.0 t。水泥块和带档锚链之间通过 1 条 6 m 长的马鞍链连接。

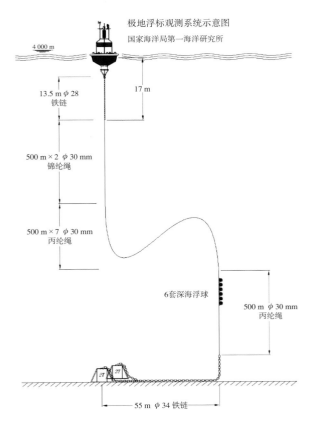

图2-20 浮标锚系系统组成
Fig.2-20 The system composition of buoy

表2-8 锚碇浮标主要传感器技术指标
Table 2-8 Specifications of the sensors on the buoy

项目	测量范围	准确度
风速	0~75 m/s	±0.3 m/s
风向	0°~360°	±0.25%
气温	−50~50℃	±0.5℃
气压	610~1 100 hPa	±0.5 hPa
湿度	0~100%	±1%
短波辐射	305~2 800 nm	±1%
长波辐射	4 500~50 000 nm	±1%
水温	−5~40℃	±0.1℃
盐度	0~40	±0.03

锚锭浮标布放具体步骤如下。图 2-21 给出了锚锭浮标布放现场作业图片。

（1）停船准备作业：在到达作业点后，迎风顶流一侧船舷为投放船舷。

（2）中甲板人员就位：包括吊车人员、控制止荡绳人员、控制释放钩人员以及控制船舷锚绳下放人员。

（3）中甲板浮标起吊及入水：吊钩吃力之后，松开固定浮标的缆绳，依次撤除浮标本体及锚链的所有固定。起吊浮标，在中甲板指挥下，利用标体止荡绳、锚链止荡作用控制标体的摇晃。在浮标吊起足够高度后，浮标在吊机慢速牵引下，向船舷外移动，移出船舷后，缓慢下放。在标体下部入水稳定后，中部甲板指挥发脱钩释放命令，控制释放钩人员脱钩，止荡人员回抽止荡绳。

（4）船舷解缆，船标分离：在脱钩释放后，船与浮体逐渐分离，根据移动速度，逐步将固定在船缆桩的锦纶绳解锁，依次有序释放入水中。

（5）飞行甲板锚绳入水：将飞行甲板和船尾部缆绳依次下放。

（6）浮球下放：2～3人拉住浮球末端绳子使浮球慢慢下水。

（7）水泥块及锚链入水：起吊水泥块，操作地质绞车和A架使水泥块平移至船舷外下放，再将绞缆机上接过来的吊带穿在马鞍链的卸扣上，操作地质绞车使绞缆机吊带吃力后，释放与A吊相连的吊带，快速脱钩。

(a) 浮标起吊　　　　　　　　　　　　　　　　　　(b) 标体入水

(c) 飞机坪缆绳　　　　　　　　　　　　　　　　　　(d) 重块起吊

图2-21　锚锭浮标布放现场作业
Fig. 2-21　In situ deployment of moored ocean–atmosphere flux buoy

2.3.3　走航观测

1）走航海水表层温盐测量仪

走航海水表层温盐观测采用新购置的美国海鸟电子公司（Sea-Bird Electronics, Inc.）生产的SBE 21 SEACAT 温盐计。该设备接入"雪龙"船新安装的表层海水自动采集系统，自动观测温度和盐度，在取水口处还装有一个温度探头（SBE 38）。主要技术指标如表2-9所示。

表2-9　SBE21 SEA CAT 温盐计技术指标
Table 2-9　Specification of the SBE21 SEA CAT

传感器	量程	分辨率	精度
电导率	0～7 S/m	0.000 1 S/m	0.001 S/m
温度	−5～35℃	0.001℃	0.01℃
取水口温度	−5～35℃	0.000 3℃	0.001℃

2）声学多普勒海流剖面仪（ADCP）

"雪龙"船底部（吃水深度 7.8 m）安装有 2 台声学多普勒海流剖面仪，仪器型号为 Ocean Survey 38K（简称"OS38K"）和 WorkHose Mariner 300K（简称"WHM 300K"）。OS38K 设置为 100 层，每层厚度 16m，采样的时间间隔为 8 s（声学同步之后）。主要技术指标如表 2-10 所示。WHM 300K 设置为 50 层，每层厚度 2 m，采样的时间间隔为 8 s（声学同步之后）。主要技术指标如表 2-11 所示。

表2-10　OS38K主要技术指标
Table 2-10　Specifications of OS38K

技术指标	测量范围	精确度
流速观测范围	−5～9 m/s	±1.0%
底跟踪最大深度	1 700 m	< 2 cm/s
回波强度动态范围	80 dB	±1.5 dB
温度传感器范围	−5～45℃	±0.1℃
深度单元个数	1～128个	—
波束角	30°	—
最大量程	800～1 000 m	—

表2-11　WHM300K主要技术指标
Table 2-11　Specifications of WHM300K

技术指标	测量范围	精确度
流速观测范围	±5 m/s	±1.0%
倾斜传感器	±15°	0.01°
罗经（磁通门型）	0～360°	±2°（倾角低于15°）
回波强度动态范围	80 dB	±1.5 dB
温度传感器范围	−5～45℃	±0.4℃
波束角	20°	—
最大量程	78～102 m	—

3）自动气象站

自动气象站（图 2-22）是走航气象观测的主要仪器，自动气象站包含气温、气压、风向、风速、相对湿度和能见度等传感器。

图2-22　自动气象观测站
Fig. 2-22　Automated weather station

4）走航探空观测设备

走航探空观测的设备主要包括探空气球、GPS探空设备以及船基GPS设备。见图2-23。

图2-23　实施GPS探空观测现场
Fig. 2-23　Deployment of the GPS air balloon

5）走航大气化学成分观测设备

走航大气化学成分观测的调查设备包括 EC9810A 紫外光度吸收地面臭氧分析仪、EC 9830T 红外气体相关一氧化碳分析仪和 Magee Scientific AE31 黑碳仪。仪器照片见图 2-24，仪器主要性能指标见表 2-12。

(a) 地面臭氧监测仪   (b) 一氧化碳监测仪

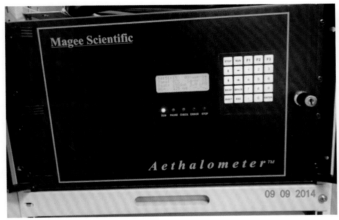
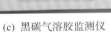

(c) 黑碳气溶胶监测仪   (d) 温室气体光谱仪

图2-24 大气化学仪器设备照片

Fig. 2-24 The sketch map of instruments for atmospheric composition measurement

(a) Ecotech EC9810; (b) Ecotech EC9830; (c) Magee Scientific AE31 and (d) LGR GGA-24r-EP

表2-12 大气化学观测仪器技术指标

Table 2-12 Specifications of instruments for atmospheric composition measurement.

设备名称	型号	参数	校准方法
地面臭氧监测仪	ECOTECH EC9810	原理：紫外光度法 流量：0.5 L/min 精度：0.2×10^{-9}	走航前于中国气象局大气探测中心校准；走航期间每10天使用零气校准
一氧化碳监测仪	ECOTECH EC9830	原理：气体相关透镜法 流量：1 L/min 精度：0.2×10^{-9}	走航前于中国气象局大气探测中心校准；走航期间每4 h使用零气校准
黑碳气溶胶监测仪	Magee Scientific AE 31	原理：可见光衰减法 流量：8～9 L/min 精度：1×10^{-9}	走航前于中国气象局大气探测中心校准
温室气体光谱仪	LGR GGA-24r-EP	原理：离轴光腔 流量：0.5 L/min 精度：$CH_4\ 0.25 \times 10^{-9}$ $CO_2\ 35 \times 10^{-9}$	于中国气象局大气探测中心校准；走航期间每2天使用标准气体校准

2.3.4 抛弃式观测

1）抛弃式XBT/XCTD观测

走航 XBT/XCTD 观测在"雪龙"船后甲板作业，数据采集器为新购置的日本 TSK 公司的 TS-MK-150n 型、国家海洋技术中心的 7JNPC-Ⅲ型。前者能采集 XBT/XCTD 传感器观测数据，后者只能采集 XBT 传感器观测数据。

XBT 传感器为 TSK（Tsurumi-Seiki Co., LTD）公司、Lockheed Martin Sippican 公司生产的 T-7 型（产地分别为日本、墨西哥）。在船速为 15 kn 时，可以观测到 760 m 深度。主要技术指标如表 2-13 所示。

表2-13　XBT传感器主要技术指标
Table 2-13　Specifications of XBT

传感器	量程	精度
温度	−2～35 ℃	±0.1 ℃
深度	1 000 m	2%或5 m

表2-14　XCTD传感器主要技术指标
Table 2-14　Specifications of XCTD

传感器	量程	分辨率	精度	响应时间
电导率	0～7 S/m	0.001 7 S/m	±0.003 S/m	0.04 s
温度	−2～35 ℃	0.01 ℃	±0.02 ℃	0.1 s
深度	1 000 m	0.17 m	2%	—

图2-25　XBT 现场布放图
Fig. 2-25　In situ deployment of XBT

XCTD 探头为日本 TSK 公司（Tsurumi-Seiki Co., LTD）生产的 XCTD-1 型，在船速为 12 kn 时，可以观测到 1000 m 深度，主要技术指标如表 2-15 所示。

2）Argos表层漂流浮标

Argos 表层漂流浮标，在船到站前，减速到 2～3 kn 时进行投放观测，在船尾开阔水域进行投放。

在冰区投放时，需要选择冰密集度低于 10% 的海域。浮标能每小时通过卫星向国内发回 GPS 位置信息，研究北极海域夏季环流特征，见图 2-26。

3）Argo浮标

Argo 浮标主要用于观测海洋温、盐、深等剖面水文要素，该仪器通过油囊控制自身浮力作垂向运动，从而获取剖面数据。该行次投放的 Argo 浮标为 PROVOR 型，仪器外形如图 2-27 所示。

Provor 执行任务及一个周期的示意图见表 2-15。

图2-26 Argos表层漂流浮标现场布放图
Fig. 2-26 In situ deployment of Argos drifting buoy

图2-27 Argo 浮标
Fig. 2-27 Argo Buoy

表2-15 PROVOR的任务参数
Table 2-15 Parameters of the PROVOR

命令编号	名称	参数值	单位
PM0	周期数量	400	个
PM1	周期时间:完成一个周期持续的时间	10	d
PM2	基准日	2	d
PM3	到达表面时间	23	h
PM4	任务开始前的等候时间	0	min
PM5	下沉采样周期	0	s
PM6	漂流采样周期	12	h
PM7	上浮采样周期	10	s
PM8	漂流深度	1 000	dbar
PM9	剖面深度	2 000	dbar
PM10	表层深度与中层深度分界线	10	dbar
PM11	中层深度与底层深度分界线	200	dbar
PM12	表层分层厚度	1	dbar
PM13	中层分层的厚度	10	dbar
PM14	底层分层的厚度	25	dbar

2.3.5 冰站水文观测

1) RBR温盐深剖面仪

RBR 温盐深剖面仪是进行冰下海水温盐观测的主要仪器，在进行海洋观测时具有便携、自容等优点。本次考察所用 RBR 校正日期为 2014 年 6 月，RBR 的相关技术指标和仪器图示见表 2–16 和图 2–28。

表2–16　RBR参数
Table 2–16　Specification of the RBR

硬件					传感器					
内存	电池	耐压深度	直径	长度	温度		盐度		深度	
					范围	精度	范围	精度	范围	精度
128 M	8节	2 000 m	635 mm	320 mm	5～35℃	0.002	0.85 mS/cm	0.003 mS/cm	2 000 m	0.05%

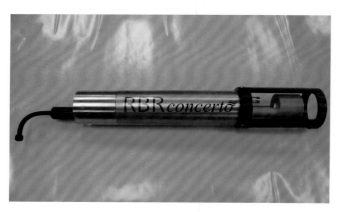

图2–28　RBR仪器图示
Fig. 2–28　Photo of the RBR

2) 声学多普勒海流剖面仪（ADCP，"雪龙"船保障）

冰站水文观测所使用 LADCP 型号为 Work Horse 300k，与本航次重点海域断面观测使用的 LADCP 系同一台仪器。布放之前对仪器的观测模式重新进行了配置，采用相对仪器自身（换能器）的坐标系统记录 x 和 y 两个方向的流速，在后续处理过程中需要根据同期船舶的船舶向资料以及 GPS 数据对流向和流速进行订正。WHS300k 主要技术指标见表 2–17，冰下观测见图 2–29。

表2–17　WHS300k主要技术指标
Table 2–17　Main specifications of WHS300k

技术指标	测量范围	精确度
流速观测范围	±10 m/s	±0.1 cm/s
倾斜传感器	—	±1°
罗经（磁通门型）	0～360°	±0.1°
回波强度动态范围	80 dB	±1.5 dB
波束角	20°	—
最大量程	160 m	—
最大入水深度	6 000 m	—

图2-29　冰下ADCP观测

Fig. 2-29　ADCP tethered under the bottom of sea ice through a hole within a melt pond

3）冰基拖曳式浮标（ITP）

3个ITP目前采用的采样方式为上升阶段持续时间为6 h，下降阶段持续时间为18 h。采样方式可以根据用户需要通过卫星传输进行修改。设计寿命是两年半到三年。

ITP搭载的传感器是Sea-Bird 41-CP CTD（图2-30），采样频率是1 Hz，通过铱星卫星进行数据传输通信。最终的数据以偶数名的数据为下降观测剖面数据，奇数名数据为上升观测剖面数据。表2-18列出了Sea-Bird 41-CP CTD的主要技术指标。

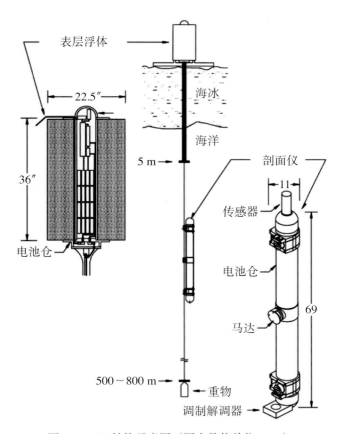

图2-30　ITP结构示意图（图中数值单位：cm）

Fig. 2-30　Ice-Tethered Profiler schematic(Dimensions in cm)

表2-18　Sea-Bird 41-CP CTD的主要技术指标
Table 2-18　Specification of the Sea-Bird 41

传感器	校正标准	精度	稳定性
温度	ITS-90	± 0.002 ℃	0.000 2 ℃/a
电导率	国际标准海水	± 0.002（实用盐标）	0.001/a（实用盐标）
压强	压力表和参考压强	± 2 dbar	0.8 dbar/a

2.4　考察人员及作业分工

2.4.1　重点海域断面观测

表2-19　CTD/LADCP观测人员分工
Table 2-19　Division of labor in CTD/LADCP observation

	一班	二班
组长	边洪村	李涛
甲板	刘洪宁，王晓宇，牟龙江	王庆凯，綦声波，刘磊
绞车	陈钟为	吴文彬
CTD甲板单元	林丽娜	钟文理/何琰
物理实验室	唐学远	何琰/钟文理
内业数据处理	林丽娜	钟文理

表2-20　光学和湍流观测人员分工
Table 2-20　Division of labor in optical and turbulence observation

	一班	二班
组长	王晓宇	李涛
甲板	刘洪宁	綦声波
绞车	牟龙江	曾俊宝
物理实验室	唐学远	钟文理

2.4.2　锚碇浮标长期观测

锚碇浮标布放得到中国第六次北极科学考察队和"雪龙"船甲板部的大力支持和协助。航次领队曲探宙担任总监督，首席科学家潘增弟担任总指挥。"雪龙"船船长沈权、大副朱利、大洋队刘娜担任执行总指挥。水手长唐飞翔任甲板指挥。"雪龙"船甲板部张旭德、夏寅月、潘礼峰、许浩、赵孝伟、邢豪、夏云宝，大洋队边洪村、金波、刘洪宁、林丽娜、何琰、雷瑞波、刘炎光、李涛、王晓宇、李丙瑞，记着吴建波、许砲、张一玲参加了锚碇浮标的具体布放。

2.4.3 走航观测

1）走航表层温度和盐度观测

王硕仁和夏寅月负责整个仪器的检查和维护，每隔10天左右检查仪器的运行状态。进入冰区后，每天检查仪器的工作状态。钟文理负责观测数据的采集和后期处理。

2）走航 ADCP海流观测

王硕仁和夏寅月负责走航 ADCP 的检查和维护，每天检查。王晓宇负责观测数据的采集和后期处理。

3）走航气象观测

李志强和陈志昆负责整个仪器的运行和走航观测的校准，陈志昆负责人工观测，李志强负责审核人工观测结果。

4）走航探空观测

走航探空观测主要由李志强、陈志昆、田忠翔和肖林等 4 人承担。李志强、田忠翔、肖林负责现场气球充气等工作，陈志昆负责软件数据接收的工作。

5）走航大气化学成分观测

走航大气化学成分观测由丁明虎负责。

2.4.4 抛弃式观测

1）抛弃式XBT/XCTD观测

考察人员合计 8 人，分 4 班，每班 8 h。具体考察人员分班见表 2-21。

表2-21　抛弃式XBT/XCTD观测考察人员分班情况
Table 2-21　Group of the XBT/XCTD deployments

班组号	室内数据采集	甲板投放	记录	核对
1	周红进	梁新友	周红进	梁新友
2	李丙瑞	唐学远	李丙瑞	唐学远
3	刘 磊	王庆凯	刘 磊	王庆凯
4	曾俊宝	陈钟为	曾俊宝	陈钟为

2）Argos表层漂流浮标

Argos 表层漂流浮标现场布放和记录人员为陈钟为，刘洪宁、雷瑞波和刘娜等现场协助布放。

3）Argo浮标

Argos 表层漂流浮标现场布放和记录人员为梁新友、李丙瑞和唐学远等现场协助布放。

2.4.5 冰站水文观测

1）冰下海水温盐观测

钟文理负责仪器的日常维护和数据采集，王晓宇负责数据的后期处理。每天早上到达冰站，首先检查 CTD 绞车的工作状态，确认无误后保持自动观测。每天下午离开冰站前采集当天的数据。

2）冰下表层海水流速观测

钟文理负责（王晓宇协助）仪器的布放和维护，王晓宇负责数据的后期处理。

3）冰基拖曳式浮标（ITP）观测

现场布放负责人是李涛，来自美国 Woods hole 海洋研究所的 Alexi 和 James 提供现场布放技术支持，綦声波、钟文理、王晓宇、牟龙江等协助仪器的布放工作，钟文理负责数据的后期处理。

2.5 完成工作量及数据与样品评价

2.5.1 重点海域断面观测

1）重点海域断面观测工作量

重点海域断面观测工作量统计如表 2-22 所示。

表2-22 重点海域断面观测工作量统计
Table 2-22 Summary of the physical oceanography survey

序号	项目	计划站位（个）	实际站位（个）	数据量	完成情况
1	CTD采水作业	82	89	370 M	超额8.5%
2	LADCP流速观测	82	88	75 M	超额7.3%
3	海洋光学观测	41	44	148 M	超额7.3%
4	海洋湍流观测	37	41	134 M	超额10.8%
5	海雾辐射观测	0	1		

2）数据评价及重要情况记录

（1）温盐深观测（CTD）。

本航次使用的海鸟 911 Plus CTD 系统安装了双温度、双电导、双溶解氧、压力、叶绿素和高度计 9 个传感器。所有测站温、盐、溶解氧数据均进行了双探头测量数据对比，以开始作业的第一个测站 B01 和作业接近尾声的测站 AD04 为例，表 2-23 为比测统计结果。主探头与次探头在 B01 站 500 ~ 3 049 dbar 差值范围为（$-0.204\,0 \pm 1.121\,0$）$\times 10^{-4}$℃，电导率差值范围为（$-0.752\,0 \pm 0.115\,0$）$\times 10^{-4}$ S/cm；AD04 站 500 ~ 3 852 dbar 差值范围为（$3.719\,0 \pm 0.836\,0$）$\times 10^{-4}$℃，电导率差值范围为（$-2.803\,0 \pm 0.103\,0$）$\times 10^{-4}$ S/cm。综合比较表明，双探头性能稳定，数据均达到技术指标要求。见图 2-31。

表2-23 海鸟911 Plus CTD 双探头比测结果统计
Table 2-23 Comparison of data sampled by two sensors of the SBE 911 Plus CTD

站位	B01					
压强范围	5 ~ 3 049 dbar		50 ~ 3 049 dbar		500 ~ 3 049 dbar	
变量	温度差（℃）	电导率差（S/cm）	温度差（℃）	电导率差（S/cm）	温度差（℃）	电导率差（S/cm）
最大值	0.073 2	0.005 0	0.006 5	$2.570\,0 \times 10^{-4}$	0.000 4	$-0.170\,0 \times 10^{-4}$
最小值	−0.004 2	$-6.630\,0 \times 10^{-4}$	−0.0042	$-4.900\,0 \times 10^{-4}$	−0.001 0	$-1.540\,0 \times 10^{-4}$
平均值	$0.890\,0 \times 10^{-4}$	$-0.718\,0 \times 10^{-4}$	$0.019\,0 \times 10^{-4}$	$-0.749\,0 \times 10^{-4}$	$-0.204\,0 \times 10^{-4}$	$-0.752\,0 \times 10^{-4}$
标准偏差	0.001 6	$1.052\,0 \times 10^{-4}$	$2.988\,0 \times 10^{-4}$	$0.225\,0 \times 10^{-4}$	$1.121\,0 \times 10^{-4}$	$0.115\,0 \times 10^{-4}$

站位	AD04					
压强范围	5 ~ 3 852 dbar		50 ~ 3 852 dbar		500 ~ 385 2 dbar	
变量	温度差（℃）	电导率差（S/cm）	温度差（℃）	电导率差（S/cm）	温度差（℃）	电导率差（S/cm）
最大值	0.001 6	$-0.220\ 0 \times 10^{-4}$	0.001 3	$-1.310\ 0 \times 10^{-4}$	0.000 7	$-2.310\ 0 \times 10^{-4}$
最小值	$-0.001\ 3$	$-3.190\ 0 \times 10^{-4}$	$-0.000\ 5$	$-3.190\ 0 \times 10^{-4}$	0.000 0	$-3.190\ 0 \times 10^{-4}$
平均值	$3.697\ 0 \times 10^{-4}$	$0.202\ 0 \times 10^{-4}$	$3.724\ 0 \times 10^{-4}$	$-2.754\ 0 \times 10^{-4}$	$3.719\ 0 \times 10^{-4}$	$-2.803\ 0 \times 10^{-4}$
标准偏差	$1.225\ 0 \times 10^{-4}$	$-2.745\ 0 \times 10^{-4}$	$1.092\ 0 \times 10^{-4}$	$0.178\ 0 \times 10^{-4}$	$0.836\ 0 \times 10^{-4}$	$0.103\ 0 \times 10^{-4}$

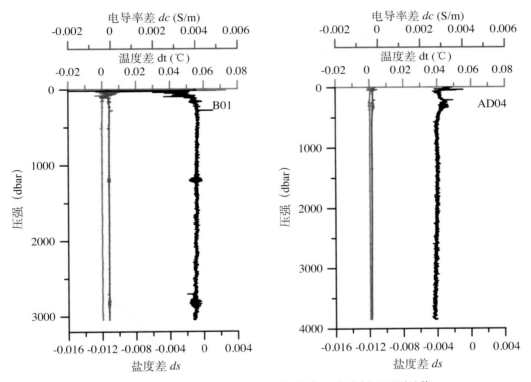

图2-31　B01站（左）和AD04站（右）双探头剖面观测差值

Fig. 2-31　Comparison between the two sensors of SBE 911Plus CTD at B01 (left) and AD04 (right)

2014 年 7 月 22 日，站位 B12，下放至 80 m 处，甲板单元显示数据出现问题，有大量奇异值，提升到 5 m 后重新开始，下放至约 50 m 又出现问题。回收维修后，重新下放，数据正常。

2014 年 8 月 5—6 日，C11—C14 站，数据出现很多跳点，即异常值。尤其是在下放至 1 000 m 已深及上升过程中，异常值较多。

2014 年 8 月 7 日，C15 站，更换一套新的 CTD，配置文件改为 1113 (6tharctic)_new.xmlcon。数据有很多跳点，第一次下水时，CTD 的 depth 出现异常，显示 –299 m。第二次导入标定文件后恢复正常，CTD 的盐度双探头示数差 2，例如 S1 35.9，S2 33.8。

2014 年 8 月 7 日，R10 站，换回原来的 CTD 设备，数据有很多跳点。上升过程中压力传感器有异常数值（10 m 以上时），甲板单元在下放、上升、出水时均有报警。

2014 年 8 月 8 日，R11 站，实验室工作人员对 CTD 进行截缆、硫化后，CTD 恢复正常，无奇异值。

2014 年 8 月 9 日，C25 站，CTD 绞车响声频繁，并在以后的观测中持续存在。

2014 年 8 月 10 日，C24 站，更换高度计，SN 57420。

2014 年 8 月 15 日，R15 站，CTD 出水回收缆绳时，绞车发生空转，绳不动，后来又恢复，原因不明。

（2）流速观测（LADCP）。

在后续数据处理过程中发现，本航次 LADCP 的数据存在以下两个主要问题：① LADCP 电池存在电量不足的问题。使用准备好的第一个电池包出现短路过热情况，当使用第二个电池包时发现消磁处理得不干净，对罗经的准确性影响较大。最终决定使用仪器原来自带的电池进行观测。② 许多深水站位的仪器方向在下降过程中出现周期性摇摆问题，见图 2–32。在第 150 至第 1 500 个合样中（500 ～ 3 200 m 深度），仪器的方向角（heading）出现自 0° 顺时针的旋转，对应着倾角（tilt）存在 0 ～ 5° 的周期性变化。上升过程中则未出现这一现象。这一问题可能是钢缆释放过长导致在扭力作用下发生旋转所致，但是考虑到周期性变化如此规则，而在上升中未见仪器逆向摆回至原位，所以也可能是其他未知原因导致的。

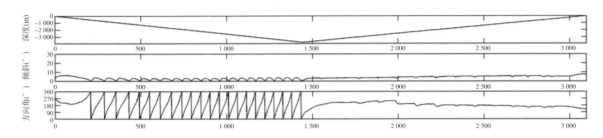

图2-32 站位S07站ADCP仪器自身记录的姿态
Fig. 2-32 The instrument status during deployment at station S07

此外，在数据的后续处理过程中，部分站位因为过多的数据不能通过质量控制而导致无法生成完整的速度剖面，或者得到的速度分量的标准差较大。

（3）湍流观测（VMP）。

本航次一共进行了 41 次的 VMP 观测，其中在加拿大海盆到楚科奇海台的 C 断面（C11 到 C14 站）有 3 个站位的数据存在大问题。由观测剪切数据计算出来的湍动能耗散率远低于合理范围，在第一个站位 C11 发现问题后详细检查了剪切探头，并未发现异常，之后连续 3 个站都呈现这个数值，最后更换了两个剪切探头，测量数值回到合理范围。在 VMP 下放过程中出现过数次缆绳吃力的情况。另外有 3 个站位 VMP 在下放记录数据的过程中出现异常值，初步判断为仪器电压不稳跳动所导致的数据异常，在后期数据处理中需要将异常点剔除。

（4）光学观测（PRR800/810）。

从所有站位的观测数据来看，数据质量良好，但要注意船体对水上和水下仪器观测数据的影响，观测时间段内的天气观测记录也很重要。

（5）海雾辐射观测（海雾垂向辐射衰减观测系统）。

数据质量良好，未发现明显异常。

2.5.2 锚碇浮标长期观测

锚碇浮标观测自 2014 年 7 月 20 日投放之日起，数据正常并且各仪器运行状况良好。数据通关铱星传回，数据接收频率为每 3 分钟 1 次。截至 2015 年 2 月，共获取约 90 天的定点风速、风向、气温、湿度、短波辐射、长波辐射等海气界面连续观测数据，获取约 200 天的海表温盐数据。

2.5.3 走航观测

1）走航表层温度和盐度观测

2014年8月14日16:58，表层水泵冰堵，停表层水，停SBE程序。2014年8月15日21:50，冰堵，停表层水，有一段时间内出现的低盐水需要剔除，由于没有表层水的更新，SBE21仪器内部的温度逐渐升高，这部分数据在后期的处理中也需要剔除。与SBE911 plus测量的表层数据相比差异较小。其余数据良好。

2）走航ADCP海流观测

（1）OS38K的数据获取情况：2014年7月21日至9月6日，共获得4.2 G数据，包含原始采集信号信息、原始流速记录、短期流速平均、长期流速平均、航行数据资料、底跟踪记录等内容。

（2）WHM 300K的数据获取情况：2014年7月22日至9月6日，共获得8.7 G数据，包含原始采集信号信息、原始流速记录、短期流速平均、长期流速平均、航行数据资料、底跟踪记录等内容。

3）走航气象观测

自动气象站每分钟存一次数据。实时记录日期、时间、纬度、经度、风速、风向、气温、相对湿度、气压等气象信息。除在北冰洋出现过偶尔结冰的情况，影响数据的准确性之外，其他时间工作正常。从7月11日至8月30日的数据均有保存和备份。

每日UTC时间00时，06时，12时进行人工气象观测，观测项目包括"雪龙"船所在经纬度、航速、气温、露点温度、气压、相对湿度、风向风速、能见度、天气现象、云状、浪高涌高、海表水温和盐度等。在进入冰区后，每天进行3次（00时、06时、12时，世界时）的常规海冰观测并进行拍照记录。总共完成了150个多时次的常规气象观测和30个时次的常规海冰观测（截至8月30日）。经审核，数据全部准确有效。

4）走航探空观测

按照中国第六次北极科学考察的实施方案，计划在走航期间完成30枚GPS探空气球观测，航次期间投放58枚，超额完成原定任务。进入白令海之后，除天气条件很差的情况会影响气球的升空和信号的接收，从而取消放球计划之外，每天上午和下午各进行一次探空观测。

5）走航大气化学成分观测

走航大气化学成分观测完成情况如表2-24所示。

表2-24　大气化学成分观测完成情况
Table 2-24　Summary of the air component measurements

任务计划	作业航段	数据量
走航地面臭氧浓度分布	上海极地码头至长期冰站	有效记录约21 000条
走航一氧化碳浓度分布	上海极地码头至长期冰站	有效记录约21 000条
走航黑碳气溶胶浓度分布	日本海至长期冰站	有效记录约21 000条
走航温室气体浓度分布	上海极地码头至长期冰站	有效记录约600万条

2.5.4 抛弃式观测

1）抛弃式XBT/XCTD观测

表2-25 抛弃式XBT/XCTD观测投放数量表
Table 2-25 Summary of the XBT/XCTD deployment

序号	探头类型	计划投放(枚)	实际投放(枚)
1	XBT	340	421
2	XCTD	24	37

合计投放 XBT/XCTD 458 枚。在北冰洋冰作业区之外，XBT/XCTD 投放成功率最高，合计投放了 274 枚，传感器数据质量可信，数据异常或中断合计 7 枚，投成成功率约为 97.5%。在北冰洋浮标区投放 184 枚，投放成功率随着海冰密集度的增加而降低，合计有 9 枚无效数据，投放成功率为 95%。

2）Argos表层漂流浮标

第六次北极科学考察实施方案计划在楚科奇海 R 断面投放 7 枚 Argos 表层漂流浮标，视现场作业情况在冰面布放 1 枚。现场在楚科奇海域 R 断面及 C 断面海域投放 7 枚浮标，冰面布放 1 枚浮标。投放完成后，8 枚浮标数据接收正常，但是冰面布放的 1 枚浮标在 8 天后无法正常接收数据。

3）Argo浮标

按实施计划，投放了 10 套 Argo 浮标，工作正常。

2.5.5 冰站水文观测

表2-26 冰站水文观测工作量
Table 2-26 Summary of the CTD/ADCP sampling at ice camp

序号	项目	计划	实际	备注
1	冰下水文要素连续观测	20个剖面	200个剖面	
2	冰下表层海水流速连续观测	0	5天	
3	海冰拖曳式浮标	4个	4个	

1）冰下海水温盐观测

本航次在长期冰站上进行了冰下海水温盐观测，观测时间段为 8 月 20 日 21:43 至 8 月 25 日 03:27，数据总量约 280 M，质量良好。

2）冰下表层海水流速观测

冰下表层海水流速观测是将仪器通过双股尼龙绳悬挂于冰洞内部，换能器位于冰底以下 30 cm 处。观测设置为 54 层，每层厚 2 m，合样的时间间隔为 2 min。作业期间共获得为期 5 天（8 月 20 日 22:42 至 8 月 24 日 23:07）的冰下海流连续剖面资料，数据总大小 4.25 M，有效的流速观测范围为冰底 3 ～ 75 m。一共获得 5 天完整的数据。

3）冰基拖曳式浮标（ITP）观测

3 套深水 ITP 数据质量良好，未发现明显异常。1 套浅水 ITP 在短期冰站布放，布放完成时仪器工作正常，离开该冰站后 1 h 左右，无数据传回接收端。

2.6 观测数据初步分析

2.6.1 重点海域断面观测

1）重点海域温盐深观测（CTD）

本航次再次重复了在白令海的历史考察断面（图2-33），靠近南部阿留申群岛的站位盐跃层深度超过70 m，而靠近白令海峡的站位盐跃层深度在25 m左右。不同于盐跃层，温跃层在该断面上自南向北基本上维持在25 m左右的深度上。表层温度维持在7℃以上，表层盐度从南部站位的33过渡到北部站位的低于31.5。在白令海陆架25 m深度以下出现了明显的白令海陆架冷水团，与2012年考察相比该冷水团的冷核范围减小，冷水团的势力范围受制于冬季的结冰析盐和对流混合过程，冬季冰间湖在其中扮演着重要的调制作用。

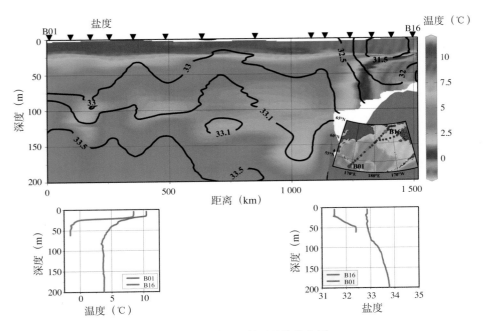

图2-33 白令海B断面温盐分布图

Fig. 2-33 Section (upper) and typical profiles (lower) of temperature and salinity in Bering Sea

楚科奇海断面上（图2-34），由于先驱浅滩的阻碍和汉娜浅滩的存在，沿着中央水道流动的白令海陆架水在71°左右流向开始转向东，在72°左右出现了明显的温盐锋面，南部为较暖盐度较高的白令海陆架水，北部为楚科奇海海冰融化之后导致的低温低盐水。断面北部站位的低温水体特性一直影响到150 m左右的深度上，在120 m左右盐度值33.1对应着的温度极小值水体为冬季太平洋水，来源于冬季沿岸冰间湖结冰析盐生成的高盐低温水体。在10余米的深度上出现一个由于海冰融化所导致的强盐跃层。

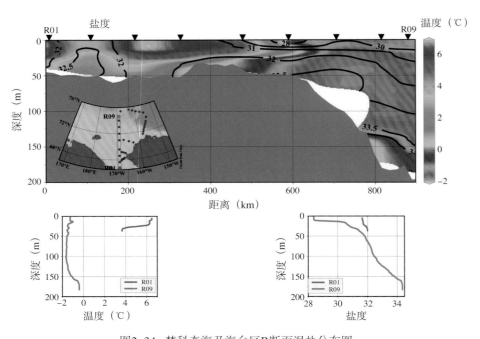

图2-34 楚科奇海及海台区R断面温盐分布图

Fig. 2-34 Section (upper) and typical profiles (lower) of temperature and salinity in Chukchi Sea

　　加拿大海盆南部断面陆坡以北的站位（图2-35），50 m左右深度上普遍出现一温度极大值水体，温度极大值最大超过2℃，该暖水为白令海陆架水。表层盐度值普遍低于28。上层海洋呈现出多跃层结构，除了表层10 m左右出现的融冰水形成的盐跃层，在冬季混合层残留水与夏季太平洋水之间也存在一个盐跃层，再往下在冬季太平洋水与中层水之间又存在一个盐跃层，跃层强度自上而下递减。中央水道是白令海陆架水进入海盆中的主要路径。流经巴罗海谷的冬季太平洋水可能会以涡旋输送的形式进入海盆中，冬季太平洋水进入海盆中的另一种方式是在西风作用下产生的向岸流诱生下层的离岸流将高盐低温水输入海盆中。中层水温度最高超过1℃，其与陆架的相互作用下将会使得热量更多地释放到上层海洋。

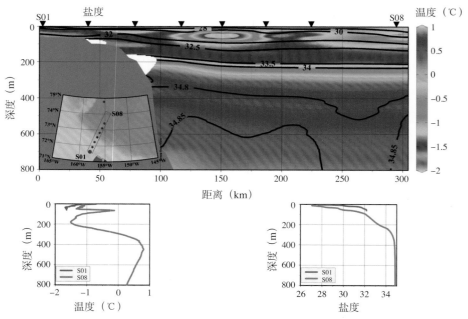

图2-35 加拿大海盆区S断面温盐分布图

Fig. 2-35 Section (upper) and typical profiles (lower) of temperature and salinity in Canadian Basin

2）重点海域流速观测（LADCP）

LADCP 的配置文件分为浅水（深度小于 300 m）和深水（深度大于 300 m）两种模式。二者初始环境参数均设置为温度 0℃，盐度 34，磁偏角 0°。在后续数据处理过程中会融合 CTD 观测的现场温盐对声速进行订正，另外依据 GPS 记录的经纬度信息来确定磁偏角的大小。考虑到深层水质较清洁，回波信号非常弱，因此深水的配置文件将层厚设置为 8 m 共 14 层，合样的时间间隔为 2 s。浅水的配置文件层厚为 4 m 共 25 层，合样的时间间隔同样为 2 s。

LADCP 数据的后期处理采样的是哥伦比亚大学 Lamont－Doherty Earth 实验室 Martin Visbeek 教授编写的 matlab 软件包（逆方法）。图 2-36 是选取的一深一浅两个代表站位的流速结果。

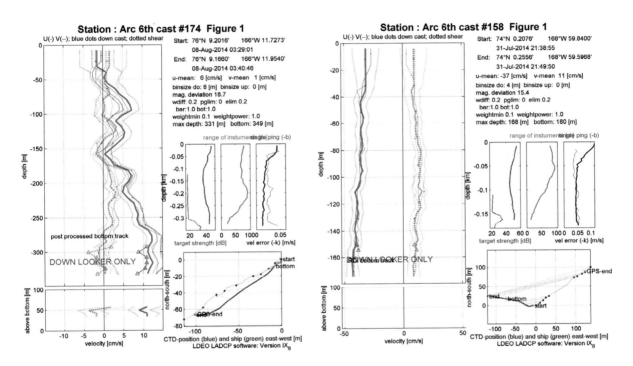

图2-36　R11站（左，cast 174）和R08（右，cast158）流速剖面的处理结果
Fig. 2-36　Velocity profiles processed from the acquired current data at stations of R11 (left) and R08 (right)

在数据处理过程中需要利用处理软件对数据进行一系列的质量控制，比如仪器倾斜在 22° 以内倾角方差不大于 4、水平速度和垂向速度在合理范围内、校正磁偏角与仪器系统固有问题等等，同时，利用 CTD 剖面数据与船载 GPS 数据辅助 LADCP 的后续数据处理。

LADCP 观测的流速剖面是短时间内海水综合运动的结果，除了定常流外还包含了周期性的潮流、惯性流以及涡流扰动等其他信号，所以需要与平均意义下的海流区分对待。R11 站位于楚科奇海台，从速度剖面上看，观测期间这里的海水流动在 50 m 以浅垂向分布比较均匀且速度偏低，而在 80 m 和 280 m 的两个深度上各存在一个速度的峰值且以东分量为主，表明次表层至底层的海水流动在垂向上存在明显的剪切，而垂向的速度剪切会导致平流的不稳定，有利于上下两层水体间物质和能量的交换。R08 站位于楚科奇海陆架区的北部，观测显示此时该站的流向以西北偏西为主，与更北部的 R11 站相比较，该站的速度在垂向上的分布更加均匀。

3）湍流观测（VMP）

VMP 在白令海的观测两剪切探头的波数谱与黑线理论 Nasmyth 谱值拟合得较好（图 2-37）。

上层海洋的湍动能耗散率呈现出 e 指数衰减，在 50 m 之内湍动能耗散率 10^{-4} W/kg 减少到 10^{-9} W/kg（图 2–38）。在表层海流不小的时候，表层之下的湍动能耗散率还是保持在 10^{-9} W/kg 左右的量级。风对海洋的输入是决定上层海洋湍动能耗散率的重要因素之一。

加拿大海盆 S 断面站位的数据显示 100 m 以下的湍动能耗散率越向海盆中部靠近越弱，S 断面的南部站位湍动能耗散率从 10^{-8} ~ 10^{-9} 量级向 10^{-9} ~ 10^{-10} 量级过渡（图 2–39 和图 2–40）。对 S04 站位两剪切探头计算出的湍动能耗散率差异有些大，一种可能是靠近陆架由于地形的作用所导致，后期需要与厂家沟通检验探头是否已经受到"污染"。在陆架边缘湍动能耗散率的加强将会破坏双扩散阶梯结构，而在海盆中部耗散率弱将有利于形成双扩散阶梯结构。

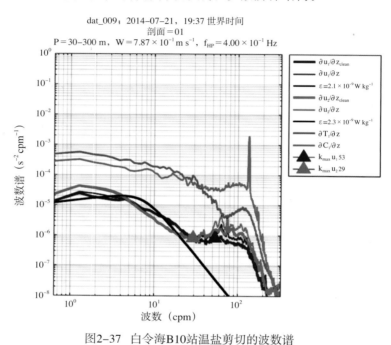

图2-37　白令海B10站温盐剪切的波数谱
Fig. 2–37　The spectrum of temperature, salinity and shear sensor for B10 in Bering Sea

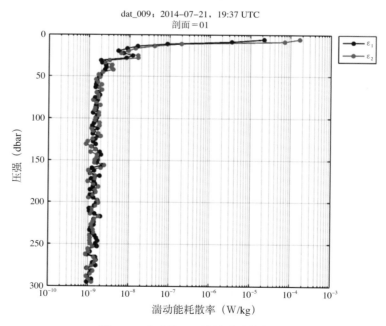

图2-38　白令海B10站的湍动能耗散率
Fig.2–38　The rate of dissipation of TKE (Turbulence Kinetic Energy) for B10 in Bering Sea

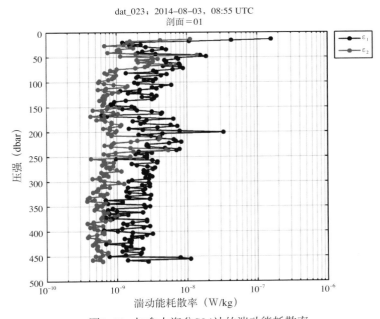

图2-39 加拿大海盆S04站的湍动能耗散率
Fig. 2-39 Rate of dissipation of TKE (Turbulence Kinetic Energy) for S04 in Canada Basin

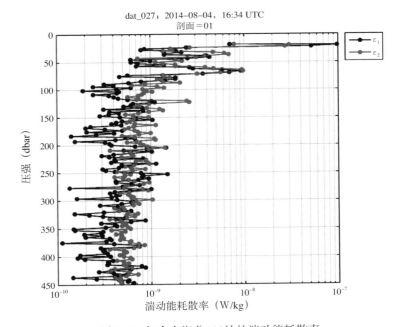

图2-40 加拿大海盆S08站的湍动能耗散率
Fig. 2-40 Rate of dissipation of TKE (Turbulence Kinetic Energy) for S08 in Canada Basin

4）海洋光学观测

PRR 仪器的频率设置为 5Hz。该联合观测方式自 7 月 27 日至 8 月 15 日共获取 44 个海洋站位的数据，观测位置分布在楚科奇海、楚科奇海海台和加拿大海盆。图 2-41 为 C12 站 PRR 水中向下辐照度探头测得的海水光学谱衰减系数随深度的变化。由图中可明显看出，红光谱段在水下 10 ～ 20 m 左右便全部被海水所吸收，水深在 60 ～ 80 m 之间各谱段光的衰减达到最大值，主要是在该深度上叶绿素浓度最高，吸收了大部分的可见光。体现了叶绿素对光的衰减的重要影响。其他站位也都存在类似的性质。

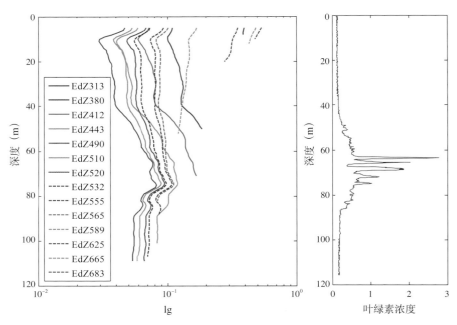

图2-41　C12站PRR的EdZ传感器获取的光谱在海水中的衰减系数和ALEC-CTD获取的叶绿素垂直剖面
Fig. 2-41　Spectrum attenuation coefficients in the ocean got from EdZ sensor and chlorophyll vertical profile got from ALEC-CTD

5）海雾辐射观测

中国第六次北极科学考察队于 8 月 3 日在楚科奇海进行了海雾辐射观测。观测期间处于雾天，但是从目测的表象来看，海表面 30 m 高度以内的海雾现象并不显著。如图 2-43 所示，光学辐射计的观测结果表明在 100 ~ 250 m 的高度范围内存在一个太阳辐射的衰减层，衰减幅度约为 0.12/100 m。这种衰减主要是海面至低空的海雾导致的。而自 260 ~ 520 m 的范围内太阳辐射的衰减呈现增、减相间的特征，这种变化可能与海雾（低云）自身在空间上分布不均匀有关。气象观测显示在海面以上 20 ~ 120 m 的范围内温度在垂向上几乎是均匀的，约为 -0.3℃，随着高度的增加开始出现逆温现象，气温和湿度均随着高度的增加而升高，这与光学观测的结果相对应，表明观测期间海雾（低云）的雾底（云底）高度约为 120 m。整个观测期间风速均较大，低空风速约为 5 m/s，随着高度增加有增大趋势并在 370 m 高度附近达到最大值，约为 8 m/s。

图2-42　探空气球在加拿大海盆南部的释放地点（S04站）
Fig. 2-42　Location (Station S04) of vertical radiation observation using a tethered balloon in the south of Canadian Basin

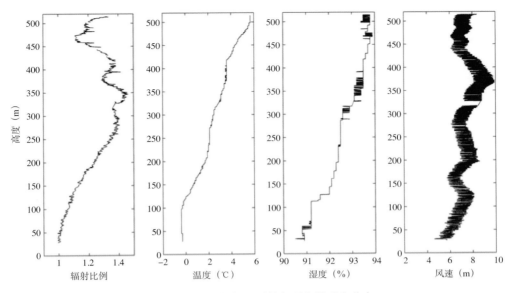

图2-43 探空气艇观测的各项参数垂向分布

左图中Ratio值代表的是气艇所在高度的太阳辐射强度（589 nm波段）对到达冰表面的同波段太阳辐射强度的比值

Fig. 2-43 Vertical distributions of the observed meteorological parameters in Aug. 03, the ratio in the left Figure represents the downward radiation (589nm) arriving on the ice surface divided bythe downward radiation (589nm) where the balloon lays

2.6.2 锚碇浮标长期观测

锚锭浮标自 7 月 20 日投放，锚泊系统非常稳定，如图 2-44 和图 2-45 所示。浮标的铱星发射系统安装在标体系统上，从铱星发回的数据来看，标体系统在投放点附近在一个半径约为 1.5 n mile 的范围内移动。

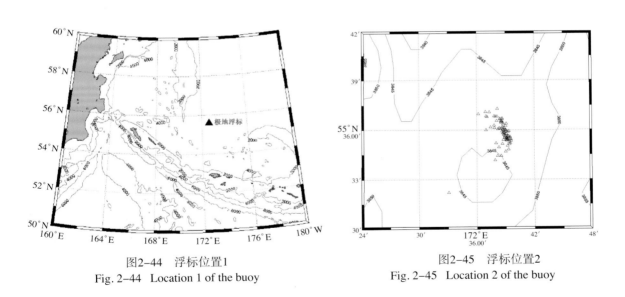

图2-44 浮标位置1

Fig. 2-44 Location 1 of the buoy

图2-45 浮标位置2

Fig. 2-45 Location 2 of the buoy

图 2-46 至图 2-49 所示的是海表面空气湿度、海表面空气温度和海表电导率及海水表层温度随着时间逐渐减少和降低。

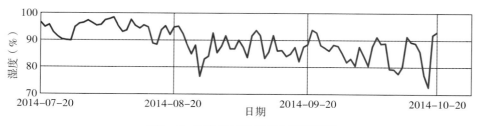

图2-46 海表空气湿度变化时间序列

Fig. 2-46 Time series of the sea surface air humidity

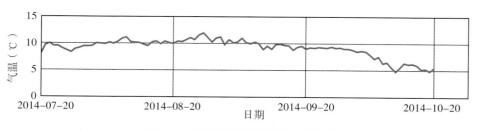

图2-47 海表空气温度变化时间序列

Fig. 2-47 Time series of the sea surface air temeperature

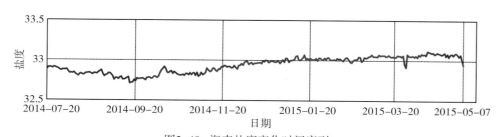

图2-48 海表盐度变化时间序列

Fig. 2-48 Time series of the sea surface salinity

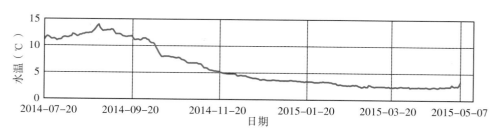

图2-49 海水表层温度变化时间序列

Fig. 2-49 Time series of the sea surface temeperature

海表面气压变化不大，但存在明显的周期震荡，见图 2-50。

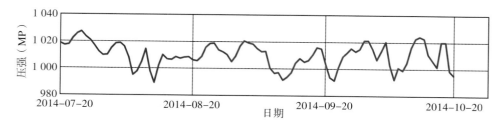

图2-50 海表面气压变化时间序列

Fig.2-50 Time series of the sea surface air pressure

图 2-51 给出的是平均最大风速。在锚锭浮标投放时有一个强的天气过程将要经过投放区域，考察队在 7 月 20 日该天气过程未经过之前将浮标顺利投放。锚锭浮标测得的风速监测到了这个投放之后持续十几天的天气过程。本航次在回程过程中，"雪龙"船经过浮标所在区域周围时是也有两个接连的天气过程，为躲避台风，9 月 11 日和 12 日"雪龙"船在圣劳伦斯岛北侧抛锚，浮标也记录了这两个天气过程。

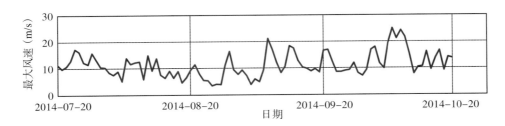

图2-51 最大风速变化时间序列
Fig. 2-51 Time series of the maxmum wind speed

2.6.3 走航观测

1）走航表层温度和盐度观测

7 月 11 日起程时，在东中国海和日本海表层海水呈现出高温高盐的特性，温度值在 22℃ 以上，盐度值在 33 以上。如图 2-52 和图 2-53 所示。从 7 月 18 日起，"雪龙"船开始在白令海进行作业，白令海的海表温度在 6 ～ 10℃ 之间，盐度降低到 33 左右。进入到楚科奇海之后表层温度和盐度都有明显的降低，温度降幅达到 6 ～ 7℃，盐度降幅达到 5 ～ 8，表层温度达到 –1.5℃ 左右，盐度降低到 33 以下。楚科奇海表层的低温低盐水是夏太平洋扇区海冰融化的结果。加拿大海盆是北冰洋最大的淡水库，进行加拿大海盆断面考察时表层盐度值降低到 28 以下。由于波弗特涡的存在，海冰融化的淡水和夏季河流径流都被辐聚到海盆中造就了低盐的上层海洋，其与夏季太平洋入流水之间形成了较强的上盐跃层。8 月 19 日开始进行了为期 6 天的长期冰站考察，"雪龙"船所处的位置已经不是波弗特涡作用的中心，表层盐度值略有回升，达到将近 28。由于有海冰的存在，表层海水的温度较为稳定地维持在 –1.4℃ 左右。

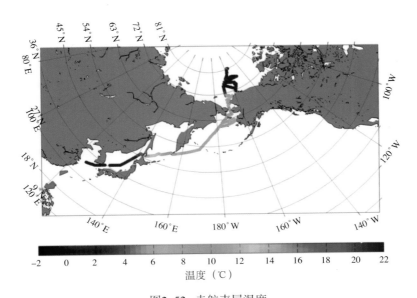

图2-52 走航表层温度
Fig. 2-52 Surface temperature for sailing data

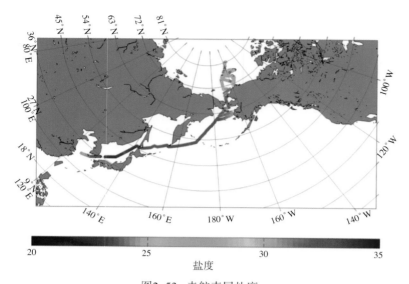

图2-53　走航表层盐度
Fig. 2-53　Surface salinity for sailing data

2）走航 ADCP 海流观测

（1）OS38K 的数据初步分析。

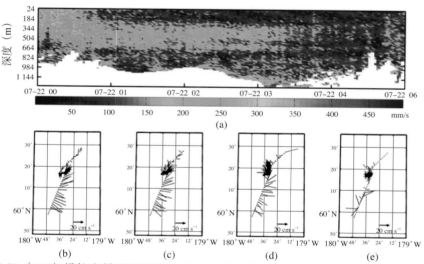

图2-54　走航ADCP（38K）沿航迹所观测的海流速度大小随时间的变化 (a)，以及各深度上海水流速的水平分布[（b) 40 m，(c) 265 m，(d) 500 m，(e) 985 m]。该时段的速度是存在底跟踪时获得的海流剖面
Fig. 2-54　Time series of the current velocity acquired by SADCP (OS38K) along the trajectory (a) and horizontal distribution of the current at different depths (b:40 m, c:265 m, d:500 m, e:985 m)

　　图 2-54 的观测地点位于白令海陆坡靠近陆架处，水深处于 1 000 m 左右，这个深度可以既保证 OS38K 能够使用底跟踪监测船只的航行动态，同时又获得较深深度上的流速剖面。通过上图海流剖面的变化我们可以看出，在 60°N 的位置附近海水流动在 500 m 以浅几乎与垂向上一致，200 m 以浅的上层略大一点，流速可以达到 35 ~ 40 cm/s。但是因为暂时无法剔除潮流和惯性流等周期性的海水运动信号，无法确认这支观测到大致沿着等深线向东南而去的海流是否就是白令海陆坡逆流。稍向北大约到达 60°17′N（即 B11 站）时，该站位置上所观测到的海流剖面显示此时 200 m 以浅的流速已经降低至 15 cm/s 以下，但是 300 ~ 500 m 深度范围内的速度并没有显著减少，从而形成一个流速的极大值，为 25 ~ 30 cm/s。白令海的海盆靠近陆坡处常年存在一支自东南向西北大致沿着

等深线运动的暖流，作为补偿会在北侧的陆架坡折处产生一支反向的流动，成为陆坡逆流。白令海宽阔的陆架是太平洋水进入北冰洋之前最后的发生混合和变性的海域，该海域的海水运动对于研究白令海海气相互作用，海盆—陆架物质交换以及陆架生态系统的更替都有重要意义。

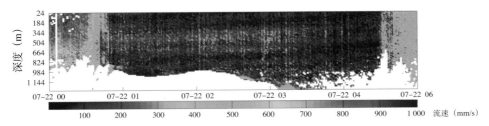

图2-55 对OS 38K的观测结果以Navigation数据作为参考处理得到的海水流速剖面
Fig. 2-55 Tim series of ocean current using the navigation data

通过比较根据底跟踪信息处理得到的流速剖面和仅参考船只航行数据处理得到的流速剖面，可以发现当船只以较快的速度航行时，二者存在明显的差别。参考航行数据得到的海流速度要明显偏大，以7月22日00:00—01:00之间的数据结果来看，速度大小比通过底跟踪得到的速度大了接近1倍。而当船只处于无动力漂流状态时，参考航行数据得到的海流速度已经比较接近于通过底跟踪得到的速度。在实际北极科考的航线中，能够满足OS 38K进行底跟踪并获得有效数据的区域非常少（水深需要在1 300 ~ 120 m之间），所以走航ADCP的海流速度主要需要依靠参考航行数据来获得。因此，对于这种观测手段可能产生的误差大小以及如何尽可能地减少观测误差需要今后认真考虑和处理。

（2）WHM 300K的数据结果和初步分析。

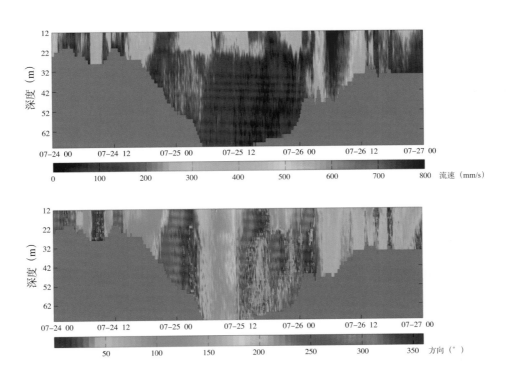

图2-56 走航ADCP（300K）沿航迹所观测的海流速度大小（上）和方向（下）随时间的变化
Fig. 2-56 Time series of the current velocity (up) and direction (down) acquired by SADCP (WHM300K) along the trajectory

所选观测时段为 7 月 24—27 日，观测区域位于白令海陆架至白令海峡之间。通过图 2-56 海流随时间的变化我们可以看出，在 25 m 以浅的混合层内海流速度的大小存在周期性的变化且半日周期的信号较显著，这与潮流和惯性流等海水的周期性运动有关。从图 2-57 表层流速的空间分布也大致可以看出流向的这种周期性变化。尽管流向的变化在垂向上接近均匀，表明潮汐的影响在陆架浅水区可以直达底部，但是当混合层内的流速较大时，流速在跃层的深度（20 ～ 25 m）上存在垂向的剪切，速度自大约为 40 cm/s 向下穿越跃层迅速减少至 20 cm/s 甚至更低。在阿纳德尔海峡（圣劳伦斯岛西侧）的海流观测表明，海峡内的流速较强，量值可以达到 1 m/s，且速度大小和方向在垂向上变化很小。此外，在 7 月 25 日的 12:00 至 7 月 26 日 00:00 之间，观测显示冷水团内的海流与上混合层内海流流向发生明显差异，且冷水团内部和底部的运动也不相同：25 ～ 50 m 的深度范围内冷水团内部流向存在一个半日周期的变化，而 50 m 至底层的流向相对稳定在 230°～ 300°之间，即西向运动。

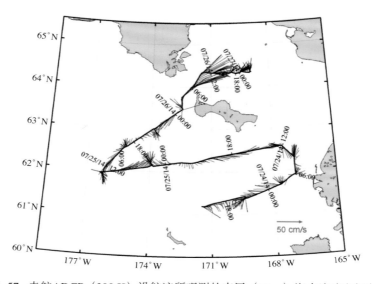

图2-57　走航ADCP（300 K）沿航迹所观测的表层（12 m）海水流速空间分布
Fig. 2-57　Horizontal distribution of the ocean current at the surface layer (12 m) along the trajectory, acquired by SADCP (300 K)

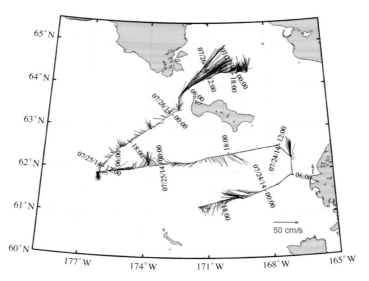

图2-58　走航ADCP（300 K）沿航迹所观测的表层（30 m）海水流速空间分布
图中蓝点表示因为水深较浅而缺测的地点
Fig. 2-58　Horizontal distribution of the ocean current at the depth 30 m along the trajectory, acquired by SADCP (300 K)

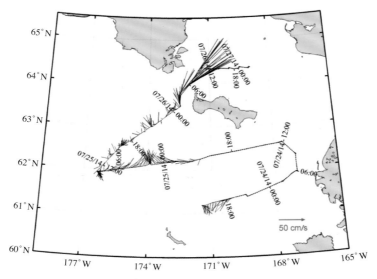

图2-59 走航ADCP（300 K）沿航迹所观测的表层（40 m）海水流速空间分布

图中蓝点表示因为水深较浅而缺测的地点

Fig. 2-59 Horizontal distribution of the ocean current at the depth 40 m along the trajectory, acquired by SADCP (300 K)

3）走航气象观测

本次北极科学考察期间气象保障小组密切关注天气变化，并及时将气象信息和预报提供给考察队领导和船长，给出准确的预报意见，保证了"雪龙"船的航行安全和长、短期冰站作业和大洋调查等活动的顺利完成。

以下是中国第六次北极科学考察期间"雪龙"船气压、气温、风速、海浪的时间序列分布（见图2-60至图2-64）。由图可以看出，在整个航线上，气旋是造成较差海况的主要天气系统。气温从南向北降低趋势很明显。航线上主要的大风过程为5～6级，主要大风风向为西南风、偏北风和东一东北风。

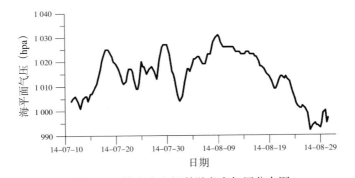

图2-60 第六次北极科学考察气压分布图

Fig. 2-60 Time series of air pressure during the 6th Chinare

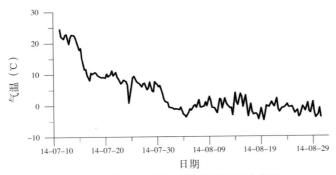

图2-61 第六次北极科学考察气温分布图

Fig. 2-61 Time series of air temperature during the 6th Chinare

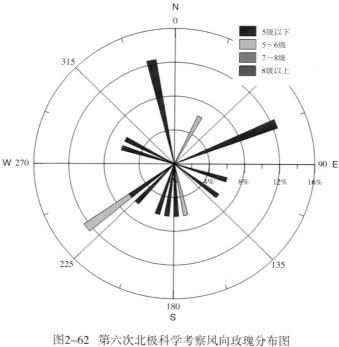

图2-62　第六次北极科学考察风向玫瑰分布图
Fig. 2-62　Wind direction distribution during the 6th Chinare

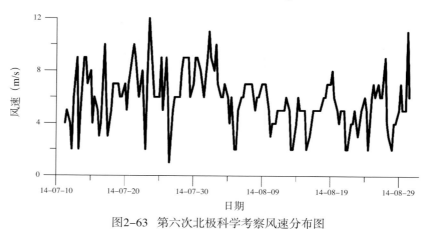

图2-63　第六次北极科学考察风速分布图
Fig. 2-63　Time series of wind speed during the 6th Chinare

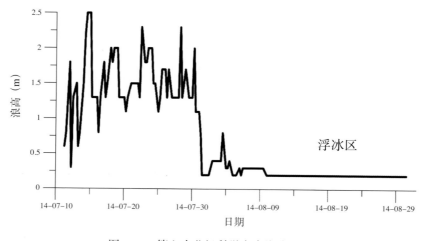

图2-64　第六次北极科学考察海浪分布图
Fig. 2-64　Time series of sea wave during the 6th Chinare

4）走航探空观测

以下分别为白令海—白令海海峡航段7月27日（图2-65）和楚科奇海—白冰洋航段8月10日（图2-66）的温度、气压和风速的垂直廓线图。

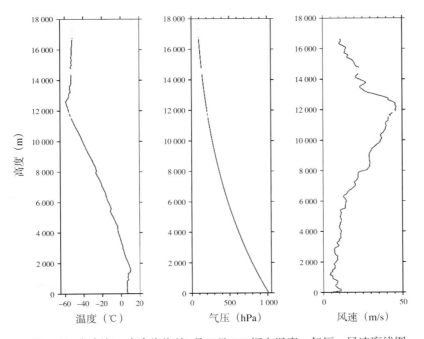

图2-65　白令海—白令海海峡7月27日GPS探空温度、气压、风速廓线图
Fig. 2-65　Profiles of the air temperature, pressure and wind speed on July 27 in the Bering Sea

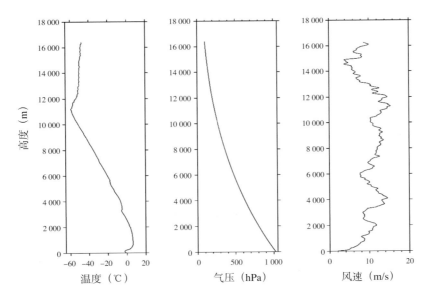

图2-66　楚科奇海—北冰洋8月10日GPS探空温度、气压、风速廓线图
Fig. 2-66　Profiles of the air temperature, pressure and wind speed on August 10 in the Chukchi Sea

5）走航大气化学成分观测

图2-67是全航程地面臭氧浓度和一氧化碳浓度观测结果的时间分布。全航程地面臭氧平均浓度在 $10 \times 10^{-9} \sim 65 \times 10^{-9}$ 范围内波动，其浓度水平远远低于陆地自然环境。除去日本海和东海航段，变化也相对平稳。日本海和东海的臭氧浓度在 $20 \times 10^{-9} \sim 65 \times 10^{-9}$ 之间，其余航段浓度在 $10 \times 10^{-9} \sim 28 \times 10^{-9}$ 范围内波动。

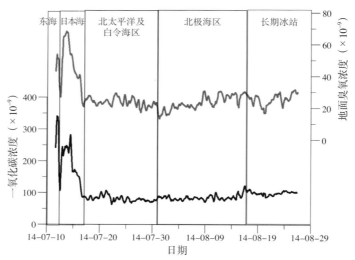

图2-67　中国第六次北极考察路线地面臭氧浓度和一氧化碳浓度时间序列
Fig. 2-67　Variation of surface Ozone and Black Carbon along 6th CHINARE traverse route

在靠近东亚陆地排放源地的东海、黄海和日本海航段上，一氧化碳浓度较高，最高 10 min 平均浓度可达 350×10^{-9}，全航段平均浓度约为 240×10^{-9}；在北太平洋及白令海的航段上，一氧化碳 10 min 平均浓度一般在 $80 \times 10^{-9} \sim 100 \times 10^{-9}$ 范围内波动，全航段的平均浓度为 91×10^{-9}；北冰洋海区一氧化碳的浓度分布与北太平洋基本一致。整个航线上一氧化碳浓度呈现的这种变化，清晰地反映出陆地向海洋的输送影响。

2.6.4　抛弃式观测

1）抛弃式XBT/XCTD观测

在北冰洋的所有 XBT/XCTD 观测站位中，选取 2 个典型断面，分别为 ST1 断面和 ST2 断面。其中 ST1 断面为加拿大深海盆的纬向断面，包括 12 个 XBT 站位和 7 个 XCTD 站位；ST2 断面为横跨楚科奇海台和加拿大海盆的经向断面，合计包括 26 个 XBT 站位，15 个 XCTD 站位。如图 2-68 所示。

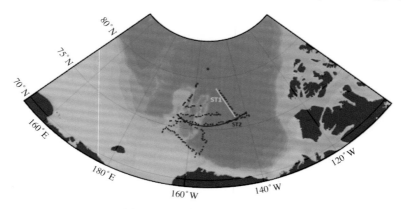

图2-68　ST1断面和ST2断面
Fig. 2-68　Sections ST1 and Section ST2 of XBT/XCTD in Arctic Ocean

ST1 断面的温度和盐度断面如图 2-69 和图 2-70 所示。从图中可以看出，约 50 m 以上夏季表层海水具有低温、低盐特征，温度普遍低于 -1℃，盐度普遍低于 30。在 50～80 m 的深度内，为由白令海峡进入的太平洋入流水。太平洋入流水具有高温、高盐特征，在进入加拿大海盆过程中，不断与周围水团混合交换。在 ST1 断面上，该水团的核心温度在 -0.5℃ 左右，并且随着纬度的增加，温度逐渐降低，水团层厚越来越小；其盐核心盐度约为 31。在 80～300 m 深度，为极地水，温度低于 -1℃，盐度介于 31～33 之间。在 300～800 m 深度，在 200～600 m 深度，为高温、高盐的水层，温度均超过 1℃，水团核心温度甚至超过 1.5℃；盐度介于 34.5～35 之间，随着纬度的增加，盐度稍有降低。该水层为北冰洋中层水，来源于北大西洋，通常亦称其为大西洋水层。800 m 深度以下，温度降至 0℃ 左右，盐度介于 34.8～35 之间，无明显变化。

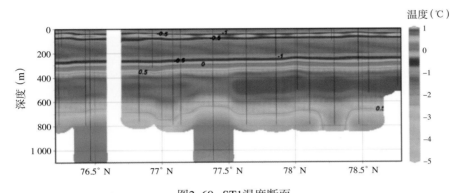

图2-69　ST1温度断面
Fig. 2-69　Temperature section of ST1

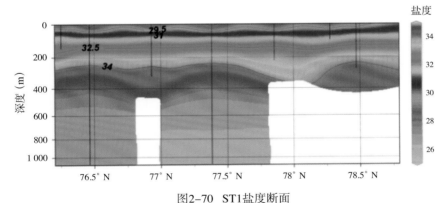

图2-70　ST1盐度断面
Fig. 2-70　Salinity section of ST1

ST2 断面主要为沿 75°N 的经向断面，经度范围约为 138°—168°W。该断面的观测时间为 8 月下旬，大部分区域处于常水状态，浮冰较少。ST2 的温度和盐度断面如图 2-71 和图 2-72 所示。不同于 ST1 断面，该断面的夏季表层水并不明显，从温度断面看，主要集中在表层 30 m 以内，且在 150°W 以西更为明显。太平洋入流水的影响主要集中在 160°W 以西，160°W 以东并不明显。在 ST2 断面上，太平洋水集中在 40～60 m 深度，核心温度在 -0.2℃ 左右，略高于 ST1 断面。在 60～220 m 深度内，为低温低盐的极地水，温度低于 -1℃，核心温度约为 -1.5 ℃，盐度介于 31～34 之间。在 250～600 m 深度，为高温、高盐的大西洋水，温度均超过 1℃，水团核心温度甚至超过 1.5℃；盐度介于 34.5～35 之间。600 m 深度以下，温度降至 0℃ 左右，盐度介于 34.8～35 之间，无明显变化。

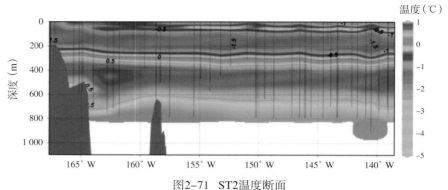

图2-71 ST2温度断面

Fig. 2-71 Temperature section of ST2

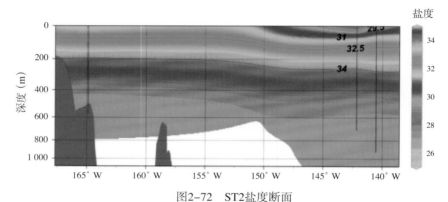

图2-72 ST2盐度断面

Fig. 2-72 Salinity section of ST2

2）Argos漂流浮标

根据前人的研究结果，楚科奇海和波弗特海的环流基本如图2-73所示，楚科奇海以3支北向流为主，最右侧1支进入波弗特海，波弗特海的则是东西方向的2支海流。波弗特海是我国今后西北航道的主要通道，对这里的海流进行观测和研究对认识我国未来的贸易通道的动力环境有重要意义。

根据本航次投放的浮标轨迹和流速结果（图2-74），我们可以看到，浮标轨迹很好地反映了楚科奇海域的海流情况，个别区域海流速度达到80 cm/s。值得关注的是本航次的浮标还反映了一个中心在71°N, 167°W的反气旋涡。

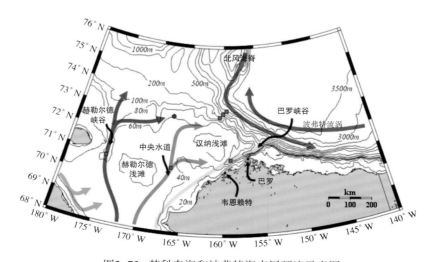

图2-73 楚科奇海和波弗特海表层环流示意图

Fig. 2-73 Sketch of surface circulation in the Chukchi Sea and Beaufort Sea

中国第六次北极科学考察报告

THE REPORT OF 2014 CHINESE ARCTIC RESEARCH EXPEDITION

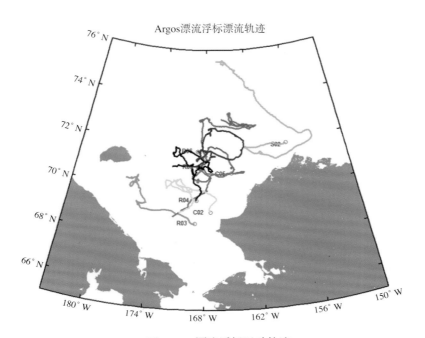

图2-74 漂流浮标运动轨迹

Fig. 2-74 Track of the drifting buoys in the Chukchi Sea

2.6.5 冰站水文观测

1）冰下海水温盐观测

图 2-75 为冰下海水温盐观测期间长期冰站漂移的轨迹。观测期间将 RBR 从水中提出几次进行数据读取，这里选取了 8 月 20－22 日时间段的观测数据进行分析。图 2-76 中第一段空白为将 RBR 绞车观测深度从 200 m 修改为 250 m 时空缺的时间段，中间两处空白为 RBR 提出水面进行读取数据时空缺的时间段，最后一段空白为 RBR 提出水面进行读取数据后修改绞车观测深度从 250 m 到 300 m 时空缺的时间段。从图 2-76 中可以看到，200 m 以浅上层海洋的低温低盐特性水体，主体为呈现两个温度极大值的夏季太平洋水，一个温度极小值对应的冬季太平洋水。而 200 m 之下为大西洋水，相对高温高盐，在观测深度内最暖超过 0.6℃，盐度值在 34 以上。长期冰站所漂移的路径位于中层水进入加拿大海盆的入口之处，中层水在图 2-75 中红星点以南靠近北风海脊的位置分为两支；一支向东随着波弗特涡进入海盆中；一支继续沿着北风海脊向南成为绕极边界流的一部分。观测期间冰站漂移的走势表明作业冰站受到波弗特涡的作用有进入波弗特涡中的趋势。

图 2-77 为选取的两个代表性剖面。在 100 m 以浅出现夏季太平洋水温度极大值的双峰结构，浅的温度极值在 60 m 左右，深的近 90 m；根据其温盐性质分析，浅的应为阿拉斯加沿岸水（ACW），深的应为夏季白令海水（sBSW）。在 140 m 左右盐度 33.1 对应的温度极小值应为冬季白令海水（wBSW）。在 250 m 之下可以看到中层水上界面所形成的温盐双扩散阶梯结构，该结构的存在有碍于中层水向上热量的传输。RBR 观测期间捕捉到了次表层暖水随着时间的变化，次表层暖水的温度略微降低，而阿拉斯加沿岸水（ACW）的降温最明显，从观测初始的高于 –1℃ 降低到后期的低于 –1.1℃。夏季白令海水（sBSW）的温度变化不大。位于次表层暖水之下的冬季混合残留水的温度的升高可能与 ACW 向上释放的热量有关。

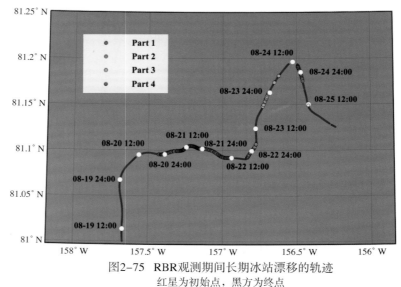

图2-75 RBR观测期间长期冰站漂移的轨迹

红星为初始点，黑方为终点

Fig. 2-75 Track of the ice camp during the RBR measurements

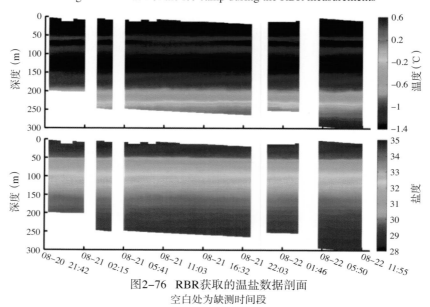

图2-76 RBR获取的温盐数据剖面

空白处为缺测时间段

Fig. 2-76 Time Series of temperature and salinity beneath ice cover at the ice camp

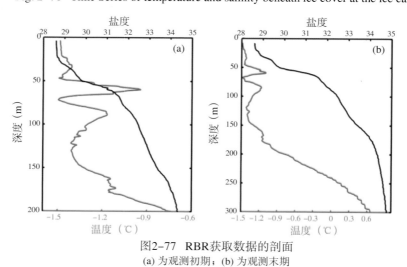

图2-77 RBR获取数据的剖面

(a) 为观测初期；(b) 为观测末期

Fig. 2-77 Profiles of temperature and salinity beneath ice cover at the ice camp

2）冰下表层海水流速观测

从 8 月 21—22 日两天数据记录来看（图 2-78），流速和流向均存在一个半日的周期变化，表明观测海域的上层存在较明显的半日潮信号。而流速大小在 50 m 的深度位置存在一个明显的极大值，这一深度与海水的温度极大值（太平洋夏季水）深度相当。但是 8 月 23—24 日这两天中半日周期的信号变得模糊（图 2-79），取而代之的是 23 日 09 时至 24 日 09 时持续约一天时间的一次流速生消变化。期间流速方向基本维持稳定，但垂向整体的速度大小逐渐增大，极值可以达到 230 mm/s，位于 40 ~ 60 m 的深度范围。

考虑到以上分析是基于原始的 ADCP 观测记录，并未剔除掉仪器自身随海冰的旋转（角度误差）和漂移（速度误差）。但是这些误差对于流速的垂向剪切并不会产生影响。而观测期间，速度的剪切主要存在于 30 m 深度（混合层底）和 60 m 深度（夏季太平洋水下界面），对应着不同水团的界面。这种速度剪切可能引起的层流不稳定对于不同深度上水团温盐性质，尤其是温度特征的维持值得更多的关注。

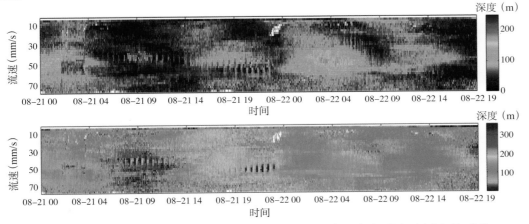

图2-78　8月21—22日期间LADCP观测的流速大小（mm/s）和方向（°）（未订正）变化
Fig. 2-78　Current speed and direction during August 21–22 measured by LADCP

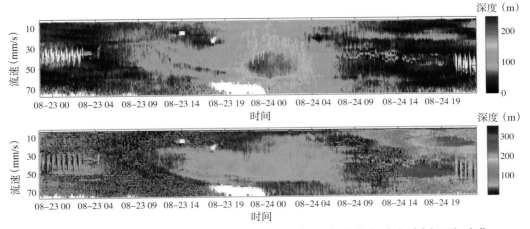

图2-79　8月23—24日期间ADCP观测的流速大小（mm/s）和方向（°）（未订正）变化
Fig. 2-79　Current speed and direction during August 23–24 measured by LADCP

3）冰基拖曳式浮标（ITP）观测

中国第六次北极科学考察期间，在楚科奇海台北部的加拿大海盆成功布放了 3 套海冰拖曳式浮标，分别是 ITP81，ITP82 和 ITP87。从 3 套 ITP 的温盐断面中可以清晰地看出，表层低温低盐的太平洋水和中层高温高盐的大西洋水分布状态。其中，ITP81 的温度断面显示在布放位置及其后续的运移过程中，在 40 m 左右存在很薄的次表层暖水，该水体在 10 月下旬时体现得较为明显（图 2-80 所示）。次表层暖水在北部的 ITP82 断面并不明显（图 2-81），主要是由于该处海域的海冰密集度为十成左右，不存在形成次表层暖水的前提条件。而在靠近南部的 ITP87 断面显示出强烈的次表层暖水层（图 2-82），主要是该处水域开阔水面积较大，海冰覆盖较少，在太阳辐射的加热作用和表层冰的冷却作用下，形成较为强烈的次表层暖水层。3 套 ITP 的盐度断面均显示出明显的层化现象，表层由于海冰的影响盐度很低，达到 28，而大西洋水层的盐度可以达到 35。

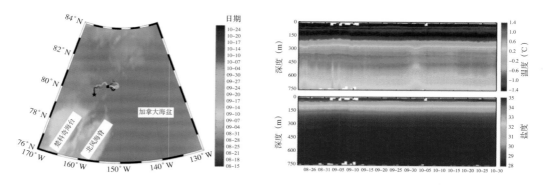

图2-80 ITP81轨迹和温盐断面
Fig. 2-80 Track of ITP81 and structure of temperature and salinity in upper 700 m in the Canada Basin

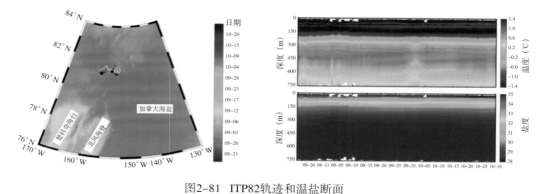

图2-81 ITP82轨迹和温盐断面
Fig. 2-81 Track of ITP82 and structure of temperature and salinity in upper 700 m in the Canada Basin

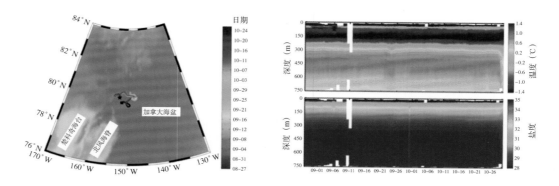

图2-82 ITP87轨迹和加拿大海盆上层海洋温盐特征
Fig. 2-82 Track of ITP87 and structure of temperature and salinity in upper 700 m in the Canada Basin

2.7 小 结

中国第六次北极科学考察共完成 90 个站位的温盐深剖面（CTD）观测，89 个站位的流速剖面（LADCP）观测，以及 44 个站位的海洋光学观测，43 个站位的湍流观测，XBT421 枚和 XCTD37

枚观测，1 个站位的海雾辐射观测。首次在白令海布放锚系观测系统 1 套。布放 Argo 浮标 10 套，Argos 漂流浮标 8 套。在长期冰站获得冰下表层海水的温盐剖面 200 个，冰下表层流速完整记录 5 天，并首次在北冰洋布放 3 套海冰拖曳式浮标系统用来观测冰下海洋（0 ~ 700 m）温盐结构的长期变化。

初步研究发现，在白令海陆架 25 m 深度之下出现了明显的白令海陆架冷水团，与 2012 年考察相比该冷水团的冷核范围减小，冷水团的势力范围受制于冬季的结冰析盐和对流混合过程，冬季冰间湖在其中扮演着重要的调制作用。加拿大海盆南部上层海洋呈现出多跃层结构，除了表层 10 m 左右出现的融冰水形成的盐跃层，在冬季混合层残留水与夏季太平洋水之间也存在一个盐跃层，再往下在冬季太平洋水与中层水之间又存在一个盐跃层，跃层强度自上而下递减。

在楚科奇海台附近，从速度剖面上看，观测期间这里的海水流动在 50 m 以浅垂向分布得比较均匀且速度偏低，而在 80 m 和 280 m 两个深度上各存在一个速度的峰值且以东分量为主，表明次表层至底层的海水流动在垂向上存在明显的剪切，而垂向的速度剪切会导致平流的不稳定，有利于上下两层水体间物质和能量的交换。

白令海上层海洋的湍动能耗散率呈现出 e 指数衰减，在 50 m 之内湍动能耗散率从 10^{-4} W/kg 减少到 10^{-9} W/kg。风对海洋的输入是决定上层海洋湍动能耗散率的重要因素之一。加拿大海盆 100 m 以下的湍动能耗散率越向海盆中部靠近越弱，在陆架边缘湍动能耗散率的加强将会破坏双扩散阶梯结构，而在海盆中部耗散率弱将有利于形成双扩散阶梯结构。

海雾辐射观测发现在 100 ~ 250 m 的高度范围内存在一个太阳辐射的衰减层，衰减幅度约为 0.12/100 m，这种衰减主要是海面至低空的海雾导致的。而自 260 ~ 520 m 的范围内太阳辐射的衰减呈现增、减相间的特征，这种变化可能与海雾（低云）自身在空间上分布不均匀有关。

整个航次过程中，气旋是造成较差海况的主要天气系统。气温从南向北降低趋势很明显。航线上主要的大风过程为 5 ~ 6 级，主要大风风向为西南风、偏北风和东－东风。

全航程地面臭氧平均浓度在 10×10^{-9} ~ 65×10^{-9} 范围内波动，其浓度水平远远低于陆地自然环境。除了日本海和东海航段，其余航段变化相对平稳。日本海和东海的臭氧浓度在 20×10^{-9} ~ 65×10^{-9} 之间，其余航段浓度在 10×10^{-9} ~ 28×10^{-9} 范围内波动。在靠近东亚陆地排放源地的东海、黄海和日本海航段上，一氧化碳浓度较高，最高 10 分钟平均浓度可达 350×10^{-9}，全航段平均浓度约为 240×10^{-9}；在北太平洋及白令海的航段上，一氧化碳 10 min 平均浓度一般在 80×10^{-9} ~ 100×10^{-9} 范围内波动，全航段的平均浓度为 91×10^{-9}；北冰洋海区一氧化碳的浓度分布与北太平洋基本一致。整个航线上一氧化碳浓度呈现的这种变化，清晰地反映出陆地向海洋的输送影响。

长期冰站冰下海水的流速和流向均存在一个半日的周期变化，表明观测海域的上层存在较明显的半日潮信号。而流速大小在 50 m 的深度位置存在一个明显的极大值，这一深度与海水的温度极大值（太平洋夏季水）深度相当。

海冰拖曳式浮标的长期观测结果显示出海冰密集度对形成次表层暖水重要性，在浮标布放初期，海冰密集度较大，没有足够的热量形成次表层暖水，但随着海冰融化的加剧，开阔水面积增加，海洋吸收更多的太阳辐射能，更加有利于形成次表层暖水。

本航次水文观测项目中遇到比较大的问题是 LADCP 流速数据的处理，在数据处理过程中需要利用处理软件对数据进行一系列的质量控制，比如仪器倾斜在 22°以内倾角方差不大于 4、水平速度和垂向速度在合理范围内、校正磁偏角与仪器系统固有问题等等。同时，利用 CTD 剖面数据与船载 GPS 数据辅助 LADCP 的后续数据处理，但难点是无法去除近海潮流的影响。

海冰和冰面气象考察 第**3**章

- 调查内容
- 调查站位
- 调查设备与分析仪器
- 考察人员及作业分工
- 完成工作量及数据与样品评价
- 观测数据初步分析
- 小 结

中国第六次北极科学考察针对在全球变暖背景下的北冰洋海冰面积和海冰厚度持续减小，北极的快速变化可能加剧的科学问题制订了相关研究任务和现场实施计划，沿航线全航程开展了海冰形态学观测，在冰区开展了 7 个短期冰站和 1 个长期冰站观测，并依托冰站布放了 37 枚冰基浮标，其中包括冰面气象站浮标 1 枚，海冰物质平衡浮标 1 枚，气－冰－海温度链浮标 21 枚，以及 10 枚 GPS 浮标。在国家海洋局和第六次考察队临时党委的坚强领导和精心组织下，考察队和"雪龙"船、直升机组密切配合，科学合理安排现场科考，考察队员顽强拼搏，顺利、圆满地完成了本次科考的海冰和冰面气象考察任务。

3.1 调查内容

3.1.1 走航海冰冰情观测

1）海冰表面形态特征观测

"雪龙"号考察船进入冰区后，根据《极地海洋水文气象、生物和化学调查技术规程》将海冰分三类进行记录，分别记录海冰的类型和密集度，融池 / 冰脊 / 富含沉积物脏冰所占冰面的比例，海冰厚度通过对比标志物和船侧翻冰的厚度得到，浮冰大小通过比较浮冰与船体的大小得到，观测在驾驶台实施，范围控制在视野半径 2 km 内。每隔 0.5 h 观测 1 次。同时，通过在驾驶台两侧安装自动摄影的相机对左 / 右舷冰情进行连续记录。相机每隔 1 min 拍摄 1 次。观测结果将与相同区域、相同时间的卫星遥感观测数据进行比较。比较船舶向北航段和向南航段的观测结果，分析从 8 月初至 8 月底约 20 多天里海冰的消融过程及其伴随的其他参数的变化过程。

2）走航海冰厚度和表面温度观测

利用电磁感应方法和可视化监控系统连续观测沿航线海冰厚度的变化。利用声呐观测冰舷高度的变化。两者结合得到冰表面和冰底粗糙度。利用红外辐射计观测沿航线海冰或海水表面温度。比较低纬度和高纬度，以及向北航段和向南航段的海表温度，分析冰表面的消融状态。

3）海冰航空遥感观测

船舶走航期间往往会在既定大方向上适当选择有利于航行的航线，因此走航海冰冰情观测结果往往偏轻。航空遥感观测有利于补充走航观测数据，使得走航观测结果向更大区域扩展，并与走航观测结果进行比较。利用布放冰基浮标的机会，基于直升机开展海冰表面特征航空遥感，对海冰密集度和融池覆盖率进行观测。

3.1.2 冰站海冰物理观测

1）海冰厚度观测

冰基海冰厚度观测的目的在于利用观测结果进一步验证走航人工观测冰厚结果，分析走航人工观测的精度。同时基于冰站作业采用分辨较高的优势，利用观测数据分析海冰底面的粗糙度。

在短期冰站，利用电磁感应方法，选择一条 50 ~ 200 m 的代表剖面进行海冰厚度观测。在观测断面上同时采用钻孔的方式选择 10 ~ 20 个测点进行冰 / 雪厚度的测量。两者进行对比，利用钻孔观测数据对电磁感应观测数据进行校正。

在长期冰站，选择两个面积约 100 m² 的观测区域利用电磁感应方法或基于水下机器人的声学测距方法进行海冰厚度观测，得到海冰厚度和冰底形态的三维空间分布。同时在观测区域选择代表测点进行钻孔观测，以验证电磁感应方法和声学测距方法的观测结果。长期冰站冰厚的观测还可以帮助选择具有代表性的测点作为海冰物质平衡浮标的布放点，使得后者的观测数据对整个浮冰的物质平衡过程更具有代表性。

2）冰芯采集与物理结构观测

在短期和长期冰站，钻取完整厚度的冰芯样品，并沿厚度剖面观测海冰的温度、盐度、密度和晶体结构，从而得到海冰物理结构的垂向层化和孔隙率的垂向分布，分析海冰内部融化的状态。基于海冰晶体结构的观测结果，推测海冰生消的热力学过程，并定性分析考察区域一年冰和多年冰的分布。部分冰样在低温实验室经加工处理后，测定其在不同温度环境下的单轴压缩强度和剪切强度，考察其加载过程的应力 – 应变关系及其力学破坏行为，分析海冰力学强度和破坏过程与海冰物理结构的关系。

3）海冰光学观测

通过观测融池表面的辐射得到融池的反照率，量化融池在反照率正反馈机制中的贡献。

通过观测冰底的辐照度，得到积雪－海冰层辐射透射性与其物理结构的关系。

开展低层大气辐照度垂向剖面观测，认识海雾对大气光衰减的贡献。

3.1.3　冰面气象观测

1）大气廓线探测

在长期冰站，每天 4 次释放由气球携带的 GPS 探空仪，探测风向、风速和温湿度低空廓线。

2）冰站冰气通量观测和辐射观测

在北冰洋长期冰站开展涡动通量、辐射的观测，获取北冰洋夏季海冰表面的长短波辐射和冰气间动量、感热、潜热通量等参数，分析海冰表面的能量收支特征，为北极海冰变化研究和海冰、天气气候数值模式的参数化提供基础数据和参考。

3.1.4　海冰浮标阵列观测

我国北极考察对海冰物理性质的观测集中在 7 月底至 9 月初，是北极海冰消融的最后阶段，基于观测数据难以掌握海冰物质平衡的季节变化，冰基浮标观测从夏季持续至冬季，获得完整冰季的海冰物质平衡过程，气－冰界面的辐射和湍流通量的季节变化过程，海冰漂移和冰场形变过程。

冰站作业期间布放海冰温度链浮标。长期冰站强调系统观测，同时布放海冰物质平衡浮标、海冰温度链浮标和自动气象站浮标，同步获得同一个浮冰上不同厚度海冰的物质平衡过程以及冰面关键气象要素的季节变化过程。

利用直升机围绕短期 / 长期冰站在距离 15 ～ 50 km 的浮冰上布放 GPS 浮标和海冰温度链浮标，构成不同尺度的浮标阵列，基于观测数据获得海冰漂移过程中漂移速度的时频变化，流冰场扩散 / 剪切 / 旋转等形变过程，分析海冰运动和冰场形变对风场的响应规律，分析冰场形变的尺度效应。

3.2 调查站位

3.2.1 走航观测和航空遥感站位

如图 3-1 所示，走航海冰观测沿考察航线进行，除海洋站位和冰站作业停船期间，每隔 0.5 h 记录一次冰情。观测从 7 月 30 日进入冰区（A 点，71°N，169°W）开始，至 8 月 17 日至长期冰站作业点（I 点，80.8°N，157.6°W）结束向北航段观测，该航段共获得 589 组观测数据。根据考察船的大致航向，可以将向北航段大致分成 8 个子航段，其节点（A ~ I）及其对应的日期如图 3-1 所示。向南航段从 8 月 26 日长期冰站作业结束开始（J 点，81.1°N，156.2°W），至 8 月 31 日到达考察的最东南端（K 点，75.8°N，139.0°W），最后向西航行至 L 点（75.5°N，158.8°W）观测结束，考察船也从此驶出冰区。从 J 点至 L 点共获得 436 组观测数据。

红外海表温度测量从 7 月 12 日开始至 9 月 12 日结束，共获得 150 M 的观测数据。电磁感应海冰厚度观测从 7 月 31 日开始至 9 月 2 日结束，共获得 270 M 的观测数据。基于可视化监控系统的海冰厚度观测从 7 月 31 日开始至 9 月 1 日结束，共获得 920 G 的观测数据。船侧海冰监测摄影从 7 月 30 日开始，至 9 月 1 日结束，共获得 55 900 帧照片。

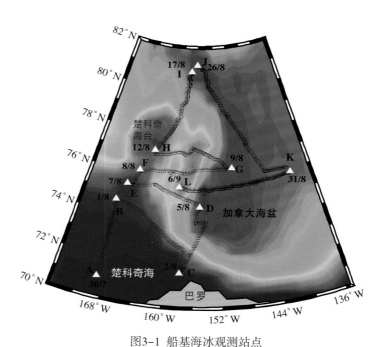

图3-1 船基海冰观测站点
Fig.3-1 Positions of ship-based sea ice observations

3.2.2 短期冰站位

短期冰站和长期冰站的站位如图 3-2 所示，短期冰站主要位于楚科奇海台及其与加拿大海盆的交界区。表 3-1 给出了短期冰站的作业位置，依托短期冰站，共采集了 42 根冰芯用于物理结构观测。开展了 26 个融池反照率观测，并对其中一个融池进行了 24 h 连续观测。长期冰站 PRR 光学观测采用固定位置长期观测，冰上为观测光到达冰面辐射强度的 PRR810，水下为携带两个传感器的 PRR800。持续观测时间从 2014 年 8 月 19 日 22:32:51 到 2014 年 8 月 25 日 18:27:01。由于每天撤离冰站，发电机工作一段时间后汽油耗尽，电脑及数采停止记录，数据会出现间断，但总体来看质量良好。短期冰站电磁感应冰厚观测剖面总长度 646 m（表 3-2）。

THE REPORT OF 2014 CHINESE ARCTIC RESEARCH EXPEDITION

中国第六次北极科学考察报告

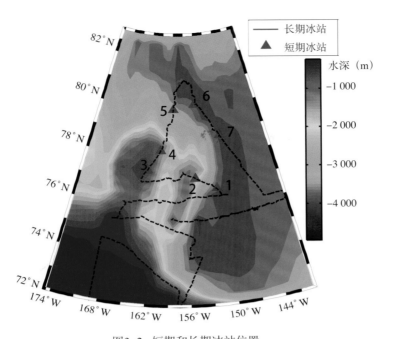

图3-2 短期和长期冰站位置
Fig.3-2 Positions of short-term and long-term stations

表3-1 冰芯采样相关信息
Table 3-1 Information for ice coring in short-term and long-term ice camps

| 站位 | 时间（UTC） | 位置 | | 采集冰芯数/根 | 观测参数/冰芯数 | | | |
		纬度	经度		温度/盐度	密度	晶体结构	力学性质
ICE01	2014-08-10 7:00—11:00	76°42.953′N	151°03.876′W	7	1	1	1	4
ICE02	2014-08-11 0:30—7:00	77°10.984′N	154°35.570′W	4	1	1	2	—
ICE03	2014-08-13 1:00—5:00	77°29.269′N	163°07.948′W	7	1	1	1	4
ICE04	2014-08-14 1:00—4:00	78°16.460′N	160°57.513′W	5	1	1	3	—
ICE05	2014-08-16 0:30—4:00	79°55.793′N	158°36.724′W	2	1	1	—	—
LICE01	2014-08-17 —08-26	80°51.290′N	157°35.454′W	20	1	1	1	17
ICE06	2014-08-28 1:30—4:00	79°58.6123′N	152°38.287′W	10	1	1	1	7
ICE07	2014-08-28 20:30—23:00	78°48.375′N	149°21.585′W	7	1	1	1	4

表3-2 短期冰站电磁感应冰厚测量相关信息
Table 3-2 Information for sea ice thickness measurements using an electromagnetic induction device in short-term ice stations

冰站	剖面长度（m）	钻孔数量（个）	EM31观测数（次）
ICE01	42	9	42
ICE02	50	11	50

冰站	剖面长度（m）	钻孔数量（个）	EM31观测数（次）
ICE03	90	18	90
ICE04	100	21	100
ICE05	84	17	84
ICE06	200	21	200
ICE07	80	17	80

3.2.3　长期冰站位

长期作业从 8 月 18 日 (UTC) 开始，至 8 月 25 日 (UTC) 结束。8 月 18－19 日冰站先向北漂移，之后 3 天大致向东漂移，8 月 23－24 日又向北漂移，最后 1 天有向东南方向漂移的趋势。作业期间从 80.8°N，157.6°W 漂移至 81.1°N，156.2°W （图 3-3）。依托长期冰站共采集了 20 根海冰冰芯进行海冰物理结构和力学性质观测。如图 3-4 所示，在长期冰站选择了 2 个面积约 100 m² 的区域和 2 个剖面用于冰厚观测。

图3-3　在短期冰站开展冰厚观测作业
Fig.3-3　Sea ice measurement at short-term ice camp

图3-4　利用小艇开展短期冰站作业
Fig.3-4　Carrying out field work at short-term ice camp by boat

Area 1 为一不规则的梯形区域，是电磁感应和钻孔的观测区。在该区域沿 5 条剖面，开展了 1 次钻孔（8 月 19 日）和 2 次电磁感应冰厚观测（8 月 19 日和 25 日）。8 月 19 日的观测有利于两者的比较，8 月 25 日的观测有利于观测冰厚在 6 天里的变化。钻孔观测每隔 10 m 测量 1 次，电磁感应观测每隔 1 m 测量 1 次，在 Area 1 区域共获得 80 个钻孔测点数据，1 505 个电磁感应测量数据。8 月 22 日在 P1 和 P3 剖面开展了钻孔 / 电磁感应 / 水下声呐冰厚观测，钻孔观测每隔 10 m 测量 1 次，电磁感应观测每隔 1 m 测量 1 次，基于水下机器人声呐观测每隔 0.1 m 测量 1 次，并在其前进和后退方向实施了观测。P1 和 P2 为相同的剖面，为区分机器人在前进方向和后退方向的测量，记录成 P1 和 P2。同理，P3 和 P4 也一样。在这 2 个剖面获得 26 个钻孔测量数据，255 个电磁感应测量数据以及 5 000 个水下声呐观测数据。

在 Area 2 区域，ARV 实施了 3 次测量，其观测记录见表 3-3。

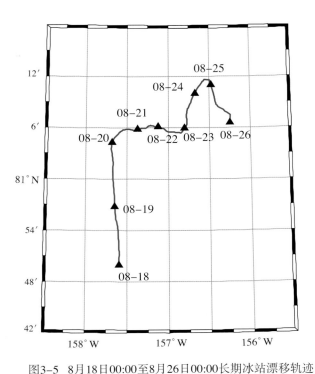

图3-5　8月18日00:00至8月26日00:00长期冰站漂移轨迹
Fig. 3-5　Track of long-term ice camp from 18 August (00:00) to 26 August (00:00)

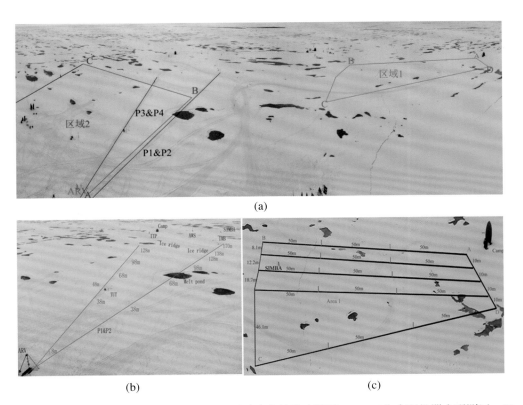

(a)

(b)　　　　　　　　　　(c)

图3-6　(a) 长期冰站海冰厚度观测区域：Area1为电磁感应和钻孔比测区，Area 2为水下机器人观测区，P1～P4是电磁感应/钻孔/水下机器人观测断面；(b) 为P1～P4的放大图及其尺寸；(c) 为Area 1区域放大图及其尺寸
Fig.3-6　(a) Areas and profiles for sea-ice thickness measurements in long-term sea-ice camp: Area1 for EM/bore-hole measurements, Area 2 for up-looking sonar measurements using ARV, P1-P4 are the measurement profiles using EM/bore-hole and ARV; (b) details for P1-P4; and (c) details for Area 1

表3-3　ARV冰下观测记录
Table 3-3　Log of ARV observations

观测日期	观测深度	最大下潜深度	航行路程	观测范围	断面数量	获取数据类别
8月21日	6 m	35 m	1.84 km	100 m×38.7 m	10个	冰厚、光辐照度、冰下视频
8月22日	6 m	36.4 m	3.74 km	99.2 m×87.9 m	20个	冰厚、光辐照度、冰下视频
8月23日	6 m	16.7 m	3.06 km	99.7 m×86.7 m	18个	冰厚、光辐照度、冰下视频

3.2.4　海冰浮标观测站位

为实现对海冰运动学和热力学过程长时间序列的无人值守观测，共布放了37枚冰基浮标。图3-7给出了所有浮标的布放位置，在短期冰站共布放了13枚海冰温度链浮标，其中包括7枚太原理工生产的浮标（TUT），6枚苏格兰海洋协会生产的浮标（SIMBA），利用吊笼下冰的作业方式布放了1枚SIMBA浮标。实施5个架次直升机的浮标布放，共布放了10枚GPS浮标，7枚SIMBA温度链浮标。在长期冰站，共布放了1枚自动气象站浮标，1枚Met-Ocean公司生产的海冰物质平衡浮标（IMB），3枚SIMBA温度链浮标和2枚TUT温度链浮标。浮标的布放区域从楚科奇海台延伸至加拿大海盆，属于波弗特环流的西侧，在北部的布放的浮标位于波弗特环流区与穿极流的交界处。

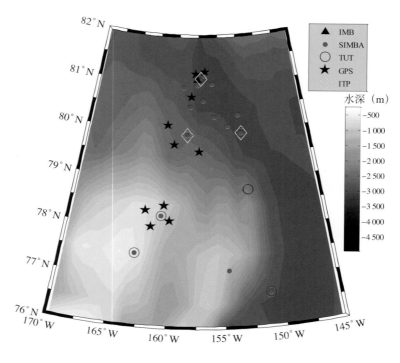

图3-7　所有冰基浮标的布放位置：IMB为海冰物质平衡浮标，SIMBA和TUT分别是苏格兰海洋协会和太原理工大学研制的海冰温度链浮标，GPS为海冰漂移浮标，ITP是美国伍兹霍尔研究所研制的冰基拖曳式海洋剖面浮标

Fig. 3-7　Locations of deployments of ice-based buoys: IMB is sea-ice mass balance buoy, SIMBA and TUT are sea-ice thermistor strings made by Scottish Association for Marine Science, UK, and Taiyuan University of Technology, respectively, GPS is GPS buoy for monitoring sea-ice drift, ITP is Ice-tethered profiler made by Woods Hole Oceanographic Institution, USA

其中5个架次直升机支持布放的浮标结合短期冰站或长期冰站布放的浮标构成了5个浮标布放阵列（图3-8）。

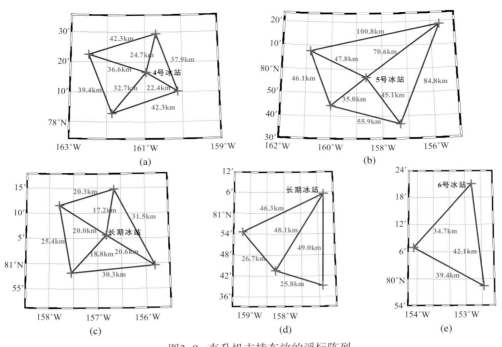

图3-8　直升机支持布放的浮标阵列

Fig. 3-8　Ice-based buoy arrays deployed using Helicopter

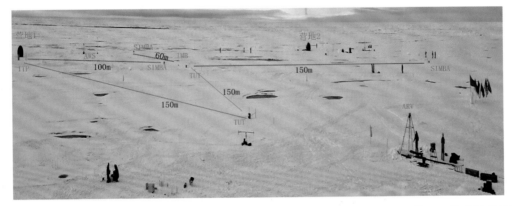

图3-9　长期冰站布放的冰基浮标相对位置，其中包括1枚IMB海冰物质平衡浮标，2枚TUT海冰温度链浮标，
3枚SIMBA海冰温度链浮标，1套自动气象站以及1枚ITP浮标

Fig. 3-9　Ice-based buoy arrays deployed in long-term ice station including one IMB, two TUT ice thermistor strings, three
SIMBA ice thermistor strings, one AWS and one ITP

3.3　调查设备与分析仪器

3.3.1　走航观测设备

观测海洋 / 海冰表面温度所使用的设备为德国 Heitronics 公司所产的 KT19.82IIP 红外辐射计，该仪器接收测量物体发射的红外辐射，可实现对海洋 / 海冰表面温度值的观测。测温度范围为 $-20 \sim 70\,℃$，测量精度为 $\pm 0.5\,℃ +0.7\% \times$ 测量装置与被测物体温度差。红外辐射计的采样间隔为 1 s。仪器架设在驾驶台顶部，垂直向下，镜头轴线离开船体最外边缘 40 cm，镜头离水面 40 m。观测视场直径约 20 cm，能保证不受船体的影响。

可视化冰厚监测方法为通过一层甲板的左舷离水面 7 m，垂直向下的 JVC40G 硬盘录像机记录破冰船撞翻浮冰的厚度断面。通过比较海冰厚度断面与参照物的像素比例来确定海冰厚度。考察船破冰时对冰脊会产生一定的破坏作用，侧翻厚度断面难以保持完整，因此，该技术记录的主要是平整冰的海冰厚度。

电磁感应海冰厚度测量所采用的设备为加拿大 Geonics 公司生产的 EM31-ICE 型电磁感应海冰厚度探测仪，其发射和接收天线线圈间距为 3.66 m，工作频率为 9.8 kHz。电磁感应方法探测海冰厚度的依据是海冰电导率与海水电导率之间存在明显的差异。海冰电导率的变化范围在 0 ~ 30 mSP/m之间，而海水电导率 2 000 ~ 3 000 mSP/m 之间。因此与海水相比，海冰电导率可以忽略不计。工作时，EM-31 发射线圈产生一个低频电磁场（初级场），初级场在冰下的海水中感应出涡流电场，由此涡流产生一个次级磁场并被接收线圈检测和记录，从而对冰底面作出判断。船载电磁感应海冰厚度监测系统在 EM-31 的基础上，集成了激光测距仪、声呐测距仪、倾角仪等，通过现场信号网络传输方式传输数据。其中，激光测距仪和声呐测距仪测量仪器与冰面之间的距离，EM-31 测量仪器与冰底之间的距离，后者减去前者就可得到海冰加积雪层的厚度。倾角仪用于监测仪器姿态。

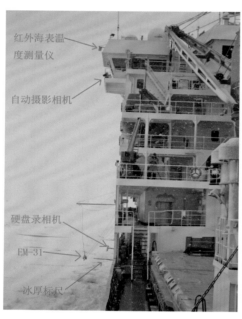

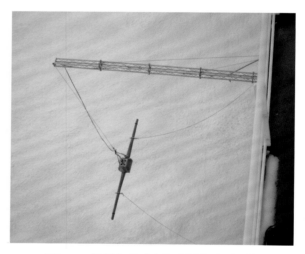

图3-10 船基海冰观测系统
Fig.3-10 Sea-ice monitoring system onboard R/V Xuelong

图3-11 船载电磁感应海冰厚度监测系统
Fig 3-11 Sea-ice monitoring system based on an electromagnetic induction device

海冰的航空遥感主要由 Canon G9 数码照相机实现。它通过 USB 接口同计算机连接。由计算机控制照相机的工作状态和取景。另外，由 GPS 确定航迹，由气压传感器确定飞行高度。照相机安装到一个塑料箱上，然后再固定到直升机上，保持相机镜头垂直向下。信号电缆引入直升机内与计算机相连。

3.3.2 冰基观测设备

冰基电磁感应海冰厚度观测设备与走航观测同一型号。水下机器人 ARV 采用框架结构，长 1.07 m，宽 0.65 m，高 0.92 m，如图 3-12 所示，重约 180 kg，在水中呈微负浮力，载体布置有 5 个推进器，其中 4 个为水平矢量分布的推进器，1 个为垂直方向的推进器。在这些推进器的作用下，

ARV 可在水下完成上升下潜、前进后退、侧移及转艏 4 个自由度的运动。ARV 采用光纤通信，自带能源，最大潜深 100 m，作业半径 3 km，同时配备有光纤陀螺（OCTANS-1000）和多普勒测速仪（EXP-600），可完成冰下高精度导航，配合其自身携带的控制器，使得 ARV 既可在冰下较大范围内根据使命程序自主航行，又可遥控定点精细调查。

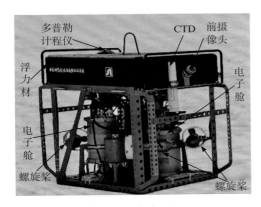

（a）ARV 在冰面上

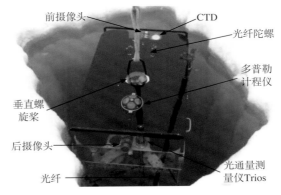

（b）ARV 在冰洞中

图3-12　水下机器人ARV

Fig. 3-12　Underwater robot vehicle

ARV 搭载了光通量测量仪、多普勒测速仪、水下摄像机和压力传感器等。通过其所搭载的传感器可获取以下科考数据：海冰厚度，海冰及融池下光透射辐照度，海冰底部形态视频。

操作人员在考察船左侧海冰上搭建了作业环境，如图 3-13 所示。将集装箱作为冰面控制间，并在冰面上开凿冰洞，通过四角支架释放与回收载体。在冰洞上方铺设木板作为滑道，用来移动水下机器人，光纤绞车固定放置在冰洞口附近，水面支持系统所需的交流电源由"雪龙"船提供。

（a）冰面试验环境

（b）现场工作场景

图3-13　冰面试验环境与工作场景

Fig. 3-13　Launch site of the ARV

为了对作业区域进行高精度冰下观测，以冰洞为坐标原点建立了坐标系，其中北向为 Y 轴，东向为 X 轴，如图 3-14 所示。作业区域边线 AD 与考察船艏向平行，与北向夹角为 28°，长度为 100 m，边线 AB 与考察船艏向垂直，长度也为 100 m。水下机器人在该坐标系中沿图中所画折线定深 6 m 航行，依次通过点 1、点 2 直至点 21，最后直接返回洞口，每两条相邻平行线间距为 10 m。

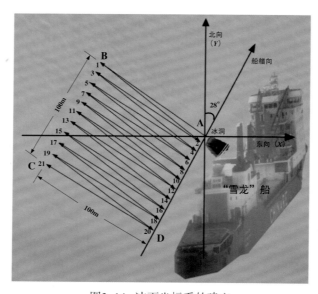

图3-14 冰面坐标系的建立

Fig.3-14 rectangular coordinates setting for ARV observations

融池表面辐射观测使用CNR4，布放时将CNR4架设于三脚架之上，探头高度一般位于融池表面1 m左右，通过一根可伸缩的长杆将探头延伸至融池上部进行观测（图3-13b）。本航次进行的6个短期冰站中一共进行了26个融池表面辐射的观测。

CNR4仪器由Campbell Scientific电子公司生产（CNR4 NET RADIOMETER），采用自容式观测，数据通过数据采集箱连接计算机PC400软件获取（图3-15）。该仪器除了测量太阳短波辐射、长波辐射以外，还可以测量空气中的温度，输出净短波辐射、净长波辐射、净辐射以及反照率，仪器观测的采样时间间隔可以根据需要修改，最小设置为1 s。

CNR4仪器的主要技术指标如下：

测量光谱范围：305 ~ 2 800 nm，测量温度范围：-40 ~ 80℃，湿度范围：0 ~ 100%RH，调节水平的气泡灵敏度：< 0.5°，探头类型：热电堆，灵敏度：10 ~ 20 μV/(W·m²)，反应时间：< 18 s，向上探头测量视野：180°，向下探头测量视野：150°，测量太阳辐照度范围：0 ~ 2 000 W/m²。

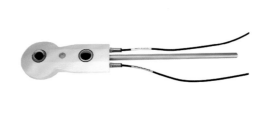

(a) CNR4主探头

(b) 现场布放操作

图3-15 CNR4主探头及现场布放操作

Fig. 3-15 Albedo obesearvation for melt pond using CNR4

海洋光学观测使用的仪器是美国 Biospheric Inc. 公司生产的辐射反射剖面仪（Profiler of Reflectance Radiometer, PRR），型号为 PRR800/810，如图 3–16 所示，白色柱状仪器为 PRR810，黑色柱状仪器为 PRR800，橙红色方盒为数据采集器。该仪器的主要技术参数如下所示。

光谱特征：

波段：313 nm，380 nm，412 nm，443 nm，490 nm，510 nm，520 nm，532 nm，555 nm，565 nm，589 nm，625 nm，665 nm，683 nm，710 nm，765 nm，780 nm 和 875 nm。

波幅：10 nm FWHM

传感器：向下辐照度传感器，向上辐亮度传感器，向上辐照度传感器，压力传感器和倾斜传感器。

图3–16 PRR-800/810剖面辐射仪

Fig. 3–16 Profiler of Reflectance Radiometer, PRR–800/810

PRR 进行长期观测时要注意随时记录天气变化，保证冰上长时间不间断供电，另外需要对电脑及数据采集器进行适当保护，做好仪器的保温、防水，定时查看数据记录文件，保证设备正常运行。

低层大气垂向辐射衰减观测系统主要分为 3 个模块：① 探空平台模块（探空气艇 + 绞车控制端）；② 气象参数观测模块（气象探空仪 + 地面信号接收端）；③ 太阳辐射观测模块（winC8L 分光仪）。

其中探空平台模块和气象参数观测模块的设备购买自中科院大气物理研究所，气艇分为 6 m³ 和 10 m³ 两种型号。搭载的气象探空仪可以获取所经各个高度上的风向（°），风速（m/s）和温度（℃）、湿度（%）4 项基本气象参数。其中各项参数的观测精度保留至小数点后一位。

太阳辐射观测模块使用的 winC8L（小型 8 通道光量子辐射计）分光仪一共 2 台，分为强光和弱光两种型号，均可获取 8 个波长（398 nm，437 nm，488 nm，540 nm，589 nm，629 nm，673 nm，707 nm）的光量子数，单位为 μmol/(m²·s)。观测时，强光分光仪搭载在气艇下方 15 m 处探测低空大气垂向的太阳短波辐射强度变化，弱光分光仪则固定在冰面观测同期到达冰面的太阳短波辐射。

冰面大气廓线探测使用中国气象科学研究院自制的 GPS 探空系统（图 3–18）。其设计为探测 12 000 m 以下底层大气的风、温、湿结构，精度分别为 1 m/s、0.2 ℃ 和 1%。

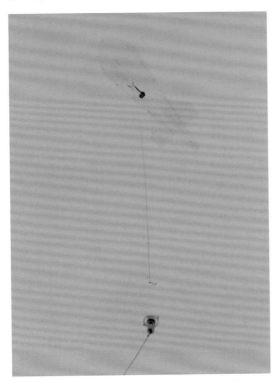

图3–17 低层大气垂向辐射衰减观测系统

Fig.3–17 Obsearvations of salor radition attenuation through the lower atmosphere boundary layer

图3-18　GPS低空探空系统

Fig. 3-18　GPS sounding for physical measurements of atmosphere boundary layer

　　冰站冰气通量观测和辐射观测使用涡动观测系统进行实时观测，其组成传感器包括：CSAT3 超声风速仪、LI-7500 二氧化碳／水汽分析仪和 CR3000 数据采集器组成的涡动通量观测系统；CNR1 净辐射传感器和 CR3000 数据采集器组成的辐射观测系统；另外还有 IRR-P 红外温度传感器和 HMP45C 温湿度传感器。主要仪器照片见图 3-19，详细技术参数见表 3-4。

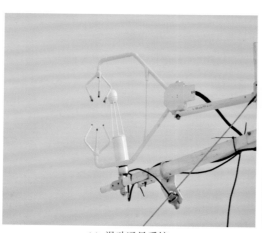

(a) 涡动通量系统

(b) CNR1净辐射仪

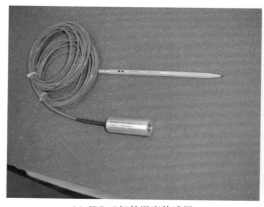

(c) IRR-P红外温度传感器

(d) HMP45C温湿度传感器

图3-19　观测仪器照片

Fig. 3-19　Instruments: (a) CSAT-3, (b) CNR1, (c) IRR-P and (d) HMP45C

表3-4 观测仪器主要技术指标
Table 3-4 Specifications of instruments

涡动通量系统	超声风速仪CSAT-3	风速范围：0～60 m/s，精度±0.01 m/s 声虚温范围：(−40～+60)℃，精度±0.01℃
	水汽/二氧化碳 分析仪LI-7500	水汽范围：0～50 g/m³，精度±0.1% 二氧化碳范围：0～4 500 g/m³，精度±0.1%
	数据采集器CR3000	采样频率：10 Hz
	3 m塔及安装支架	材料：不锈钢，1～3 m可调
辐射观测系统	净辐射仪CNR1	长波范围：3～50 μm，日总量期望精度±10% 短波范围：0.3～2.8 μm，日总量期望精度±10%
	数据采集器CR3000	采样间隔：30 min
	安装支架	材料：不锈钢
红外温度传感器IRR-P	温度范围 (−15～+60)℃，精度±0.2℃ 温度范围 (−55～+80)℃，精度±0.5℃	
温湿度传感器HMP45C	温度范围：(−40～+60)℃，温度误差 <0.5℃ 湿度范围：0%～90%，精度（20℃）±2% 湿度范围：90%～100%，精度（20℃）±3%	

3.3.3 冰基浮标

1）自动气象站

长期冰站漂流自动气象站由中国气象科学研究院极地气象研究所逯昌贵高级工程师设计安装。在 2 m 和 4 m 高度横臂上分别安装温湿度传感器（HMP45D，Vaisala）、风速传感器；在 4 m 高度安装风向传感器；在 2 m 高度安装地表红外温度探头和长、短波辐射观测表（CNR1，Kipp-Zone）；在地表处安装气压传感器；在 10 cm 和 40 cm 冰雪深度上安装冰温探头。所有传感器均接入 CR1000（Compbell）数据采集器，采样频率为 2 min，每小时记录一组数据，通过卫星天线的数据发射系统将数据直接发往 Argos 卫星，在 Argos 网站可查询或下载实时数据。其详细技术指标见表 3-5。

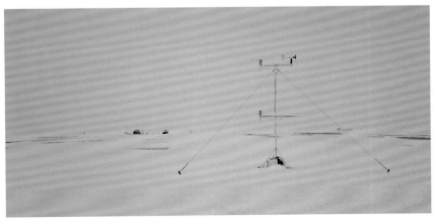

图3-20 冰站自动气象站
Fig. 3-20 Automatic weather station deployed at long-term ice station

名称	型号	测量范围	精度
低温数据采集器	CR1000–XT	–55～60℃	
气温传感器	Vaisala HMP155	–90～60℃	±0.01℃
相对湿度传感器	Vaisala HMP155	0～100%	3%
风速传感器	XFY3–1	0～95 m/s	0.1 m/s
风向传感器	XFY3–1	0～360°	±6°
气压传感器	Vaisala CS106	600～1 100 hPa	0.1 hPa
总辐射传感器	Li200x–L35	0～204.8 MJ	0.1 MJ/m²

2）海冰漂移GPS浮标

海冰漂移 GPS 浮标包括 5 枚 ISVP，4 枚中国海洋大学自制的浮标和 1 枚国家海洋局第二海洋研究所自制的浮标。ISVP 浮标为 MetOcean，加拿大生产，由 1 个铂电阻温度传感器（YSI model 44032 Encased Thermistor），1 个 GPS 定位系统（Navman Jupiter 32），1 个气压计和 1 个湿度计组成。电池为锂电池，电池设计寿命 12 个月。浮标的工作温度范围为 –50 ～ 32℃。浮标通过磁开关初始化，数据通过 9602 铱星传输模块实施传输。浮标重量为 10.9 kg，直径为 37 cm ［图 3–21(a)］。中国海洋大学自制的浮标外形与 ISVP 类似 ［图 3–21(b)］，但只包括 GPS 定位系统，数据由 Argos 传输。国家海洋局第二海洋研究所自制的浮标为圆筒状，直径 30 cm，数据由铱星传输模块实施传输 ［图 3–21(c)］。

(a) ISVP　　　　　　(b) 中国海洋大学自制的浮标　　(c) 国家海洋局第二海洋研究所自制的浮标

图3–21 海冰漂移浮标
Fig. 3–21 Sea ice drifting buoy: (a) ISVP, (b) made by Ocean University of China, (c) made by the Second Institute of Oceanography

3）海冰物质平衡浮标

如图 3–22 所示，IMB 浮标包括 1 个铂电阻气温传感器（Campbell Scientific 107L，观测精度为 0.1℃），1 个气压计（Vaisala PTB210，观测精度为 0.01 mb），1 个观测积雪积累和融化的声呐（Campbell Scientific SR–50A），1 个观测海冰底部生消的声呐（Teledyne Benthos PSA–916，观测精度为 1 cm），1 套传感器垂向间隔 10 cm 总长 4.5 m 的温度链（YSI Thermistors，观测精度为 0.1℃），1 个数据采集器 (Campbell Scientific SR–50A)，1 个锂电池组（14.68/152Ah），1 个 GPS 定位系统，1 个铱星数据传输模块。浮标的工作环境温度范围为：–35 ～ 40℃，电池的设计寿命为 24 个月。

数据的采样间隔为 4 h。声呐组件和温度链组件通过电缆与中心控制单元相连，电缆外壳装配有铝合金保护壳以防止北极熊等生物的破坏。声呐组件和中心控制单元均配有防融板，以防止直接搁置于冰面上影响海冰表面的消融损坏仪器。

IMB 浮标布放步骤如下：① 选择平整浮标，冰厚应在 1.0 ～ 3.5 m 之间；② 按边长 1.5 m 等边三角形布置，分别钻出直径 5 cm（透），10 cm（透），25 cm（1.0 m）；③ 将声呐杆插进直径 10 cm 的冰孔中，并实施逐节的装配；④ 将温度链插进直径 5 cm 的冰孔中，并实施注解逐节的装配；⑤ 装配中心控制单元并将其放进直径 25 cm 的冰孔中；⑥ 对温度链单元，声呐单元和中心控制单元实施连接；⑦ 对中心控制单元进行现场调试；⑧ 将浮冰布放处，尤其是表面声呐下的积雪整理平整，用积雪覆盖上连接电缆；⑨ 分别记录海冰厚度、冰舷高度、积雪厚度、表面声呐与积雪面的距离，处于积雪表面的温度探头次序，以及布放点位置等参数。

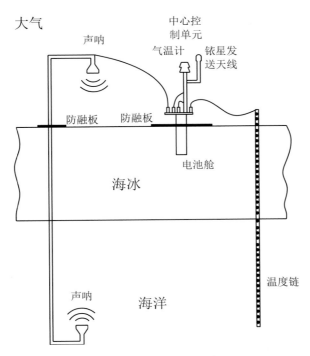

图3-22　IMB系统示意图
Fig.3-22　Sketch of IMB

4）海冰温度链浮标

如图 3-23 所示，SIMBA 海冰温度链浮标由温度链（热电阻），控制单元，GPS 接收机以及 9602 铱星发送模块组成。热电阻温度传感器的精度为 0.1 ℃。电池为 OPTIMA 固体蓄电池，设计寿命为 12 个月。一个温度链共装配 240 个热电阻温度传感器，传感器间隔为 2 cm。每隔 1 天，通过对温度链各温度探头加微量的脉冲热量，使得各测量点产生不同程度的升温，通过比较加热前后的测点温度，结合雪／冰／水比热容的差异判断积雪、海冰和海水的界面。此外，SIMBA 浮标还包括 1 个气压计和 1 个磁力计。

TUT 海冰温度链浮标设计与 SIMBA 浮标类似，只是温度探头间隔为 5 cm，另外，其中 2 套 TUT 浮标装配有测量积雪累积的声呐（Campbell Scientific SR-50A）。其中 4 套 TUT 浮标装配有太阳能发电装置。

海冰温度链浮标的布放步骤如下：① 准备支撑支架和 2 kg 的铅块；② 选择平整浮冰为布置点；③ 钻出 5 cm 直径的冰孔；④ 将温度链连同铅块放进冰孔中，并固定在支撑支架上；⑤ 连接温度链和控制单元，并激活控制单元；⑥ 将浮冰布放处的积雪整理平整；⑦ 记录海冰厚度、冰舷高度、积雪厚度、处于积雪表面的温度探头次序，以及布放点位置等参数。

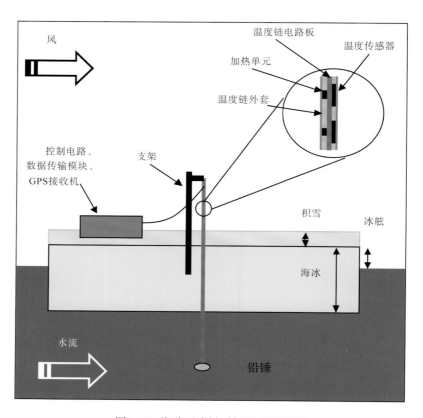

图3-23　海冰温度链浮标系统示意图
Fig.3-23　Sketch of sea ice thermistor string

图3-24　TUT海冰温度链浮标（左）和SIMBA海冰温度链浮标（右）
Fig.3-24　TUT ice thermistor string (left) and SIMBA ice thermistor string (right)

3.4 考察人员及作业分工

本航次参与海冰和冰面气象的作业人员及其分工见表3-6。

表3-6 海冰和冰面气象作业人员
Table 3-6 Members of sea ice and metrological observations

考察内容	负责人	协助人员
走航海冰观测	雷瑞波	田忠翔，刘磊，王庆凯
走航EM海冰厚度观测	唐学远	李丙瑞
冰面EM海冰厚度观测	田忠翔	丁明虎
冰面海冰厚度钻孔	雷瑞波	王庆凯
ARV观测	曾俊宝	唐学远
冰芯钻取	王庆凯	曾俊宝
海冰浮标布放	雷瑞波	刘磊，田忠翔，陈钟为
自动气象站浮标	逯昌贵	丁明虎
冰面GPS探空	逯昌贵	丁明虎
冰面涡动通量观测	肖林	陈志坤
海冰光学	李涛	王晓宇
融池反照率	钟文理	
低层大气辐照度垂向剖面	王晓宇	李涛

3.5 完成工作量及数据与样品评价

走航海冰观测获得冰区全程观测数据，共计1025组人工观测数据，130万条EM有效观测数据，430万条红外海表温度观测数据。共获得920 G的冰情视频观测数据，55 900帧冰情照片，3个架次共1062帧航空遥感照片。数据质量良好。

冰面EM测线累计1 655 m，钻孔冰厚观测数据221个，水下机器人观测测线累计9 km。钻取了62个冰芯用于物理结构测定。

共布放了1个海冰物质平衡浮标，10个海冰漂移浮标，26个海冰温度链浮标，1个自动气象站浮标。数据目前均正常。

在长期冰站共释放探空气球24个，获取了80°57′N，157°39′W附近地区不同天气过程的大气垂直结构资料。多次探测到对流层顶高度，最高探测高度为22 000 m。

在长期冰站开展冰-气界面通量和辐射连续观测，获取了三维湍流风速、超声虚温、二氧化碳/水汽含量、地面气压、冰雪表面温度、气温和相对湿度、向上（下）短（长）波辐射等物理量，由此可计算浮冰近地层的潜热、感热通量和净辐射等表面能量收支中的各重要子项。

开展了4次低层大气辐照度垂向剖面观测，数据总大小约6 M。实施了26个融池反照率观测，并对其中一个融池进行了24 h连续观测。获得了冰底辐照度累计72 h的观测数据。

表3-7总结了本航次海冰和冰面气象各个观测项目的完成情况。

考察内容	实施计划	完成情况（完成工作量%）
走航海冰观测	沿航线实施	按实施计划完成（100%）
走航EM海冰厚度观测	沿航线实施	按实施计划完成（100%）
冰面EM海冰厚度观测	每个冰站实施1个断面观测	短期冰站按实施方案完成；长期冰站增加了150 m×50 m区域的观测，并实施了两次观测（150%）
冰面海冰厚度钻孔	每个冰站实施1个断面观测	短期冰站按实施方案完成；长期冰站增加了150 m×50 m区域的观测，并实施了两次观测（150%）
ARV观测	长期冰站完成1个100 m×100 m区域的观测	完成了100 m×50 m，100 m×80 m以及100 m×100 m三个区域的观测（250%）
冰芯钻取	每个冰站钻去取一组冰芯	按实施计划完成（100%）
海冰浮标布放	布放4～5个温度链浮标，14～16个GPS浮标	布放了26个温度链浮标，10个GPS浮标，1个物质平衡浮标，所有浮标中只有1个GPS浮标未能获得有效的观测数据，其他浮标数据数据正常（200%）
自动气象站浮标	长期冰站布放1套	按实施计划完成，数据正常（100%）
冰面GPS探空	长期冰站实施20～30次观测	按实施计划完成，释放24次GPS探空（100%）
冰面涡动通量观测	长期冰站观测	按实施计划完成（100%）
海冰透射辐射定点观测	10个	按计划完成10个
海冰透射辐射连续观测	0 h	72 h
海冰透射辐射区域观测	1个剖面	3个剖面
融池反照率	20个	22个
融池辐射连续观测	0 d	3 d
低层大气辐照度垂向剖面	0次	4次

3.6　观测数据初步分析

3.6.1　走航海冰观测

　　如图 3-25 和图 3-26 所示，海表温度日变化十分明显。高频变化的原因主要是观测现场海冰－融池－海水的交替出现。8 月 12 日进入向北航段 HI（见图 3-1）后，表面温度明显降低，进入长期冰站后，由于船舶与浮冰相对静止，观测视场受到船舶污水排放的影响，日内变化加大。在向南航段 JK（见图 3-1）中，随纬度向南表面温度反而降低，说明表面温度在 8 月底逐渐趋向于冰点温度。冰情观测也发现在该航段浮冰间的水道多有新冰出现。

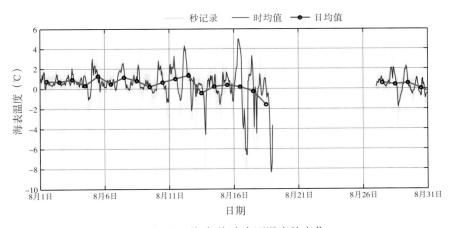

図3-25　海表/海冰表面温度的变化

Fig.3-25　Variations in surface temperature of open water or sea ice

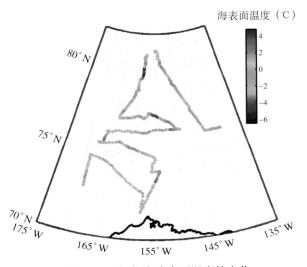

图3-26　海表/海冰表面温度的变化

Fig.3-26　Variations in surface temperature of open water or sea ice

图3-27 和图3-28 给出了沿航线的海冰密集度和厚度。向北航段中，76°N以南处于海冰边缘区，重冰区和轻冰区交替出现，主要与向南延伸的冰带分布有关。76°N以北海冰密集度和厚度都随纬度增加明显增大。在长期冰站作业区，平整冰厚度增加至 1.5～1.8 m。相反，向南航段海冰密集度和厚度随着纬度降低逐渐变小。然而，海冰密集度的变化梯度较低，在该航段，尽管接近海冰边缘区，海冰密集度依然较大，海冰多为大面积的薄冰。从而说明在这个夏季考察区域海冰融化主要以热力学驱动为主，气旋或其他动力因素的贡献较弱。海冰厚度的径向梯度

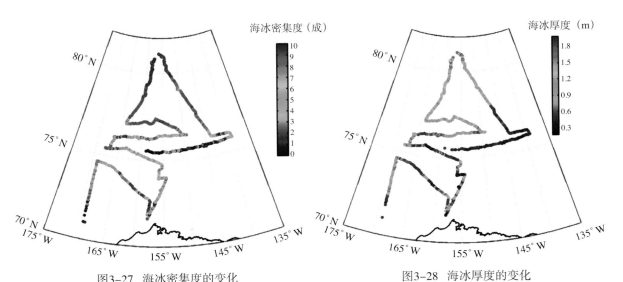

图3-27　海冰密集度的变化

Fig.3-27　Variations in sea ice concentration along the track

图3-28　海冰厚度的变化

Fig.3-28　Variations in sea ice thickness along the track

则较向北航段加大，主要原因是低纬度海区海冰融化和冰厚减小较多。从8月初至9月初，考察区域海冰边缘区从71°—75°N广泛分布退缩至76°—77°N，大部分海区退缩的纬度小于4°。相对2010年和2012年我国第四次和第五次北极考察的观测结果明显偏小，后两者在相同海区海冰边缘区在8月里都向北退缩了接近10°。

　　融池覆盖率与海冰所经历的融化期和浮冰大小及厚度有关。向南航段，由于融池多已融透，覆盖率较向北航段总体上偏低。在向北航段中，一般冰厚较大，海冰密集度较大的区域融池覆盖率较大。

　　总体上，海冰边缘区冰脊覆盖率会较高纬度地区高，这与冰脊冰厚较大和夏季融化率较小有关。边缘区残留的多为冰脊及其周边的海冰。在海冰密集度接近的航段，见图3-1中的HI航段，冰脊覆盖率向北有逐渐增多的趋势，这是阻碍船舶向北航行的主要因素。

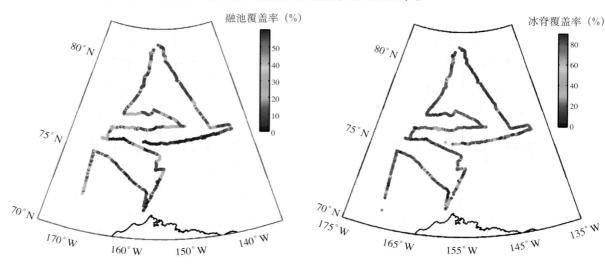

图3-29　融池覆盖率的变化
Fig.3-29　Variations in melt-pond coverage over sea ice along the track

图3-30　冰脊覆盖率的变化
Fig. 3-30　Variations in ridge coverage over sea ice along the track

　　高纬密集冰区的浮冰大小明显要大于海冰边缘区。在向南航段，这种对比更加明显，这与8月底海冰边缘区分布范围缩窄，且边缘区海冰多为零散的残留冰脊有关。

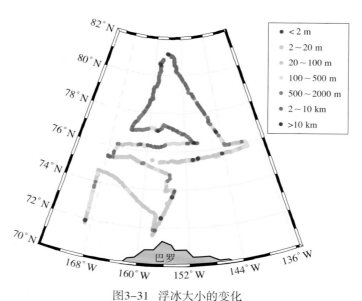

图3-31　浮冰大小的变化
Fig.3-31　Variations in floe size along the track

电磁感应海冰厚度观测与人工观测不同，后者只侧重平整冰的厚度，是 3 种类型浮冰的加权平均值。电磁感应观测频率较高（1 s），观测结果涵盖各种厚度的海冰。如图 3-32 所示，电磁感应观测得到了大量厚度大于 2.5 m 的冰脊，最大厚度达 3.5 m；同时也观测得到了大量冰厚小于 0.5 m 的薄冰。电磁感应观测结果的 0.5 小时平均值基本可以把厚的冰脊和薄冰中和，使得结果与人工观测结果十分接近。从 8 月 17—27 日的观测结果来看，两者具有较一致的时间和空间变化趋势。冰厚从约 0.4 m 增加到约 1.4 m，薄冰从 8 月 13 日之后明显减少。

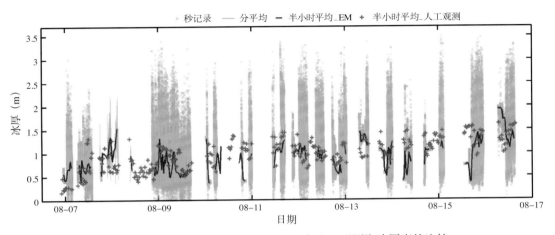

图3-32 8月7—17日电磁感应方法与人工观测海冰厚度的比较
Fig. 3-32 Variations in sea ice thickness measured by an electromagnetic induction device and by ice watch from the bridge of R/V Xuelong from 7 to 17, August

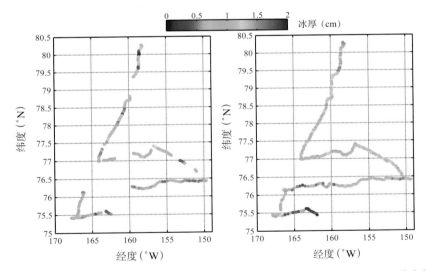

图3-33 8月7—17日电磁感应方法（左）和人工观测海冰厚度（右）空间分布特征
Fig.3-33 Spatial changes in sea ice thickness measured by an electromagnetic induction device (left) and by ice watch from the bridge of R/V Xuelong (right) from 7 to 17, August

图 3-34 和 3-35 给出了 3 次航空遥感的飞行轨迹和代表性影像。由于飞机飞行过程还要执行浮标布放任务，在此期间飞机下降可能会导致控制航拍的计算机程序出错，因此难以获得连续的观测数据，对应的飞行轨迹也是不连续的。然而每个架次航拍有效飞行距离均超过 50 km，共获得了 1 062 帧的航拍照片。因此，航空遥感观测所获得的观测数据具有区域代表性。第 1 架次所飞行的区域所代表 78°—78.5° N 的海冰密集度约为 70% ~ 80%，融池覆盖率较大，约为 30%。第 2 至第 3 架次所飞行的区域所代表 80.5°—81.2° N 的海冰密集度约为 90% ~ 100%，融池覆盖率明显减少，约为 10%。

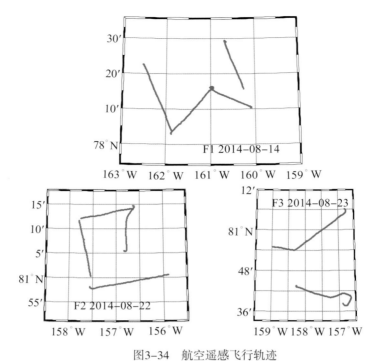

图3-34　航空遥感飞行轨迹

Fig. 3-34　Tracks of flights for aerial observations of sea ice

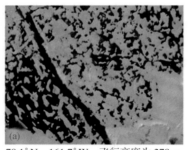

78.1°N，161.7°W，飞行高度为 278 m

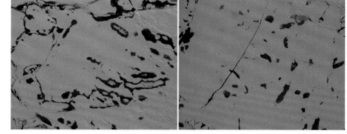

81.1°N，156.8°W，飞行高度为 270 m　80.9°N，158.7°W，飞行高度为 259 m

图3-35　航空遥感代表性照片

Fig. 3-35　Typical pictures of sea-ice aerial observations

3.6.2　冰基海冰观测

1）EM31及钻孔冰厚观测

图 3-36 显示了所有钻孔观测点数据与 EM 31 观测数据的比较，从中可以看出，当总厚度小于 1.1 m 时，EM 31 所得数据略微偏大，当总厚度在 1.1 ～ 2.0 m 时，EM 31 所得数据质量较好；当总厚度大于 2.0 m 时，EM 31 所得数据离散程度较高，数据误差较大。通过计算，我们可以得到所有观测点的相对平均误差为 9.27%。

利用 EM 31 得到的视电导率以及冰厚、雪厚等实测数据，计算得出 EM 31 所测冰雪厚度。7 个短期冰站测量结果如图 3-36 所示。其中剖面 S1 没有观测雪厚，所显示的厚度为雪厚与冰厚的总和，剖面 S6 只对前 100 m 进行了钻孔观测，因此，101～200 m 的厚度也为雪厚与冰厚的总和。

S1～S7 剖面的总体相对平均误差为 7.06%。比较这 7 条剖面不难发现，S3 和 S4 的相对平均误差较大，而 S5 和 S6 的相对平均误差较小。通过图 3-36 可以看出，S5、S6 的海冰相对 S3 和 S4 较平整。考虑到 M 31 的测量并不是对一单点的测量，而是对准圆形的覆盖区下平均深度的计算，观测视场约为 4 m，因此，当观测点附近海冰厚度变化剧烈时，比如冰脊附近等，EM31 的测量误差会比较大。

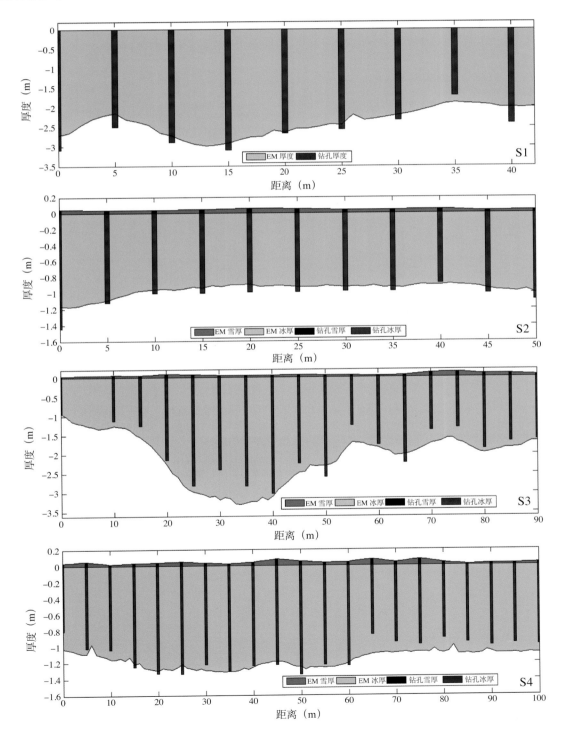

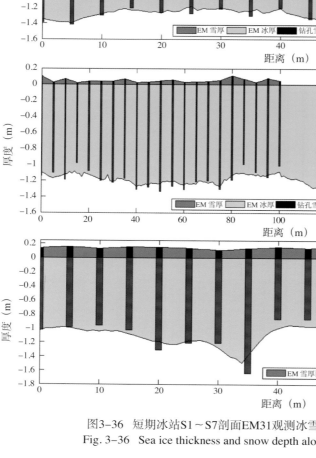

图3-36　短期冰站S1～S7剖面EM31观测冰雪厚度与钻孔实测冰雪厚度
Fig. 3-36　Sea ice thickness and snow depth along the profiles at Station 1-7

表3-8　S1～S7、P1，P3剖面观测数据统计
Table 3-8　Satatiscal parameters of ice thickness and snow depth for Profiles S1-S7, P1 and P3

站位	剖面	平均冰厚+雪厚（m）	最大冰厚+雪厚（m）	最小冰厚+雪厚（m）	平均误差
1	S1	2.39	2.98	1.98	9.87%
2	S2	1.00	1.22	0.94	7.89%
3	S3	2.15	3.34	0.96	16.02%
4	S4	1.21	1.34	1.02	11.92%
5	S5	1.33	1.45	1.24	3.10%
6	S6	1.22	1.32	1.12	5.29%
7	S7	1.19	1.62	1.06	8.09%
长期冰站	P1	1.45	1.56	1.35	5.41%
长期冰站	P3	1.61	3.21	1.32	7.58%

THE REPORT OF 2014 CHINESE ARCTIC RESEARCH EXPEDITION

中国第六次北极科学考察报告

结合在 Area1 区钻孔和电磁感应观测结果，发现电磁感应观测由于空间采样频率较高，更能刻画冰厚分布的细节。图 3-37 ~ 图 3-39 分别给出了长期冰站上 5 条剖面第一次观测和第二次观测的雪厚、冰厚、雪厚 + 冰厚的分布情况。两次观测时间分别为 8 月 19 日和 8 月 25 日。图中的 5 条测线从上至下分别为 L1 到 L5。L1 至 L4 剖面基本平行，而为了避开雪地摩托对表面雪的破坏，L5 剖面未能与其他剖面平行。因此整个观测区域基本呈梯形。相邻剖面的最右端相距 10 m。

L5 剖面的 130 m 处靠近冰脊，L3 剖面的 100 m 处为一小冰脊，L2 剖面的 10 m 处为冰脊。第一次观测时，L3 剖面 124 ~ 127 m 之间有长 2.7 m 的融池，L4 剖面 131 ~ 139 m 之间存在长 8 m 的融池。第二次观测时，L2 剖面 125 ~ 129 m 之间存在融池，L3 剖面 124 ~ 127 m 之间存在融池，L4 剖面 131 ~ 139 m 之间存在融池，L5 剖面 149 ~ 150 m 和 134 ~ 142 m 之间存在融池。由此可见，第二次观测时融池有所增加，这也是北极海冰处于夏季融化期的一种表现。

第一次和第二次观测时，整个区域的平均雪厚分别为 6.48 cm 和 6.36 cm。第二次观测时大部分区域的雪厚变化为 -2 ~ 2 cm。虽然两次观测期间有一次降雪过程，但是由于表面融化较快，整个区域平均雪厚变化为 -0.12 cm，其中最大增厚值达到 7.70 cm，最大减小值达到 -6.4 cm。冰脊处和融池附近的雪以融化为主，基本都呈现负增长。

第一次和第二次观测时，整个区域的平均冰厚分别为 1.37 m 和 1.35 cm，平均总厚度分别为 1.43 m 和 1.42 m。大部分区域的冰厚可达 1.2 ~ 1.6 m，冰脊附近可达 2 m 左右，融池附近仅 1 m 左右。显然，冰脊附近的冰厚较大，而融池附近的冰厚较小。大部分区域的总厚度和冰厚都呈减小状态，其变化范围主要为 -5 ~ 5 cm。整个区域的平均总厚度和冰厚变化分别为 -1.42 cm 和 -1.29 cm，最大增厚值分别为 14.48 cm 和 14.98 cm，最大减小值分别为 -16.90 cm 和 -16.42 cm。冰脊和融池附近冰厚以减小为主，且空间梯度较大。

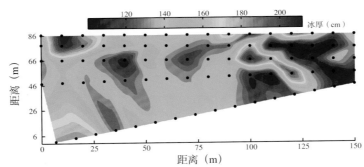

图3-37　Area 1区8月19日钻孔观测结果

Fig. 3-37　Distribution of sea ice thickness within Area1 measured by bore-hole on 19 August

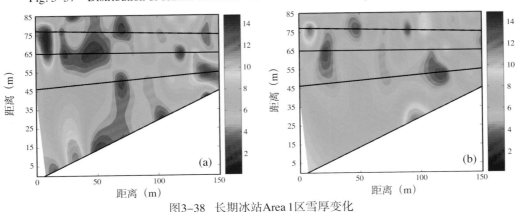

图3-38　长期冰站Area 1区雪厚变化

(a) 为第一次观测雪厚；(b) 为第二次观测雪厚

Fig. 3-38　Distribution of snow depth within Area1: (a) measured on 19 August, and (b) on 25 August

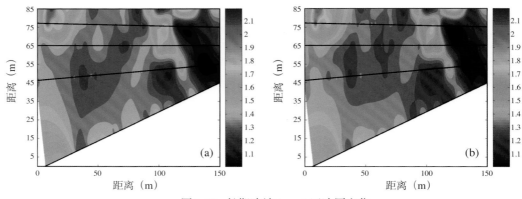

图3-39　长期冰站Area 1区冰厚变化
(a) 为第一次观测冰厚；(b) 为第二次观测冰厚
Fig. 3-39　Distribution of sea ice thickness within Area1: (a) measured on 19 August, and (b) on 25 August

冰厚变化较大的地方和结构复杂的冰脊处误差较大，这是由EM 31的观测特点所造成的。因为EM 31观测的不是单点值，这必然不能细微地反映出较短距离内冰厚的变化。EM 31观测时忽略了海冰的电导率，即认为海冰的电导率为0，而冰脊处垂向上冰水结构复杂（中间可能夹杂有倒渗的海水），进而影响EM 31的观测结果（例如剖面S7的35 m处）。

长期冰站P1/P2和P3/P4剖面的观测结果如图3-40所示，其中P1/P2剖面62～71 m为融池，所以数据缺测。两个剖面的平均总厚度分别为1.45 m和1.61 m，相对平均误差分别为5.41%和7.58%。

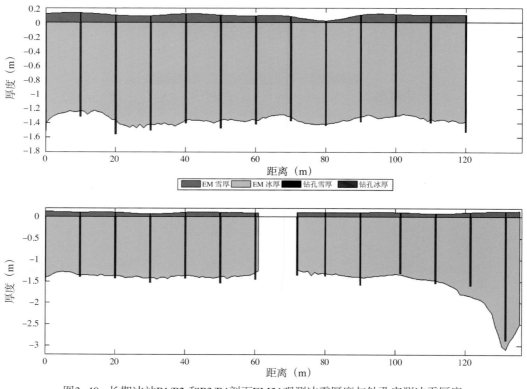

图3-40　长期冰站P1/P2 和P3/P4剖面EM31观测冰雪厚度与钻孔实测冰雪厚度
Fig. 3-40　Distribution of sea ice thickness along P1/P2 and P3/P4

2）ARV及钻孔冰厚观测

图 3-41 至图 3-44 给出了 P1-P4 剖面钻孔和 ARV 的冰厚观测结果。通过比较发现，ARV 由于

空间采样频率较高（0.1 m），能够给出冰底粗糙度变化的细节信息，例如在 P1/P2 剖面 130 m 以远的冰脊区，ARV 能够捕捉到冰底起伏的高频变化。冰脊较粗糙的底面源于冰脊形成时浮冰之间的挤压。也由于其高粗糙度，导致冰厚观测时测点位置稍有偏移，观测值就会发生较大的变化。例如，在 P1/P2 剖面的 138 m 位置，钻孔和 2 次 ARV 的观测结果分别为 2.6 m，2.4 m 和 1.9 m。另外在融池区域，钻孔难以实施，ARV 则能给出冰底的变化，这也体现 ARV 冰底观测的优势。对比钻孔和 ARV 在相同位置得到的 48 对观测结果（图 3-45）发现，除冰脊区外，两者差异不大，正负偏差基本属于正态分布。两者的绝对偏差为 9.8 cm，相对偏差为 6.7%。若不计算冰脊区的测点，两者的相对偏差为 6.3%。

Area 2 测区的观测则能给出冰底的三维形态（图 3-46 和图 3-47）。例如，在图 3-46 以坐标（-38，-12）为中心的一冰脊其冰底的径向陡度约为 0.07 m/m（相对值 7%）。图 3-47 以坐标（-8，-4）为中心的一冰脊其冰底的径向陡度则约为 0.05 m/m（相对值 5%）。上述两个冰脊在冰表面已经高度风化，积雪覆盖后已难以识别，这再次体现出冰底测量的优势。8 月 21—23 日测得水线以下部分冰厚分别为 1.58 m±0.18 m，1.56 m±0.13 m 和 1.52 m±0.21 m，最大冰厚分别为 2.52 m，2.43 m，2.87 m。根据钻孔的观测结果，冰舷高度平均为 0.10 m，这样估算得到 Area 2 区的平均冰厚为 1.66 m。约比 Area 1 的冰厚大 0.30 m。结合船载 EM 的观测数据，说明作为长冰站的浮冰，其厚度在对应的纬度区域具有较好的代表性。

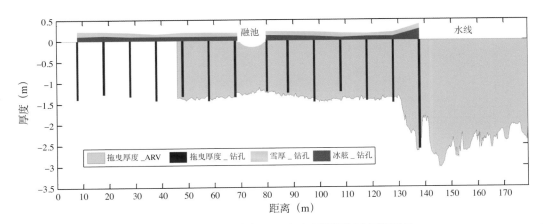

图3-41 P1剖面钻孔与ARV声呐观测的海冰厚度对比
Fig. 3-41 Comparison between sea-ice thickness measured by ARV and bore-hole along the section P1

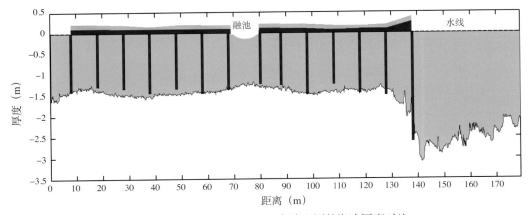

图3-42 P2剖面钻孔与ARV声呐观测的海冰厚度对比
Fig. 3-42 Comparison between sea-ice draft thickness by ARV and bore-hole along the section P2

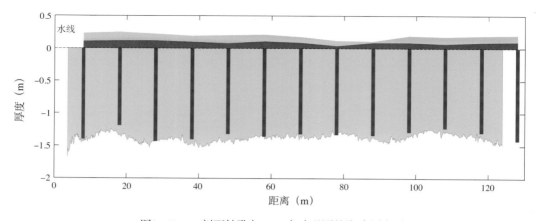

图3-43　P3剖面钻孔与ARV声呐观测的海冰厚度对比

Fig.3-43　Comparison between sea-ice draft measured by ARV and bore-hole along the section P3

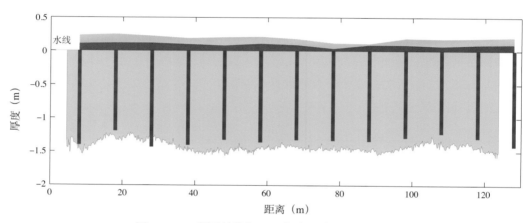

图3-44　P4剖面钻孔与ARV声呐观测的海冰厚度对比

Fig. 3-44　Comparison between sea-ice draft measured by ARV and bore-hole along the section P4

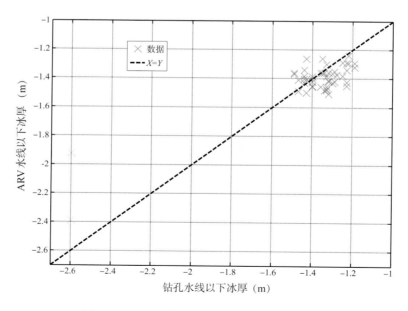

图 3-45　ARV和钻孔冰厚（水线以下部分）比较

Fig. 3-45　Comparison between sea-ice draft measured by ARV and bore-hole

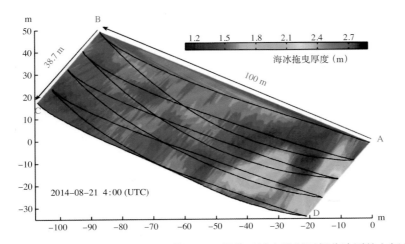

图3-46 8月21日ARV观测得到的Arae 2部分区域水线以下部分冰厚的空间分布
Fig. 3-46 Spatial distribution of sea-ice draft within part of Area 2 measured by the ARV on 21 August

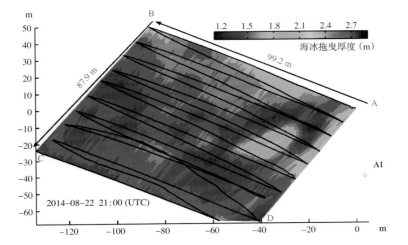

图3-47 8月22日ARV观测得到的Arae 2部分区域水线以下部分冰厚的空间分布
（其中 A1点为图3-48的A）
Fig. 3-47 Spatial distribution of sea-ice draft within part of Area 2 measured by the ARV on 22 August （Point A1 denote the Point A in Fig. 3-48）

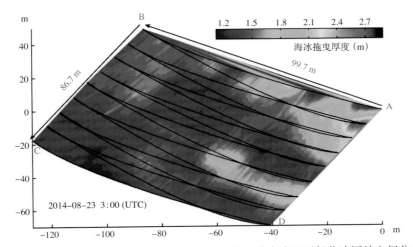

图3-48 8月23日ARV观测得到的Arae 2部分区域水线以下部分冰厚的空间分布
（其作业起点A相对图3-47有所平移，为图3-47的 A1点）
Fig. 3-48 Spatial distribution of sea-ice draft within part of Area 2 measured by the ARV on 23 August （Point A has been displaced referring to that in Fig. 3-47, which is the Point A1 in Fig. 3-47）

3）冰芯结构观测

图 3-49 给出了各冰站冰芯温度/盐度/密度的观测结果。从冰芯的观测数据来看，表层的海冰温度基本维持在 0℃，随着深度的增加，底层海冰温度在 -1.2℃ 左右。海冰的盐度较低，都在 5 以下，表层盐度接近于 0，说明夏季海冰上层脱盐较明显。海冰的密度主要集中在 700 ～ 950 kg/m³，表层海冰由于孔隙率较大，结构疏松，密度较低，个别表层海冰密度甚至低于 600 kg/m³。

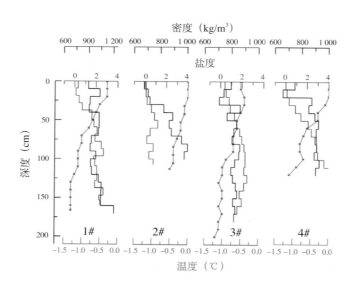

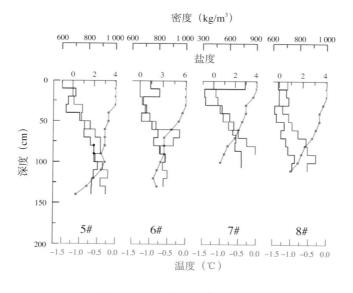

图3-49 各冰站冰芯温度/盐度/密度
Fig.3-49 Vertical profiles of sea-ice temperature, salinity and density for all ice stations

图 3-50 给出了 3# 短期冰站的冰芯薄片和冰芯的晶体结构照片。分析冰芯薄片的照片可以看出，冰芯表层孔隙较大，有明显的孔洞。上部气泡较大，多为球形气泡；中部气泡有所减少，呈圆柱状；下部冰芯结构密实，几乎没有气泡。从冰芯的晶体结构照片可以看出，0 ～ 50 cm 为粒状/柱状混合段分层不明显，这可能是由于晶格融化破坏后重新冻结形成的，50 ～ 112 cm 为柱状冰，112 ～ 149 cm 为粒状冰。从晶体结构判断，该浮冰为重叠冰，底部的粒状冰为重叠底层冰的上部，其下部也可能存在柱状冰，但已经融化。

经统计，如图 3-51 各个冰站柱状冰的比例为 74%，颗粒冰为 13%，难以辨识的为 12%。其中第 1，第 2，第 3 和第 7 个短期冰站和长期冰站的浮冰应为多年冰或者生长过程发生动力重叠。第 4，第 6 个冰站为一年冰，第 5 个冰站没有作晶体结构分析。

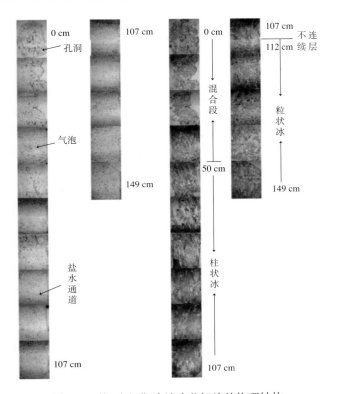

图3-50 第3个短期冰站冰芯切片的物理结构
Fig. 3-50 Textural structures of sea ice core collected from the third ice station

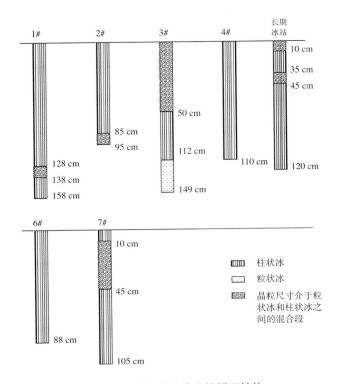

图3-51 各个冰站冰芯的层理结构
Fig. 3-51 Textural structures of sea ice cores

3.6.3　海冰光学和海雾辐射观测

1）融池辐射观测

　　融池反照率观测选取了长期冰站观测的第二个融池进行分析。该融池表面结冰，观测初始表面有融冰形成的小水面，表面冰厚 4 cm，深度 30 cm。一昼夜的太阳高度角的改变对融池的辐射有着显著的影响，在太阳高度角最高的时候，向下的太阳短波辐射达到极大值，最高值超过 250 W/m²，与此对应的是融池表面反照率的降低（低于 0.24），反之在太阳高度角逐渐降低时，反照率升高（高于 0.26）。在 8 月 22 日 23:08 至 8 月 23 日 03:08 之间反照率有一个高峰值，数值超过 0.28，对应的向下短波辐射值在近一个小时内骤减，变化幅度值远大于向上反射的短波辐射，这可能与当时出现多云、有雾有关。向上的长波辐射变化幅度值很小，这是由于融池表面海冰的温度较为稳定。在太阳向下的短波辐射值达到高值时，大气中云量减少，大气向下的长波辐射值也略微减少。一昼夜净短波辐射变化幅度值在 230 W/m² 以上，而净长波辐射值变化幅度值在 40 W/m² 以内。0.22 ~ 0.28 为长期冰站观测到表面结冰融池的典型反照率数值。

　　观测期间融池水的温度维持在 0℃以上（图 3-52），在太阳高度角变大时，融池水温度呈现升高的趋势，而盐度呈现略微降低，这表明即使在 6 分钟的时间内太阳短波辐射对融池水也有很显著的加热作用，这个加热使融池表面的海冰融化进而导致融池水的盐度略微降低。

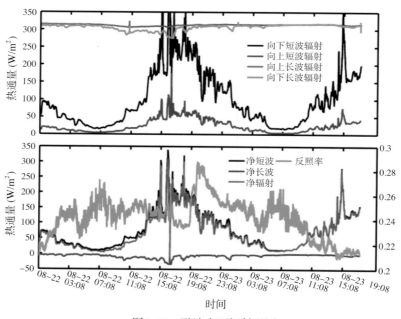

图3-52　融池表面辐射观测
Fig. 3-52　Radiations over melt pond

2）海冰透射辐射连续变化观测

　　2014 年 8 月 19—24 日期间，在海冰厚度为 1.35 m 的区域使用 PRR800/810 仪器对其透射辐射的连续变化特征进行了观测。由于电池和电源的限制，为期 6 天观测的数据并不完整，一般在当地时间傍晚 9:00 左右至第二天早上 8:00 多没有观测数据。这里以世界时间 8 月 23 日晚到 24 日早晨的观测数据为例，对该区域的海冰透射辐射连续变化特征进行简单分析。

如图 3-53 ～图 3-55 所示，分别为 EdZ、LuZ、Ed0 传感器在 UTC 时间 2014 年 8 月 23 日晚到 24 日凌晨各谱段的连续观测数据。此时，当地时间是 08∶24－14∶24。3 个参数同时观测到正午太阳辐射时的极大值，入射到冰面的辐照度量级为 10 ～ 50 μW/(cm²·nm)，透射辐照度的量级为 0.1 ～ 5 μW/(cm²·nm)。透射率基本维持在 0.01 ～ 0.1 之间，如图 3-56 所示。由于冰下透射辐射非常微弱，向上辐亮度的值要比向下透射辐照度的值小两个量级左右。可以忽略不计。另外，各谱段的海冰透射率在上午时变化较小，基本保持一致，从中午开始，海冰透射率呈现缓慢增加的趋势，这一趋势在近海（渤海）海冰透射率长期观测实验也出现过。我们认为，从中午开始入射太阳辐射开始减少，透射辐照度也相应地减少，但二者减少的速度不同，透射辐照度减少得相对较慢，直接导致透射率随着时间而增加。透射辐照度与入射辐照度呈现非线性减少的趋势说明，天空漫射光在海洋高度角很低时起到了减缓透射变化的作用，具体的过程和机制需要进一步的分析。

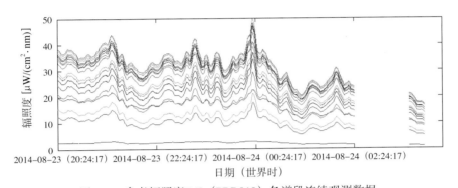

图3-53　参考辐照度Ed0（PRR810）各谱段连续观测数据

Fig. 3-53　Variations of spectral downward radiation at various wavelength

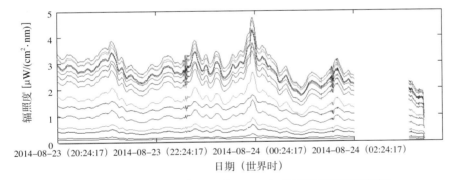

图3-54　向下透射辐照度EdZ（PRR800）各谱段连续观测数据

Fig. 3-54　Variations of spectral radiation under ice various wavelength

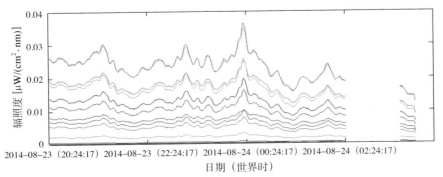

图3-55　向上辐亮度Luz（PRR800）各谱段连续观测数据

Fig. 3-55　Variations of spectral radiation under ice various wavelength

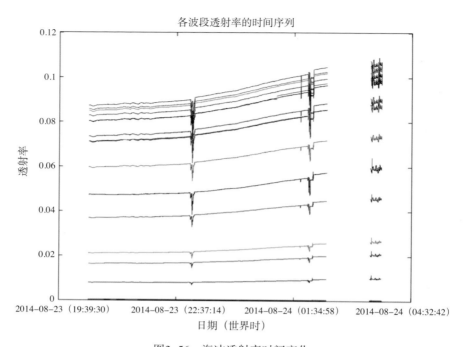

各波段透射率的时间序列

图3-56　海冰透射率时间变化

Fig. 3-56　Variations of spectral transmittance under ice various wavelength

3）海冰透射辐射空间变化观测

长期冰站期间，利用水下机器人的机动性，对 100 m × 100 m 范围内的海冰透射辐射空间变化特征进行了观测。观测仪器为 TriOS 公司生产的 Ramses-VIS-ACC 高光谱辐射计。观测区域如图 3-57 右所示，A 点为水下机器人的起始工作点，在 100 m × 100 m 的矩形区域内对透射辐射的短波辐射能进行观测。水下机器人的观测方式是在冰下 6 m 的平面上运动，此时观测到的透射辐射既包含了海冰的衰减，也包含了海水的衰减。为了准确描述海冰的透射性质，需要去除海水对短波辐射的衰减影响，故水下机器人在矩形区域内的 3 个点（图 3-57 右中的黑点）进行了匀速下潜，深度到达 30 m。利用海水中的光学辐射剖面，可以估算海水的漫射衰减系数，进而估算达到冰底的短波辐射能，从而准确评估海冰吸收短波辐射的空间变化情况。

从图 3-57（右）中可以看出，整个观测区域内包含融雪，融池和冰脊等不同表面特征的海冰，而其对应的海冰厚度也存在明显差异，如图 3-58（左）所示，在冰脊处，海冰厚度达到 2.5 m，融池处的海冰厚度则只有 1.2 m 左右。不同的海冰厚度，对应的透射辐射量级也存在很大差异，如图 3-58（右），在融池处，透射辐射可以到达 35 mW/(m^2·nm)，而在冰脊处，单位面积的透射辐射量级只有几瓦而已，二者相差 10 倍左右。由于太阳短波辐射能是海洋微生物的主要能量来源，决定着海洋的初级生产力，因此，融池处的透光性决定了该区域是海洋生物相对比较集中的区域，而其数量和深度的多少在一定程度决定了夏季冰下海洋的初级生产力。

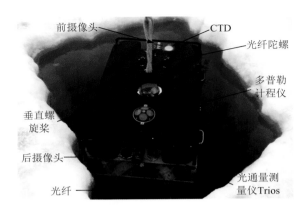
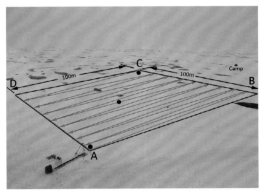

图3-57　水下机器人搭载Ramses光学传感器（左）和观测区域（右）
Fig. 3-57　Sea-ice optical measuements using ARV and Ramses

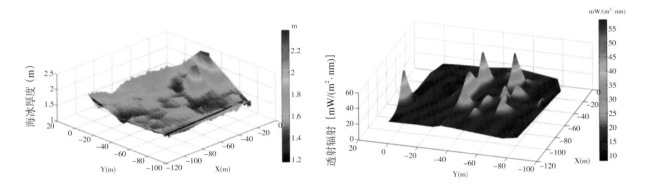

图3-58　海冰厚度分布（左）和490nm辐照度空间分布特征（右）
Fig. 3-58　Spatial distribution of sea ice thickness and spectral radiation at 490 nm

4）海雾辐射观测

8 月 21 日观测期间处于雾天，能见度低于 2 km。光学辐射计的观测结果表明在 0 ～ 100 m 和 300 ～ 480 m 的高度范围内存在两个太阳辐射的衰减层，衰减幅度约为 0.05/100 m，这种衰减主要是冰面至低空的海雾导致的。而考虑到观测现场的海雾呈现云团状浓淡相间的特点，伴随气艇高度升高，探空的分光仪和冰表面的分光仪之间的水平距离在增大，使得二者所在的雾团光学性质有所差异，这可能是导致比值随高度的增加出现负斜率的原因。

8 月 23 日观测期间的天气特点是低空能见度良好，但是天空几乎全部被低云覆盖，只在海天相接处有一小片晴空，整个天空的云量在 95% 左右。从观测结果上看，从冰面直至 200 m 的高度上太阳辐射强度（589 nm 波段）基本没有衰减，比值稳定在 1。海雾存在于北冰洋冰面与低空之间，相对于夏季北极上空的低云，海雾覆盖于冰面或者海面之上，直接参与到冰—海—气界面的物质和能量交换，对于区域内的边界层结构以及能量分配都会产生影响。此外，海雾显著降低了低空大气的能见度，对于冰区船舶与飞机的航行安全构成严重的威胁。在长期冰站共 9 天的观测中有雾的天气占到了 5 天，随着未来海冰退缩开阔水域进一步增大，海气界面的水汽交换加剧，海雾的出现频率存在进一步上升的可能。随着北极航道逐步开放，对于冰区海雾的预报业务也将成为未来潜在的重要应用领域。但是对北冰洋冰区海雾的观测和研究远未得到应有的重视，目前国际上更多地将海雾与北极低云等同看待，不能满足未来北极研究和航行保障的需要。本航次对于冰区海雾的调查尚处于探索性阶段，受制于现有的观测手段，对于海雾本身的物理性质及云底和雾顶的区分缺少定量的认识。在未来的考察中可以考虑借助滴谱仪、云高仪等专业设备对冰区海雾的各项性质进行更加详细、系统的认识和研究。

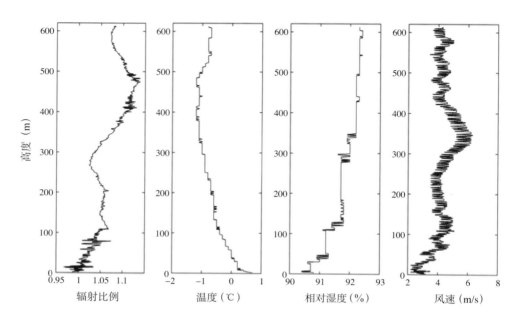

图3-59　8月21日探空气艇观测的各项参数垂向分布，左1图中Ratio值代表的是气艇所在高度的太阳辐射强度（589 nm波段）对到达冰表面的同波段太阳辐射强度的比值
Fig. 3-59　Measuremens results on 21 August. The first left subplot shows the ratio of solar radiation strength at depths to that at ice surface in the same wave length of 589 nm

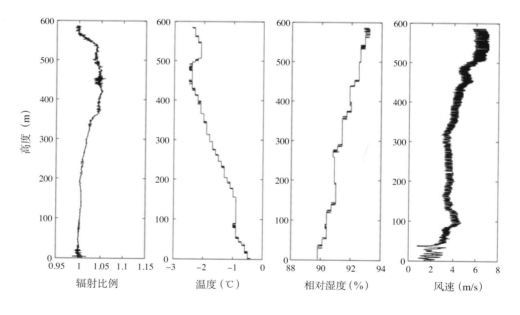

图3-60　8月23日探空气艇观测的各项参数垂向分布，左1图中Ratio值代表的是气艇所在高度的太阳辐射强度（589 nm波段）对到达冰表面的同波段太阳辐射强度的比值
Fig. 3-60　Measuremens results on 23August. The first left subplot shows the ratio of solar radiation strength at depths to that at ice surface in the same wave length of 589 nm

3.6.4 表面气象观测

1）大气廓线探测

对探空数据进行初步分析，北极 80°57′N，157°39′W 附近地区夏季对流层海拔高度约为 9 000 ~ 12 000 m，其中阴雨 / 雪天气边界层高度较低。且存在厚度约为 1 500 ~ 1 800 m 的逆温层，逆温递增率达 2 ℃/km（图 3–61）。其他特征有待进一步分析。

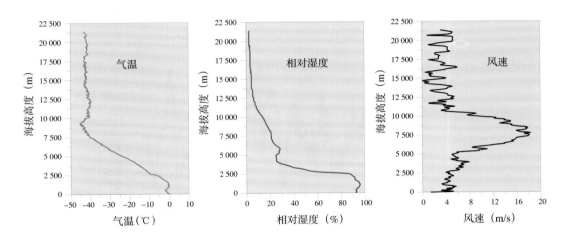

图3–61　2014年8月25日北极长期冰站探测的气温、相对湿度和风速廓线
Fig. 3–61　The atmospheric physical structure at long–term ice station on 25 August 2014

2）自动气象站观测

图 3–62 ~ 图 3–65 为冰站自动气象站与船载气象站各气象参数记录对比。自动气象站记录频率为 1 小时 1 次，最上层传感器高度为 4 m；船载自动气象站记录频率为 1 分钟 1 次，传感器高度约为 30 m。根据对比记录可以看出，除大气压之外，其他气象参数均处于误差允许范围之内，且都记录到了两次晴至雨雪天气的天气过程。

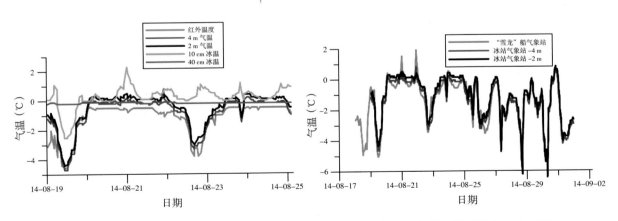

图3–62　冰站工作期间自动气象站各温度记录（左图）及其与船载气象站气温记录对比（右图）
Fig. 3–62　The air/snow/ice temperature of AWS at long–term ice station (left) and air temperature at different elevation measured by the AWS onboard R/V Xuelong (right)

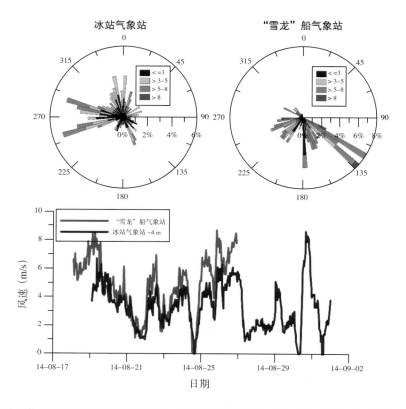

图3-63　冰站工作期间自动气象站与船载气象站风速风向记录对比（自动气象站风向未校准）

Fig. 3-63　The wind speed/direction of AWS at long-term ice station and those measured by the AWS onboard R/V Xuelong (the wind direction on long-term ice station has not been calibrated)

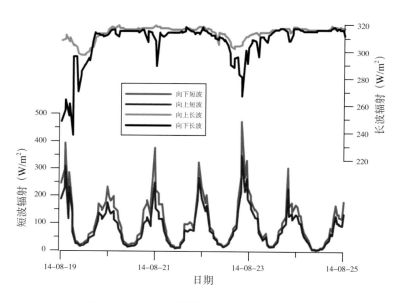

图3-64　冰站工作期间长波、短波辐射记录

Fig. 3-64　The radiation records at long-term ice station

中国第六次北极科学考察报告

THE REPORT OF 2014 CHINESE ARCTIC RESEARCH EXPEDITION

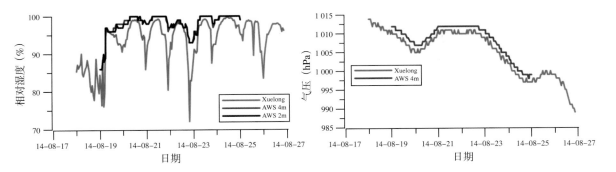

图3-65　冰站工作期间自动气象站与船载气象站相对湿度（左图）、气压记录对比（右图）

Fig. 3-65　The relative humidity and air pressure of AWS at long-term ice station (left) and those measured by the AWS of ice breaker (right)

3）冰站冰气通量观测和辐射观测

长期冰站期间天气以阴天为主，多雾天，常伴有雪。图 3-66 显示了气压、气温、相对湿度和风速 30 分钟平均的时间序列。平均气温为 0.2℃，最低 -3.3℃，最高 3.6℃。

图 3-67 给出了长期冰站期间向下（上）长（短）波辐射和净辐射 10 min 平均的时间序列。观测期间向下短波辐射和向上短波辐射均有明显的日变化，向下短波辐射最大值出现在中午时段，最大 358.2 W/m²；向下长波辐射和向上长波辐射日变化不明显，冰面放出的向上长波辐射保持在 310 W/m² 上下，大气向下的长波辐射因为观测期间云量大多布满全天，总云量平均在 9 成以上，所以也达到平均 304 W/m²；净辐射有明显的日变化，且大多为正值，表明此时海冰表面处于净辐射吸热状态。

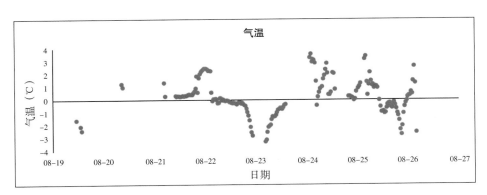

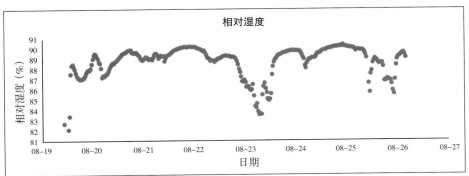

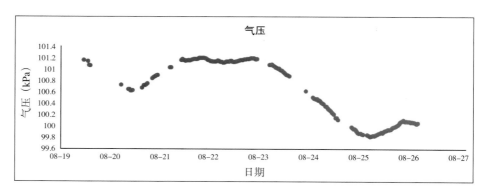

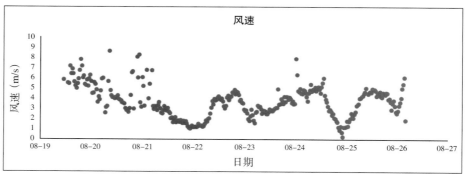

图3-66 长期冰站气温、相对湿度、气压、风速的变化

Fig. 3-66 The variation of wind speed, air temperature, relative humidity and air pressure at long-term ice camp

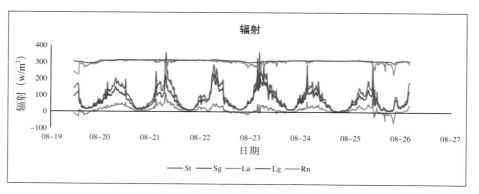

图3-67 长期冰站辐射通量的变化

（Lg是向上长波辐射，La是向下长波辐射，Sg是向上短波辐射，St是向下短波辐射，Rn是净辐射）

Fig. 3-67 The fluxes of radiation at long-term ice camp（Lg is up-looking long wave radiation, La is down-looking long wave radiation, Sg is up-looking short wave radiation, St is down-looking short wave radiation, Rn is net radiation）

3.6.5 海冰漂移和物质平衡过程

图3-68给出了中国第六次北极考察布放的海冰漂移浮标从8月至11月的漂移轨迹。浮冰大体上随着波弗特环流漂移，南部的海冰主要向西北方向漂移，北部的海冰主要向东漂移。漂移过程中，受气旋活动影响十分明显。图3-69给出了海冰漂移速度均值的季节变化以及随纬度空间分布的季节变化。由图3-69可知，没有气旋活动时海冰的日平均运动速度为0.1～0.2 m/s，气旋过境时日平均运动速度可以增大至0.3～0.4 m/s。9月10日之前，由于海冰处于融化期，海冰运动自由较大，海冰运动速度以及对气旋活动的响应度都较9月10日之前的观测值大。南部（77°—79°N）由于处在海冰边缘区，海冰密集度较小运动速度也相应较大。9月中旬后，进入海冰生长期，开阔水域逐渐出现新冰，新冰的行程会明显降低海冰运动自由度。海冰运动速度及其对气旋活动的响应都明显减小。

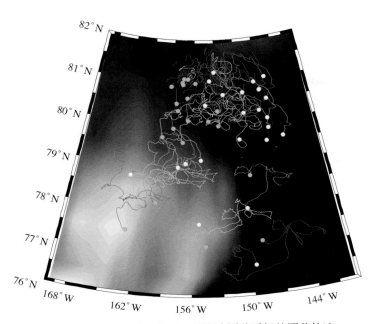

图3-68　2014年8月至11月海冰漂移浮标的漂移轨迹
Fig. 3-68　Tracks of ice-based buoys from August to November, 2014

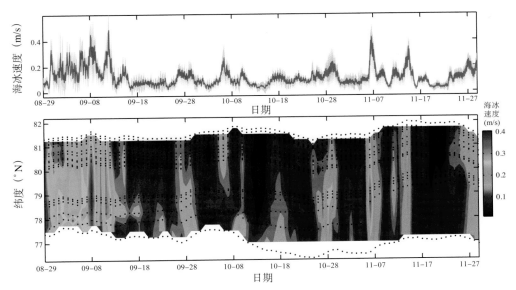

图3-69　日平均海冰漂移速度的季节变化以及随纬度空间分布的季节变化
Fig. 3-69　Seasonal variations of daily sea ice velocity

　　气旋活动不但对海冰运动学过程会产生明显的影响,对海冰的热力学过程也会产生一定的影响。图 3-70 给出了在长期冰站布放的海冰物质平衡浮标观测得到的表面气温和气压的季节变化。随着冬季的来临,气温逐渐降低。然而,低压系统过境时,气温明显升高,表面声呐的观测也表明,此时一般会伴随降雪过程(图 3-71);反之,高压系统过境时,气温明显降低。当发生降雪和升温时,积雪和海冰的温度明显升高,从而阻碍了冰内温度梯度的建立,降低垂向热传导通量。后者是海冰生长主要能量源,因此降雪和升温过程会明显阻碍海冰的生长。从 8 月底至 11 月底,随着气温的降低,冰内温度梯度逐渐建立,从 8 月底至 9 月 10 日,海冰还处于融化期,然而融化速度极低,只融化了 5 cm,之后冰底处于平衡期。随着冰内热传导通量的逐渐加大,至 11 月 10 日,海冰进入生长期。

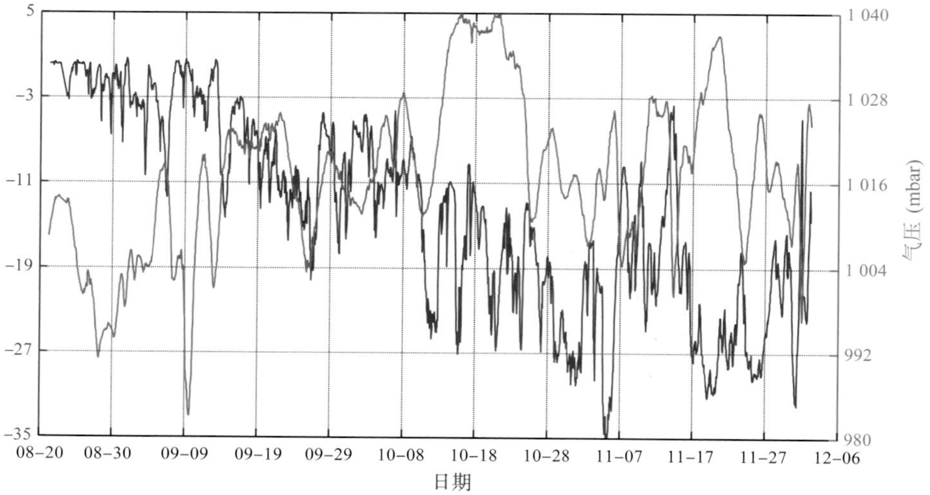

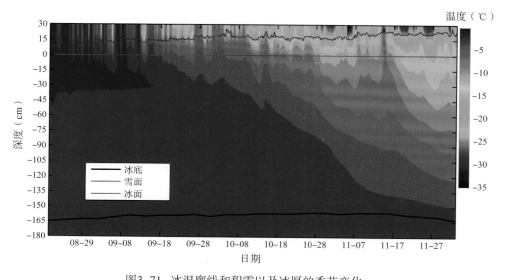

图3-70 气温和气压的季节变化

Fig. 3-70 Seasonal changes of surface air temperature and pressure

图3-71 冰温廓线和积雪以及冰厚的季节变化

Fig. 3-71 Seasonal changes of snow depth, ice thickness and vertical snow–ice temperature profile

3.7 小 结

本航次基于"雪龙"号考察船、直升机、冰站、低层大气GPS探空和系留气艇以及冰基浮标对北冰洋太平洋扇区（140°—170°W）楚科奇海、楚科奇海台以及邻近的加拿大海盆海冰物理和光学性质以及冰面气象关键参数和过程进行了系统和立体化的观测。

首次利用直升机实施了5个浮标阵列的布放。这些浮标阵列包括海冰温度链浮标和GPS漂移浮标。这些观测数据可以用来分析海冰热力学过程与动力学过程的相互影响，分析海冰运动和冰场形变过程对风场强迫的响应规律。浮标阵列的空间分布尺度为10 km量级，冰站之间的距离在100 km量级，结合不同距离量级的浮标阵列，有利于分析海冰运动相似性的尺度效应。本航次尝试利用吊笼到冰面的方式实施了1枚浮标的布放，该作业时间约为40 min，属于超短期冰站，效果较好，既有利于节省船时又避免了飞机在大雾天气不能起飞的弊端，在以后的航次中可以考虑用这种方式进行此类浮标的布放工作。在多种支撑条件下，本航次实现了37枚海冰浮标的布放，纬度跨越范围为 76.7°−81.2°N，经度跨越范围为 152.1°−163.1°W，对于研究波弗特环流区西侧海盆尺度的海冰运动特性，验证海冰运动参数的卫星遥感产品等研究奠定了有力的基础。

在我国第五次北极科学考察中，首次实现了自主研发的自动气象站浮标的布放，浮标后续的运转也证明了其可行性。然而第五次北极考察没有实施长期冰站作业，难以验证浮标观测数据的质量。在本航次中，长期冰站的作业持续 8 天，实施了约 6.5 天冰面自动气象站和船载气象站的同步观测，二者相互验证，既保证了浮标观测数据的质量，也表明浮标的观测数据是可靠的。

在长期冰站工作过程中（8 月 18−27 日），冰站天气整体呈从高压中心向低压中心过渡的动力过程，因此天气以雾天伴随阴雨 / 雪为主。其中 8 月 19 日为高压中心，出现晴好天气；8 月 22−23 日受小尺度气旋的影响，出现约 8 个小时的多云天气。整个天气过程的变化都被自动气象站浮标记录下来（可见气温、长波辐射、气压和相对湿度记录），GPS 低空探空同样探测到对流层高度和大气边界层高度的明显变化。这表明我们可以使用自动气象站记录来分析冰站的天气过程。

本航次通过国际合作首次实现了 3 枚冰基拖曳式海洋剖面浮标（ITP）的布放（见第 2 章）。海冰温度链浮标、海冰物质平衡浮标、自动气象站浮标以及 ITP 浮标在同一块浮冰（长期冰站）上的同时布放，有利于观测和分析气−冰−海相互作用过程的季节变化。

本航次是我国第四次利用水下机器人进行冰底形态和辐照度的观测，前 3 次的作业为本航次作业的实施和任务的完成奠定了基础。本航次首次实现了冰下形态和辐照度的区域性观测，获得了冰底形态的三维结构，对冰脊区和融池的观测体现了冰下机器人观测相对钻孔和冰面电磁感应观测的优势，三者的结合则能优势互补，实现对海冰表面和底面形态的高效观测。

本航次考察区域与第三次和第四次北极科学考察接近，只是考察到达的最高纬度偏南（81.2°N）。相比第三次、第四次北极考察，本航次海冰走航和卫星遥感的观测数据表明，在 140°−170°W 范围内的北冰洋−太平洋扇区，8 月海冰边缘区纬度明显偏南。至 8 月中旬，76°N 以北区域均为密集冰区，海冰密集度在 80% 以上，平整冰厚度在 1 ∼ 1.5 m 之间，浮冰尺寸大多在千米以上量级，这些因素均不利于船舶航行。晶体结构分析表明考察区域是一年冰和多年冰共存的区域，多年冰可能是在波弗特环流作用下，从加拿大群岛北侧输运过来的。至 8 月底，海冰边缘区退缩至 76°−77°N，与 2008 年，2010 年和 2012 年该扇区海冰边缘区相比，偏南约 4°−5°。在考察的向南航段 77°−80°N 区间，尽管海冰厚度明显小于 8 月中旬向北航段的观测值，但海冰密集度依然保持在较高水平，在 70% 以上，大多数浮冰的大小也保持在千米量级。这说明在 8 月中下旬约 20 天时间里，该区域海冰变化主要以热力学的融化过程为主，动力破碎作用不明显。这也是 2014 年夏季我们考察的区域海冰偏重的主要原因。2014 年 9 月 15 日北冰洋海冰范围达到了当年的最低值，为 5.07×10^6 km^2，这是自 1979 年以来第 6 低的观测值，相比 1979−2010 年的平均值减少了 1.07×10^6 km^2。然而相对 2007 年以来的观测值明显较重，仅次于 2009 年和 2013 年。后续，基于本航次的观测数据建议加强考察区域 2014 年夏季气旋活动强弱和频次与往年的对比分析。

海洋地质考察 第**4**章

中国第六次北极科学考察海洋地质考察现场作业共历时 44 天，自 2014 年 7 月 19 日开始，至 8 月 31 日结束，在白令海、楚科奇海、楚科奇海台与北风海脊、加拿大海盆等重点海域开展了沉积物和悬浮体采样工作。按照《中国第六次北极科学考察现场实施计划》的考察站点设计，沉积物采样作业累计在 12 条考察断面上完成 64 个站位，其中包括表层沉积物采样 60 站，柱状沉积物采样 23 站。悬浮体采样作业累计完成 70 个站位的表层海水悬浮颗粒物采样，利用大体积海水原位过滤设备完成 50 个站点海水悬浮颗粒物分层采样。在国家海洋局和中国第六次北极科学考察队临时党委的坚强领导和精心组织下，考察队和"雪龙"船密切配合，科学合理安排现场科考，考察队员顽强拼搏，顺利、圆满地完成了本次科考的海洋地质考察任务，部分工作超计划完成。

4.1 调查内容

中国第六次北极科学考察是"南北极专项"实施以来开展的第二个北极航次，是以完成南北极专项考察任务为主要目标的考察。本次考察对我国北极科考传统考察海域继续进行多学科综合考察，获取了长期观测资料和样品，在北极科学研究热点领域有所突破，显示和扩大了我国在北极地区的实质性存在，意义深远。

海洋地质考察作为本次考察的重要组成部分，以"立足全面、突出重点"为原则，以"北极快速变化的沉积记录及其对全球变化的响应"为主题，在白令海、楚科奇海、楚科奇海台与北风海脊、加拿大海盆等北极和亚北极海域实施沉积物和悬浮体取样与分析测试，并结合历史资料，系统认识考察海域的沉积物分布特征和沉积作用特点，重建该地区晚第四纪古海洋、冰川（冰盖／海冰）和气候演变历史。并基于多种环境、气候替代指标的沉积记录，探讨太阳辐射、冰期气候旋回、海平面、大洋环流等关键气候要素变化对北极和亚北极海域海洋环境的影响，为更全面、更详细地了解北极／亚北极地区长期气候演变提供依据和支撑。

因此，本次海洋地质考察的主要调查内容依据"南北极专项"之专题 2014 年度北极海域海洋地质考察（CHINARE2014-03-02）而确定，主要包括沉积物取样和悬浮体取样两部分，具体如下。

4.1.1 沉积物取样

包括表层沉积物和柱状沉积物取样。其中表层沉积物取样分别采用箱式和多管取样器完成，柱状沉积物取样利用重力取样器完成。

沉积物样品采至甲板后，根据《南北极环境综合考察与评估专项技术规程——海洋地质》（以下简称《规程》）中要求的现场描述项目和内容，立即对样品的颜色、气味、厚度、稠度、黏性、物质组成、结构构造、含生物状况及其他有地质意义的现象进行详细描述。多管沉积物样品在现场描述完毕后立即按 1 cm 间隔取样，并冷冻保存；用作特殊分析的样品应根据其要求单独采集，或对样品进行冷冻及冷藏保存；柱状沉积物样品在详细描述刀口处样品（描述内容与箱式沉积物样品相同）后立即密封，并冷藏保存。

4.1.2 悬浮体取样

本次悬浮体取样采用人工取水和实验室过滤的方式采取表层海水中的悬浮颗粒物样品，利用大体积海水原位过滤器获得特定水层海水中的悬浮颗粒物样品。将过滤后带有悬浮颗粒物样品的滤膜冷冻（-20℃）保存。

4.2 调查站点设置

海洋地质考察是以"雪龙"船为平台的船基考察作业,基于《中国第六次北极科学考察现场实施计划》中重点海域断面调查的定点作业站位设置(图4-1),并参考中国第四次和第五次北极科考海洋地质考察的完成情况,以同站位不重复同类型沉积物采样作业为原则设置海洋地质考察站位,共在考察海域设置海洋地质考察站位50个,其中包括表层沉积物取样站位30个(箱式采样)和10个(多管采样),柱状沉积物取样站位20个,表层海水悬浮体采样站位50个,大体积海水过滤站位50个。原则上每个站位进行一次采样,在部分关键站位安排多种类型采样作业。

按取样方式不同,对本次科考海洋地质考察的工作量详述如下。

4.2.1 表层沉积物取样

本次科考共在考察海域内设置表层沉积物取样站位40个,其中有30个站位采用箱式取样器完成,10个站位用多管取样器完成。

从箱式沉积取样站位的分布来看(图4-1),主要位于白令海和楚科奇海陆架浅水区(100 m水深以浅)。有12个站位位于白令海,18个站位位于楚科奇海及邻近的北冰洋其他海域。

从多管沉积物取样站位的分布来看(图4-2),主要位于白令海和楚科奇海陆坡及海底高地上(水深100~1 000 m)。有3个站位位于白令海,7个站位位于楚科奇海及邻近的北冰洋其他海域。

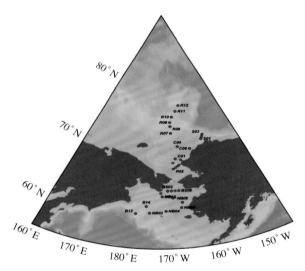

图4-1 表层沉积物采样(箱式采样)设计站位图
Fig. 4-1 Station map of surface sediments for Box core sampling

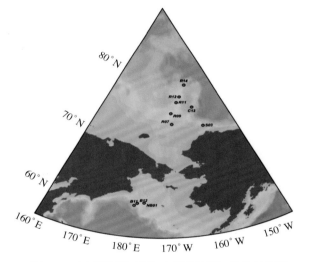

图4-2 表层沉积物采样(多管采样)设计站位图
Fig. 4-2 Station map of surface sediments for Multi-core sampling

4.2.2 柱状沉积物取样

在考察区域内共设置柱状沉积物取样站位20个,均采用重力取样器完成,主要考虑在白令海和楚科奇海陆坡区、楚科奇海台和北风海脊等海底高地、阿留申海盆和加拿大海盆等沉积层序较为连续的海域实施作业。其中有5个站位位于白令海,15个站位位于楚科奇海及邻近的北冰洋其他海域(图4-3)。

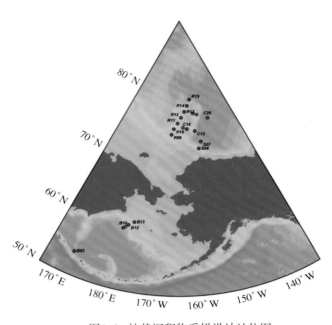

图4-3 柱状沉积物采样设计站位图

Fig. 4-3 Station map of gravity core sampling

4.2.3 悬浮体取样

根据中国第五次北极科学考察的初步分析结果，可以对白令海和楚科奇陆架及北冰洋冰缘线附近的悬浮颗粒物来源和分布特征进行比较深入的分析与研究，但2012年完成的相关实验性采样的站位分布比较分散，无法形成连续性的观测断面。因此在中国第六次北极科学考察悬浮体取样的站位设置方面增加了断面采样的工作，除完成表层悬浮体采样外，每个站位均实施不同水层（最大取样水深150 m）大体积海水悬浮体采样作业，实现对真光层内海水中的悬浮颗粒物进行分层原位过滤（根据水深不同，设置2～5个采水层次），每层次过滤海水50～200 L。以期在悬浮颗粒物的垂向分布、物质组成及其与水体环境的关系等研究方面取得系统的调查研究成果。本次科考设置的悬浮体采样的站位数为50个（图4-4）。

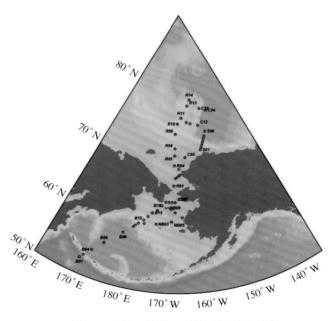

图4-4 大体积海水悬浮体采样设计站位图

Fig. 4-4 Station map of Large volume sea water transferring

4.3 调查设备与分析仪器

海洋地质考察的各类取样作业将依托"雪龙"号极地考察船后甲板作业平台,利用不同的取样器,借助地质绞车、生物绞车、A型架、搅缆机和折臂吊车等甲板支撑系统来完成。主要的调查设备如下。

4.3.1 箱式取样器

箱体规格:50 cm × 50 cm × 65 cm

仪器重量:200 kg

采泥量:约90 kg

箱式采样器是专为表层沉积物调查而设计的底质取样设备,适用于各种河流、湖泊、港口、海洋等不同水深条件下各种表层底质的取样工作。采用重力贯入的原理,可取得海底以下60 cm范围内的沉积物样品,并可取到多达20 cm的上覆水样(图4-5)。

图4-5 自制箱式取样器
Fig. 4-5 Box corer

4.3.2 多管取样器

规格:框架直径2 m,高2.3 m

总重量:500 kg

取样管个数:8支

取样管规格:直径10 cm,长度60 cm

多管取样器也是采用重力贯入的原理,但贯入深度可控制(一般不超过40 cm),设备提起时上下自动密封,从而可以同时获取若干(4~8个)管长度超过0.5 m的近底层海水和无扰动的表层沉积物样品(图4-6)。广泛应用于海洋地质学、海洋生态学、海洋地球化学和海洋工程地质调查研究及环境污染监测等领域。

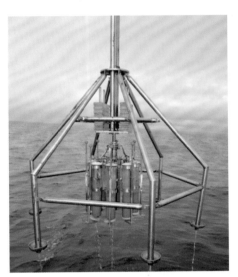

图4-6 多管取样器
Fig. 4-6 Multi-corer

4.3.3 重力取样器

规格:长度可选择,最长8 m

取样管长:4 m、6 m或8 m,内径127 mm,外径145 mm

刀口长:0.2 m

仪器总重量:1 000 kg

该重力取样器是用来获取柱状连续无扰动沉积物样品的取样设备。它操作方便,实用性强,不用杠杆,不加活塞。作业原理是在取样器的顶端装上重块,在底端的铁管内装入塑料衬管,然后安装上刀口,靠仪器自身的重量贯入海底。适用于底质较软的海区采样。

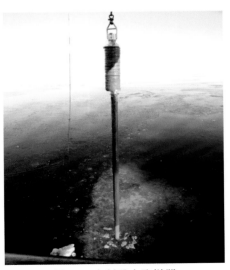

图4-7 自制重力取样器
Fig. 4-7 Gravity Corer

4.3.4 大体积海水原位过滤器

WTS-LV 型大体积海水原位抽滤系统是美国 Mclane 公司生产的，此采样器适用于海洋、湖泊、河流等水体中悬浮物的采样与研究（图 4-8）。它是一款大容量采水器，通过连续抽取水体，用过滤器支架内的薄膜滤纸富集水体中的悬浮颗粒物质。它可通过控制水体的流速，抽取水的体积，并可用不同规格的滤膜收集不同种类、大小的微生物样品和悬浮颗粒物。仪器自动记录采样时间、体积、压力值及流量等数据，回收后可下载这些采样期间记录的数据用于科学研究。

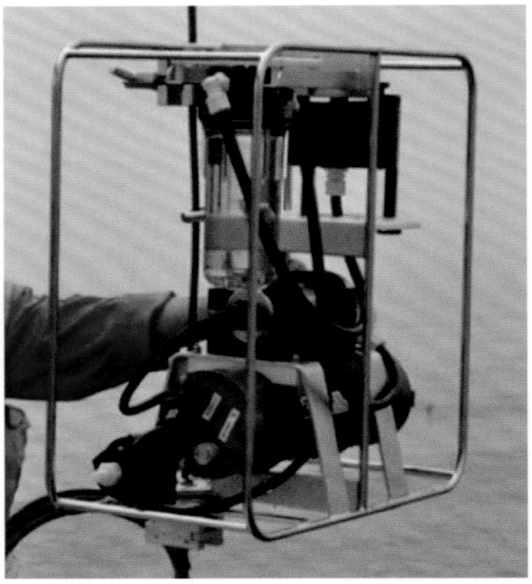

主要技术参数如下：

型号：WTS-LV

滤水速度：2 ～ 50 L/min

滤水容量：1 500 ～ 15 000 L

数据通信：RS232

电源供应：直流电（碱性电池），36 VDC 碱性电池包

重量：50 kg

尺寸：64 cm×36 cm×68 cm（长 × 宽 × 高）

工作环境温度范围：0 ～ +50 ℃

最大深度：5 500 m

图4-8　WTS-LV型大体积海水原位过滤器
Fig. 4-8　Large Volume Water Transfer System (WTS-LV)

4.3.5 悬浮颗粒物真空过滤装置

该装置由 PALL 过滤器（图 4-9）、2.5 L 抽滤瓶、Whatman 玻璃纤维滤膜（直径 47 mm，孔径 0.45 μm）、GAST DOA 型真空泵等组成。可用于采集水体中的悬浮颗粒物质。

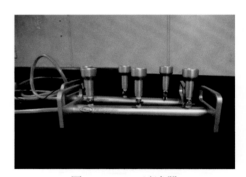

图4-9　PALL过滤器
Fig. 4-9　Part of Vacuum Water Filter System (PALL Filter)

4.4 考察人员及作业分工

海洋地质考察现场作业人员共 6 人，分别来自国家海洋局第一海洋研究所、第二海洋研究所、第三海洋研究所，同济大学和俄罗斯科学院远东分院太平洋海洋研究所。考察作业在"雪龙"船艉部甲板完成，具体的人员分工见表 4-1。

表4-1　海洋地质考察现场作业人员分工
Table 4-1　Working plan for workers in marine geological survey of the 6th CHINARE

序号	姓名	工作单位	主要负责的研究内容	岗位分工
1	刘焱光	国家海洋局第一海洋研究所	白令海沉积特征及海洋环境演化研究	现场负责 总体协调
2	董林森	国家海洋局第一海洋研究所	白令海沉积特征及海洋环境演化研究	岩性描述 样品分配
3	梅　静	同济大学	北冰洋中心海区沉积特征及海洋环境演化研究	地质取样 绞车操作
4	郑江龙	国家海洋局第三海洋研究所	楚科奇海陆架沉积特征及海洋环境演化研究	悬浮体采样 绞车操作
5	叶黎明	国家海洋局第二海洋研究所	北风脊与楚科奇海台沉积特征及海洋环境演化研究	悬浮体采样 地质取样
6	Bosin Alexandr	俄罗斯科学院太平洋海洋研究所	白令海沉积特征及海洋环境演化研究	地质取样

4.5　考察完成情况

本次北极科考的海洋地质考察任务自 2014 年 7 月 19 日开始白令海第一个海洋地质考察站位取样作业开始，至 8 月 31 日在加拿大海盆完成最后一个站位的综合考察，共历时 44 天，累计在白令海、楚科奇海、楚科奇海台与北风海脊、加拿大海盆等重点海域的 12 条考察断面上完成 64 个站位的沉积物采样工作（表 4-2），其中包括表层沉积物采样 60 个站位（2 个空站），柱状沉积物采样 23 个站位（2 个空站）。悬浮体采样作业累计完成 70 个站位的表层海水悬浮颗粒物采样，利用大体积海水原位过滤设备完成 50 个站位海水悬浮颗粒物分层采样。对完成的考察站位和工作量按取样方式分述如下。

表4-2　中国第六次北极科学考察海洋地质考察作业情况统计
Table 4-2　Statistics of marine geological survey of 6th CHINARE

考察内容	作业方式 （完成站位数）	作业海区	完成站位数（个）
地质采样 （64个站位）	表层沉积物采样 （60个站位） 箱式采样 （46个站位）	白令海	18（2个空站）
		楚科奇海陆架	20
		楚科奇海台与北风脊	6
		加拿大海盆	2
	多管采样 （14个站位）	白令海	3
		楚科奇海陆架	6
		楚科奇海台与北风脊	5
		加拿大海盆	—
	柱状沉积物采样 （23个站位）	白令海	4（2个空站）
		楚科奇海陆架	1
		楚科奇海台与北风脊	9
		加拿大海盆	9

考察内容	作业方式 （完成站位数）	作业海区	完成站位数（个）
悬浮体采样 （70个站位）	表层悬浮体采样 （70个站位）	白令海	33
		楚科奇海陆架	21
		楚科奇海台与北风脊	11
		加拿大海盆	5
	大体积海水原位过滤 （50个站位）	白令海	22
		楚科奇海陆架	13
		楚科奇海台与北风脊	4
		加拿大海盆	11

4.5.1 表层沉积物取样——箱式取样

本次考察利用箱式取样器对46个站位进行了表层沉积物取样作业（表4-3，图4-10～图4-12），有44个站位获得样品，2个站位因底质坚硬或海况太差未取得样品。在对样品进行现场描述、记录后，各学科组根据需求进行了现场取样，还针对取得的一些厚度较大的箱式样品进行插管取样，并将插管样品封存（图4-4）。

表4-3 箱式取样作业站位信息
Table 4-3 Information of samples collected by Box corer

序号	海区	站号	站位坐标		水深 （m）	取样日期	沉积物特征
			纬度	经度			
1	白令海	14B12	60.650 0° N	178.928 3° W	257.8	2014-07-22	灰黑色黏土质粉砂
2	白令海	14B13	61.291 4° N	177.500 3° W	130.5	2014-07-23	灰黑色黏土质粉砂
3	白令海	14NB02	60.872 8° N	175.525 0° W	106.7	2014-07-23	灰黄—灰绿色粉砂质黏土
4	白令海	14NB03	60.938 9° N	173.857 5° W	80.6	2014-07-23	粉砂质黏土，上部灰黄色，下部灰黑色，含砾石和细砂
5	白令海	14B14	61.934 2° N	176.350 3° W	101	2014-07-25	粉砂质黏土，灰黑色，见蛇尾
6	白令海	14B15	62.548 9° N	175.275 6° W	78.3	2014-07-26	黏土质粉砂，上部灰黄色，下部灰黑色
7	白令海	14NB04	61.200 6° N	171.555 3° W	57	2014-07-24	灰黑色粉砂质砂
8	白令海	14NB06	61.682 2° N	167.717 5° W	25.1	2014-07-24	空站
9	白令海	14NB08	62.246 4° N	166.985 8° W	32.8	2014-07-24	灰黑色粉砂质细砂
10	白令海	14NB09	62.596 7° N	167.600 0° W	25	2014-07-24	灰黑色中细砂
11	白令海	14NB10	63.471 7° N	172.471 4° W	54	2014-07-26	空站
12	白令海	14NB11	63.757 5° N	172.499 2° W	47.5	2014-07-26	灰色砾砂
13	白令海	14NB12	64.006 1° N	171.965 0° W	52.7	2014-07-26	灰黑色砾石
14	白令海	14BS02	64.336 1° N	170.951 4° W	39.2	2014-07-26	灰黑色中细砂

序号	海区	站号	站位坐标		水深（m）	取样日期	沉积物特征
			纬度	经度			
15	白令海	14BS04	64.345 0°N	170.001 4°W	40.1	2014-07-27	灰黑色粉砂质砂
16	白令海	14BS06	64.340 8°N	168.994 2°W	39.5	2014-07-27	灰黑色粉砂质砂
17	白令海	14BS07	64.335 8°N	168.498 9°W	39	2014-07-27	灰黑色粉砂质砂
18	白令海	14BS08	64.348 1°N	167.978 9°W	36	2014-07-27	灰黑色细砂
19	楚科奇海	14R02	67.681 1°N	169.021 7°W	50	2014-07-28	灰黄色—灰黑色粉砂质黏土
20	楚科奇海	14CC2	67.903 6°N	168.274 2°W	57.4	2014-07-28	灰黄色黏土质粉砂
21	楚科奇海	14CC3	68.100 8°N	167.890 3°W	52.7	2014-07-29	灰黑色黏土质粉砂
22	楚科奇海	14CC4	68.130 0°N	167.532 2°W	49.4	2014-07-29	上部灰黄色黏土质砂，见砾石。下部灰黑色粉砂质黏土
23	楚科奇海	14CC5	68.194 4°N	167.327 5°W	46.9	2014-07-29	灰黑色黏土质砂，见大量砾石
24	楚科奇海	14CC6	68.237 5°N	167.150 0°W	42.8	2014-07-29	灰黑色黏土质粉砂，有砾石
25	楚科奇海	14R03	68.623 1°N	169.053 3°W	53.7	2014-07-29	灰黄色—灰黑色，主要为粉砂质黏土
26	楚科奇海	14C03	69.037 5°N	166.511 7°W	32.5	2014-07-29	灰黑色粉砂
27	楚科奇海	14C01	69.226 9°N	168.161 4°W	50	2014-07-30	灰黄色—灰黑色黏土质粉砂
28	楚科奇海	14C06	70.529 2°N	162.844 4°W	35.9	2014-07-30	灰黑色黏土质粉砂
29	楚科奇海	14C05	70.769 2°N	164.741 9°W	33.6	2014-07-30	灰黑色细砂
30	楚科奇海	14C04	71.013 3°N	166.993 6°W	45.3	2014-07-31	灰黄色—灰色黏土质粉砂
31	楚科奇海	14R06	72.010 0°N	168.957 8°W	51.4	2014-07-31	灰黄色黏土质粉砂
32	楚科奇海	14R07	73.000 6°N	167.964 2°W	72.7	2014-07-31	灰黄色黏土质粉砂
33	楚科奇海	14R08	74.009 2°N	168.963 6°W	178.8	2014-08-01	灰黄色黏土质粉砂
34	楚科奇海	14R09	74.612 2°N	168.960 6°W	185.4	2014-08-01	黄褐色黏土质粉砂
35	楚科奇海	14S01	71.610 6°N	157.938 3°W	63.5	2014-08-03	灰黄色黏土质粉砂
36	楚科奇海	14S02	71.908 9°N	157.464 7°W	72	2014-08-03	灰黄色黏土质粉砂
37	楚科奇海	14S03	72.237 5°N	157.079 2°W	169.3	2014-08-03	灰黄色黏土质粉砂
38	北冰洋	14C13	75.200 8°N	159.162 2°W	930.8	2014-08-06	灰黄色黏土质粉砂
39	北冰洋	14C14	75.395 8°N	161.300 0°W	2 084	2012-08-07	褐黄色粉砂质黏土，偶见砾石

序号	海区	站号	站位坐标		水深 （m）	取样日期	沉积物特征
			纬度	经度			
40	北冰洋	14R10	75.440 8° N	167.888 3° W	168.3	2014-08-08	褐色黏土质粉砂
41	北冰洋	14R11	76.140 6° N	166.336 9° W	339.2	2014-08-08	褐色黏土质粉砂
42	北冰洋	14R12	76.988 9° N	163.933 3° W	438.4	2014-08-13	棕黄色黏土质粉砂，含大量粗砂和砾石
43	北冰洋	14SIC3	77.485 8° N	163.135 0° W	466.3	2014-08-13	黄褐色黏土质砂。含大量砾石
44	北冰洋	14R14	78.637 8° N	160.447 2° W	740.4	2014-08-15	黄褐色粉砂质黏土
45	北冰洋	14LIC03	81.077 8° N	157.662 5° W	3 634	2014-08-20	黄褐色粉砂质黏土，见白云岩砾石
46	北冰洋	14SIC06	79.975 6° N	152.633 9° W	3 763	2014-08-28	灰黄色粉砂质黏土

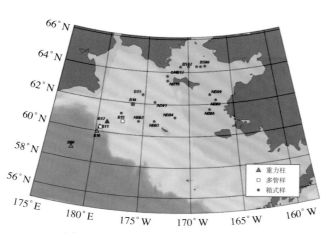

图4-10 白令海海洋地质考察作业站位图
Fig. 4-10 Station map of marine geological survey in the Bering Sea

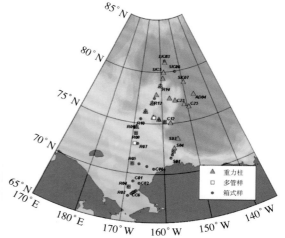

图4-11 北冰洋太平洋扇区海洋地质考察作业站位图
Fig. 4-11 Station map of marine geological survey in the Arctic-Pacific Sector

图4-12 箱式取样器获得的样品和插管取样（14R09站）
Fig. 4-12 Sediments collected by Box corer

4.5.2 表层沉积物取样——多管取样

本次考察利用多管取样器对 14 个站位进行了沉积物取样作业（表4-4，图4-13），每站均获得 5 管以上样品，样品厚度 15 ～ 60 cm 不等。在对样品进行现场描述、记录后，各学科组根据需求进行了现场取样，剩余的样品按照 1 cm 的间隔分样，累计分取了 2 800 多个子样，最后将每管样品装一大袋冷冻保存。

图4-13 多管取样器获得的样品
Fig. 4-13 Sediments collected by Multi-corer

表4-4 多管取样作业站位信息
Table 4-4 Information of samples collected by Multi-corer

序号	海区	站号	站位坐标		水深（m）	取样日期	样品数量
			纬度	经度			
1	白令海	14NB01	60.799 2°N	177.268 3°W	132.8	2014-07-23	7管
2	白令海	14B11	60.284 7°N	179.543 1°W	1 279	2014-07-22	6管
3	白令海	14B14	61.934 2°N	176.350 3°W	101	2014-07-25	8管
4	楚科奇海	14R04	69.610 8°N	169.013 6°W	52	2014-07-30	8管
5	楚科奇海	14R05	71.007 5°N	168.996 4°W	43	2014-07-31	5管
6	楚科奇海	14R07	72.996 1°N	168.969 7°W	73	2014-07-31	8管
7	楚科奇海	14R08	74.007 8°N	168.975 0°W	180.7	2014-08-01	8管
8	楚科奇海	14R09	74.611 7°N	168.985 8°W	184.1	2014-08-01	8管
9	楚科奇海	14S03	72.234 7°N	157.053 1°W	171.7	2014-08-03	8管
10	北冰洋	14C13	75.200 8°N	159.167 2°W	930.8	2014-08-06	8管
11	北冰洋	14C15	75.611 1°N	163.183 3°W	2 021	2014-08-07	8管
12	北冰洋	14R11	76.144 2°N	166.248 6°W	343.2	2014-08-08	8管
13	北冰洋	14R12	76.997 8°N	163.900 0°W	439.1	2014-08-13	8管
14	北冰洋	14R14	78.636 7°N	160.448 1°W	742.8	2014-08-15	8管

4.5.3 柱状沉积物取样

本次考察利用重力取样器在 23 个站位进行了柱状沉积物取样作业（表 4-5，图 4-14），在对获得的样品进行描述、记录后，装管封存。在 21 个站位获得了无扰动连续沉积物岩心，岩心长 75 ~ 615 cm 不等，有 2 个站位因设备或海况的原因未取得样品。获得的 21 个岩心的累计长度达到 75 m，平均长度为 356 cm。

图4-14　重力取样器获得的样品
Fig. 4-14　Sediments collected by Gravity corer

表4-5　重力沉积物取样作业站位信息
Table 4-5　Information of samples collected by Gravity corer

序号	海区	站号	站位坐标		水深（m）	岩心长度（cm）	取样日期
			纬度	经度			
1	白令海	14B08	58.744 4° N	177.789 7° E	3 751	0	2012-07-21
2	白令海	14B10	59.961 7° N	179.813 3° W	2 493	433	2012-07-22
3	白令海	14B11	60.279 4° N	179.590 0° W	1 530	615	2012-07-22
4	白令海	14B12	60.661 1° N	178.908 6° W	252.6	0	2012-07-22
5	楚科奇海	14R09	74.611 9° N	168.973 3° W	189.5	113	2014-08-01
6	北冰洋	14S04	72.528 1° N	156.626 9° W	1 309	380	2014-08-03
7	北冰洋	14S07	73.416 7° N	155.178 9° W	3 777	420	2014-08-04
8	北冰洋	14C12	75.016 9° N	157.198 6° W	1 578	365	2014-08-06
9	北冰洋	14C14	75.396 7° N	161.265 6° W	2 084	455	2014-08-07
10	北冰洋	14C15	75.617 2° N	163.234 4° W	2 016	415	2014-08-07
11	北冰洋	14R11	76.141 4° N	166.363 9° W	339.4	75	2014-08-08
12	北冰洋	14C24	76.704 7° N	151.094 7° W	3 773	450	2014-08-10
13	北冰洋	14C25	76.381 4° N	149.501 4° W	3 776	435	2014-08-10
14	北冰洋	14C22	77.163 6° N	154.581 4° W	1 025	360	2014-08-11
15	北冰洋	14C21	77.394 2° N	156.735 3° W	1 670	346	2014-08-12
16	北冰洋	14R12	76.992 8° N	163.915 0° W	435.6	135	2014-08-13
17	北冰洋	14R13	77.800 3° N	162.222 5° W	2 668	330	2014-08-14
18	北冰洋	14R14	78.637 2° N	160.448 3° W	741.2	220	2014-08-15
19	北冰洋	14R15	79.385 0° N	159.063 3° W	3 284	350	2014-08-15
20	北冰洋	14SIC05	79.941 7° N	158.633 6° W	3 612	320	2014-08-16
21	北冰洋	14LIC01	80.868 9° N	157.595 6° W	3 518	436	2014-08-18
22	北冰洋	14SIC07	78.823 9° N	149.379 4° W	3 769	380	2014-08-25
23	北冰洋	14AD04	77.445 6° N	146.367 8° W	3 752	460	2014-08-30

4.5.4 悬浮体取样

本次考察累计在 70 个站位进行了表层和特定水层悬浮颗粒物取样（表 4-6 和 表 4-7，图 4-15 和图 4-16），其中表层悬浮体取样完成 70 个站位，取得 70 份样品，大体积海水原位过滤取样完成 50 个站位，每个站位获得 2 ~ 5 层不等的悬浮颗粒物滤膜样品（图 4-17 和 图 4-18），过滤水样体积最多可达 200 L。过滤后将悬浮颗粒物样品滤膜均冷冻（-20℃）保存。

表4-6　表层悬浮体取样作业站位信息
Table 4-6　Stations of suspended materials sampling for the surface water

序号	海区	站号	站位坐标		水深（m）	取样日期
			纬度	经度		
1	白令海	14B01	52.946 6° N	169.187 0° E	6 422	2014-07-19
2	白令海	14B02	53.562 0° N	169.748 0° E	1 886	2014-07-19
3	白令海	14B03	54.101 1° N	170.582 2° E	3 899	2014-07-19
4	白令海	14B04	54.589 7° N	171.333 1° E	3 899	2014-07-19
5	白令海	14B05	55.378 0° N	172.255 0° E	3 880	2014-07-20
6	白令海	14B06	56.291 7° N	173.765 6° E	3 850	2014-07-20
7	白令海	14B07	57.355 0° N	175.046 1° E	3 777	2014-07-21
8	白令海	14B08	58.743 9° N	177.778 3° E	3 752	2014-07-21
9	白令海	14B09	59.341 1° N	178.831 4° E	3 540	2014-07-21
10	白令海	14B10	59.981 4° N	179.856 1° W	2 222	2014-07-22
11	白令海	14B11	60.287 5° N	179.535 0° W	1 129	2014-07-22
12	白令海	14B13	61.270 8° N	177.528 1° W	132	2014-07-23
13	白令海	14NB01	60.807 2° N	177.254 7° W	132	2014-07-23
14	白令海	14NB02	60.870 8° N	175.495 6° W	106	2014-07-23
15	白令海	14NB03	60.938 9° N	173.857 5° W	81	2014-07-23
16	白令海	14NB04	61.200 3° N	171.525 8° W	56	2014-07-24
17	白令海	14NB05	61.420 0° N	169.440 0° W	40	2014-07-24
18	白令海	14NB06	61.805 3° N	167.698 3° W	25	2014-07-24
19	白令海	14NB07	61.897 2° N	166.968 9° W	27	2014-07-24
20	白令海	14NB08	62.296 1° N	168.980 8° W	33	2014-07-24
21	白令海	14NB09	62.593 1° N	167.605 0° W	25	2014-07-24
22	白令海	14B14	61.930 0° N	176.436 7° W	113	2014-07-25
23	白令海	14B15	62.541 9° N	175.296 1° W	78	2014-07-26
24	白令海	14B16	63.009 2° N	173.835 0° W	73	2014-07-26
25	白令海	14NB10	63.486 7° N	172.449 2° W	58	2014-07-26
26	白令海	14NB11	63.781 7° N	172.455 3° W	43	2014-07-26
27	白令海	14NB12	64.016 7° N	172.930 8° W	55	2014-07-26
28	白令海	14BS02	64.335 6° N	170.977 2° W	40	2014-07-26
29	白令海	14BS04	64.337 5° N	170.001 4° W	39	2014-07-27

序号	海区	站号	站位坐标		水深（m）	取样日期
			纬度	经度		
30	白令海	14BS05	64.365 0°N	169.469 2°W	40	2014-07-27
31	白令海	14BS06	64.354 7°N	168.983 1°W	40	2014-07-27
32	白令海	14BS07	64.350 3°N	168.490 3°W	39	2014-07-27
33	白令海	14BS08	64.341 1°N	167.988 3°W	35	2014-07-27
34	楚科奇海	14R01	66.726 1°N	168.984 4°W	43	2014-07-28
35	楚科奇海	14R02	67.672 2°N	169.004 7°W	50	2014-07-28
36	楚科奇海	14CC2	67.901 9°N	168.234 4°W	57	2014-07-28
37	楚科奇海	14CC4	68.132 5°N	167.561 7°W	48	2014-07-29
38	楚科奇海	14CC5	68.195 6°N	167.334 7°W	47	2014-07-29
39	楚科奇海	14CC6	68.237 5°N	167.150 0°W	34	2014-07-29
40	楚科奇海	14R03	68.621 4°N	169.032 8°W	53	2014-07-29
41	楚科奇海	14C03	69.032 2°N	169.493 1°W	32	2014-07-29
42	楚科奇海	14C01	69.221 1°N	168.140 6°W	50	2014-07-30
43	楚科奇海	14R04	69.603 1°N	169.008 1°W	52	2014-07-30
44	楚科奇海	14C06	70.523 1°N	162.808 3°W	35	2014-07-30
45	楚科奇海	14C05	70.774 4°N	164.746 7°W	34	2014-07-30
46	楚科奇海	14C04	71.025 6°N	166.992 8°W	45	2014-07-31
47	楚科奇海	14R05	71.003 3°N	168.937 2°W	44	2014-07-31
48	楚科奇海	14R06	72.003 3°N	167.963 9°W	51	2014-07-31
49	楚科奇海	14R07	72.999 2°N	168.966 1°W	72	2014-07-31
50	楚科奇海	14R08	74.007 8°N	168.975 0°W	181	2014-08-01
51	楚科奇海	14R09	76.611 4°N	168.995 8°W	182	2014-08-01
52	楚科奇海	14S02	71.913 9°N	157.463 1°W	72	2014-08-03
53	楚科奇海	14S01	71.610 6°N	157.938 3°W	63	2014-08-03
54	楚科奇海	14S03	72.235 8°N	157.065 3°W	170	2014-08-03
55	北冰洋	14S04	72.528 3°N	156.623 6°W	1 262	2014-08-03
56	北冰洋	14S07	73.410 0°N	155.171 9°W	3 781	2014-08-04
57	北冰洋	14C12	75.014 4°N	157.205 0°W	1 550	2014-08-06
58	北冰洋	14C13	75.205 3°N	159.183 6°W	949	2014-08-06
59	北冰洋	14C14	75.400 6°N	161.236 1°W	2 084	2014-08-07
60	北冰洋	14C15	75.609 4°N	163.153 3°W	2 024	2014-08-07
61	北冰洋	14R10	76.141 4°N	167.884 2°W	172	2014-08-08
62	北冰洋	14R11	76.141 4°N	166.363 9°W	345	2014-08-08
63	北冰洋	14C25	76.390 8°N	149.380 0°W	3 768	2014-08-10
64	北冰洋	14C24	76.706 1°N	151.093 6°W	3 773	2014-08-10
65	北冰洋	14C22	77.186 7°N	154.594 4°W	1 025	2014-08-11
66	北冰洋	14C21	77.392 8°N	156.736 4°W	1 670	2014-08-12

中国第六次北极科学考察报告

序号	海区	站号	站位坐标		水深（m）	取样日期
			纬度	经度		
67	北冰洋	14R12	76.994 2°N	163.910 3°W	436	2014-08-13
68	北冰洋	14R13	77.801 1°N	162.213 9°W	2661	2014-08-14
69	北冰洋	14R14	78.636 7°N	160.448 1°W	742	2014-08-15
70	北冰洋	14R15	79.385 0°N	159.066 4°W	3 283	2014-08-15

表4-7 大体积海水原位过滤取样作业站位信息
Table 4-7 Stations of Larger volume water transferring

序号	海区	站号	站位坐标		水深（m）	取样日期	取样层数
			纬度	经度			
1	白令海	14B01	52.941 0°N	169.187 0°E	6 422	2014-07-19	5
2	白令海	14B03	54.095 0°N	170.603 0°E	3 899	2014-07-19	5
3	白令海	14B06	56.300 0°N	173.748 0°E	3 849	2014-07-20	5
4	白令海	14B08	58.744 4°N	177.789 7°E	3 725	2014-07-21	5
5	白令海	14B10	59.961 7°N	179.813 3°W	2 293	2014-07-22	5
6	白令海	14B11	60.279 4°N	179.590 0°W	1 435	2014-07-22	5
7	白令海	14B12	60.650 0°N	178.928 3°W	258	2014-07-22	5
8	白令海	14NB01	61.291 4°N	177.500 3°W	131	2014-07-23	3
9	白令海	14NB03	60.938 9°N	173.857 5°W	83	2014-07-23	3
10	白令海	14NB05	61.420 0°N	169.440 0°W	39	2014-07-24	3
11	白令海	14NB07	61.894 0°N	166.984 0°W	27	2014-07-24	2
12	白令海	14NB08	62.246 4°N	166.985 8°W	33	2014-07-24	2
13	白令海	14B14	61.933 8°N	176.343 2°W	100	2014-07-25	3
14	白令海	14B15	62.541 9°N	175.296 1°W	79	2014-07-26	3
15	白令海	14B16	63.009 2°N	173.835 0°W	65	2014-07-26	3
16	白令海	14BS01	64.330 0°N	171.500 0°W	31	2014-07-26	2
17	白令海	14BS02	64.334 4°N	170.974 4°W	39	2014-07-26	2
18	白令海	14BS03	64.330 0°N	170.500 0°W	35	2014-07-27	2
19	白令海	14BS04	64.345 0°N	170.001 4°W	40	2014-07-27	2
20	白令海	14BS05	64.337 8°N	169.493 9°W	38	2014-07-27	2
21	白令海	14BS07	64.350 3°N	168.490 3°W	39	2014-07-27	2
22	白令海	14BS08	64.341 1°N	167.988 3°W	35	2014-07-27	2
23	楚科奇海	14R01	67.672 2°N	169.004 7°W	43	2014-07-28	2
24	楚科奇海	14R02	67.673 1°N	169.006 1°W	50	2014-07-28	2
25	楚科奇海	14CC2	67.900 6°N	168.241 7°W	58	2014-07-28	2
26	楚科奇海	14R03	68.620 3°N	169.015 8°W	53	2014-07-29	2
27	楚科奇海	14C03	69.029 7°N	166.475 8°W	32	2014-07-29	2

序号	海区	站号	站位坐标		水深 （m）	取样日期	取样 层数
			纬度	经度			
28	楚科奇海	14C01	69.226 9° N	168.161 4° W	50	2014-07-30	2
29	楚科奇海	14R04	69.610 8° N	169.013 6° W	52	2014-07-30	2
30	楚科奇海	14C06	70.529 2° N	162.844 4° W	32	2014-07-30	2
31	楚科奇海	14C04	71.017 8° N	166.987 2° W	45	2014-07-31	2
32	楚科奇海	14R05	71.007 5° N	168.996 4° W	43	2014-07-31	2
33	楚科奇海	14R06	72.003 9° N	168.964 7° W	51	2014-07-31	2
34	楚科奇海	14R07	73.000 6° N	168.964 2° W	73	2014-07-31	3
35	楚科奇海	14R08	74.001 7° N	169.006 4° W	180	2014-08-01	4
36	楚科奇海	14R09	74.612 2° N	168.975 0° W	183	2014-08-01	4
37	楚科奇海	14S02	71.913 6° N	157.463 3° W	72	2014-08-03	3
38	北冰洋	14S04	72.529 2° N	156.616 1° W	1 397	2014-08-03	5
39	北冰洋	14S07	73.410 0° N	155.174 0° W	3 774	2014-08-04	5
40	北冰洋	14C12	75.016 9° N	157.198 6° W	1 603	2014-08-06	5
41	北冰洋	14C13	75.202 8° N	159.170 8° W	938	2014-08-06	5
42	北冰洋	14C14	75.400 6° N	161.236 1° W	2 084	2014-08-07	5
43	北冰洋	14R13	77.800 3° N	162.222 5° W	2 668	2014-08-14	5
44	北冰洋	14R15	79.385 0° N	159.063 3° W	3 283	2014-08-15	4
45	北冰洋	14LIC-1	80.868 9° N	157.595 6° W	3 520	2014-08-18	4
46	北冰洋	14LIC-2	80.998 3° N	157.668 3° W	3 545	2014-08-19	4
47	北冰洋	14LIC-3	81.100 8° N	157.258 1° W	3 642	2014-08-21	4
48	北冰洋	14LIC-4	81.091 7° N	156.990 6° W	3 641	2014-08-22	4
49	北冰洋	14LIC-5	81.112 2° N	156.772 5° W	3 672	2014-08-23	4
50	北冰洋	14LIC-6	81.188 6° N	156.581 9° W	3 743	2014-08-24	3

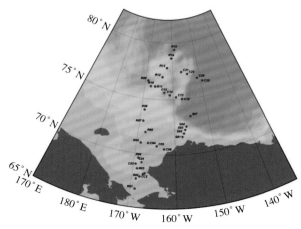

图4-15 北冰洋太平洋扇区表层悬浮体采样站位分布图
Fig. 4-15 Location map of surface water suspended materials samples collected in the Arctic area

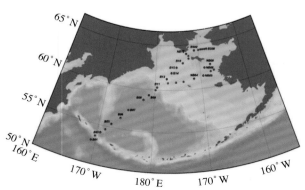

图4-16 白令海表层悬浮体采样站位分布图
Fig. 4-16 Location map of surface water suspended materials samples collected in the Bering Sea

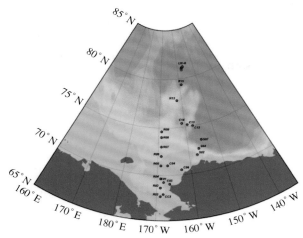

图4-17 北冰洋太平洋扇区大体积海水原位过滤采样
站位分布图

Fig. 4-17 Location map of Large volume water transferring samples collected in the Arctic area

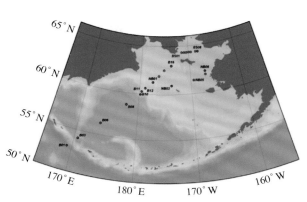

图4-18 白令海大体积海水原位过滤采样
站位分布图

Fig. 4-18 Location map of Large volume water transferring samples collected in the Bering Sea

4.6 数据与样品评价

本次考察沉积物取样作业超计划完成考察工作量，甲板作业、样品包装、描述、记录、保存、提交等均按照相关规程、规定的要求完成，详述如下。

4.6.1 沉积物取样

1）表层沉积物取样

表层沉积物取样利用箱式和多管取样器完成。箱式取样作业有44个站位获得样品，其中有10个站位获得的样品量较少，重量不足2 kg，沉积物多为砾、砂或沙砾，其他站位均获得足够量的样品。多管取样作业完成14个站位，每个站位均取得5管或5管以上的样品。这些样品即满足了考察承担单位和中国极地研究中心样品库的需求，也满足了海洋化学、海洋生物等考察任务的样品需求。

2）柱状沉积物取样

柱状沉积物取样利用重力取样器完成，取得的岩心质量较高，除表层（约10 cm）因沉积物较软发生流动，底部刀口处因拆卸样品管发生扰动外，其他部分均连续、无扰动。本次柱状沉积物取样作业在21个站位获得样品，获得的岩心总长度近75 m，单心最短75 cm，最长615 cm，平均长度超过350 cm。沉积物岩心长度小于或等于100 cm的有1站，有2个站位的岩心长度处在100～200 cm之间，岩心长度处于200～300 cm之间的有1个站位，岩心长度处于300～400 cm之间的有8个站位，其余的岩心长度均大于400 cm。

4.6.2 悬浮体取样

表层悬浮体采样采用人工取水的方式完成水样采集，水样采集地点选择"雪龙"船迎风一侧，以保证海水样品不受污染，对所采的悬浮体水样立即用真空过滤装置进行过滤。过滤前用去离子水清洗过滤器，过滤水量用量杯分取。滤膜选择国际通用的玻璃纤维滤膜，可保证各类实验室分析之需，过滤时个别站位放两层滤膜，以便对过滤数据进行空白校正。

大体积海水原位过滤利用"雪龙"船艉甲板生物绞车释放,采水的层次为5 m、20 m、50 m、100 m 和150 m。根据水深的不同,每站计划实施 2 ～ 5 层水体过滤,每层过滤体积设定为 300 L,过滤时间为 20 ～ 30 min。考察作业站位基本按断面设计,涵盖不同的水深。开始工作前根据设备说明书的各项步骤对过滤器进行初始化并放置滤膜,然后根据水深设定目标水层,并通知绞车操作员按设定层位按顺序下放过滤器。过滤工作结束后起吊过滤器至甲板,待取出滤膜后对设备进行冲洗和数据下载。由于受现场作业条件(恶劣海况、流速过大、浮冰等)和设备本身性能的限制,本次考察所完成的 50 个站位中,有部分站位进行了位置调整,有部分站位只取得了 4 层样品(如长期冰站作业时)(表 4-7)。在考察实施过程中,利用长期冰站作业的有利时机,对"雪龙"船停靠浮冰区进行了密集站位的悬浮体采样作业,频率为每天 1 次,以期获得具有时间序列特征的海水悬浮颗粒物变化(图 4-19)。仪器获得的各站位过滤数据均正常下载,数据显示过滤水样的体积符合初始设计的体积,滤膜上样品保存完好。

4.6.3 样品的描述、包装和标识

1)表层沉积物样品(箱式)

箱式取样器吊上来,轻轻放置于甲板,打开取样器上部盖板,观察取样情况并测量样品的厚度,根据表层沉积物采样记录表的格式进行沉积特征描述。然后根据考察队制定的样品分配计划对样品按学科优先顺序进行现场分取,用塑料样品袋包装,在包装上做好标识,保存至"雪龙"船地质样品库(+4℃恒温)。

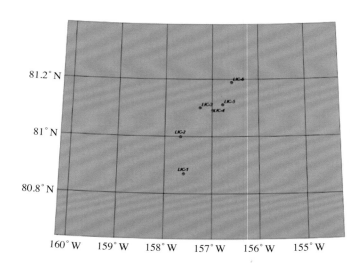

图4-19 长期冰站作业期间大体积海水原位过滤采样站位分布
Fig. 4-19 Location map of Large volume water transferring samples collected during the long-term ice camp

2)表层沉积物样品(多管)

多管取样器被回收至甲板并绑扎固定后,科研人员首先观察样品管贯入沉积物的深度和取样厚度。在完成样品描述完成后按照样品分配计划对样品按学科优先顺序进行现场分取,用于海洋地质研究的样品均按照 1 cm 的间隔进行现场分样,每管所分取的样品装入一个大的样品袋,标识清楚后冷冻保存。

3）柱状沉积物样品

重力取样器回收至甲板并拆卸提管和刀口后，将样品管抽出，将上部空管锯掉，科研人员分别描述岩心上下端的地质情况，记录在柱状采样记录表内，同时记录的还有海区、站位号、站位位置、调查船名、水深、样长、钻进深度、取样设备、钻进日期等信息。

样品管的两端用塑料盖封装，然后用塑料胶带封严密，以防水分蒸发。包装后在管上依次标明上下端、站位号、样品长度、水深、取样日期等，再将其置于"雪龙"船地质样品库内保存。

4）悬浮体样品

悬浮体取样获得的滤膜样品均在标识清楚后冷冻封存，并按格式填写悬浮颗粒物采样记录表，注明站位、滤膜编号、过滤水样体积、过滤时间等信息。

4.7 观测数据初步分析

4.7.1 海底沉积物分布特征

（1）从沉积物类型分布特征来看，白令海北部陆架多以黏土质粉砂为主，含有机成分较多，随着纬度的增加，砂粒级等粗颗粒组分的含量也逐渐增加，至白令海峡附近，海底沉积物砾石的含量很高，颗粒直径也变得很大，最大可超过 30 cm。这是因为受水动力条件的制约，太平洋水从宽阔海域向狭窄的白令海峡流动，流速增加，搬运能力也相应增加，使细粒物质难以沉淀，原海底沉积物中的细颗粒组分被逐渐再悬浮并搬运，粗颗粒物质残留在原地，所以在白令海北部陆架沉积物粒度较粗。而海冰的扩张和消融也使得纬度越高，冰筏碎屑（Ice-rafted Debris，IRD，颗粒直径 > 1 cm）的含量逐渐增加，也对沉积物的粗化有一定的贡献。楚科奇海南部的沉积物以黏土质粉砂或粉砂为主，是由于太平洋入流水穿过白令海峡以后，因海域由窄变宽，海流速度变慢，使海流搬运的沉积物大量沉降，表现出粒度由粗向细的转变。另外，在楚科奇海靠近阿拉斯加一侧沉积物粒径较粗，主要是受阿拉斯加沿岸流的冲刷作用影响，也受陆源粗颗粒物质输入的影响。

（2）北冰洋高纬度地区沉积物中冰筏碎屑的含量明显与纬度和洋流相关，冰筏碎屑的出现主要集中在 74°—79°N 之间的带状区域内。在楚科奇海陆架外缘、北风海脊、楚科奇海台以及加拿大海盆靠近北风脊一侧，沉积物多以黏土质粉砂质为主，但表面往往覆盖有密集程度不同、颗粒大小不等的冰筏碎屑（图 4-20）。底栖生物拖网获取的楚科奇海台附近的冰筏碎屑大多为白云岩（图 4-21），主要来源于加拿大北极群岛的班克斯岛和维多利亚岛，说明受波弗特环流控制的海冰输出并融化是其形成的主要原因。在近加拿大海盆中部的海底沉积物多以灰黄色深海黏土为主，表面少见冰筏碎屑（图 4-22），说明加拿大海盆中部因海冰多年不化，受冰筏沉积的影响较弱。

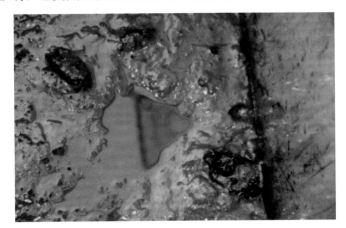

图4-20　沉积物表面覆盖的冰筏碎屑
（14SIC04站，水深466 m，IRD丰度为32粒/m²）

Fig. 4-20　Ice-rafted Debris on the sea floor (14SIC04 station, about 32 pieces per m²)

图4-21　14R09站底栖生物拖网获得的冰筏碎屑
Fig. 4-21　Ice-rafted Debris recovered by the bottom tow

图4-22　14SIC06站海底沉积物
Fig. 4-22　The surface sediment on the sea floor of 14SIC06 station

（3）在北冰洋浅水区（水深 < 200 m），海底表层沉积物受生物扰动强烈。有些站位的海底表面覆盖有大量的生物碎屑，某些站位中巨型管虫和多毛类生物的钻进深度可达 15 cm 左右，对早期成岩作用和沉积层序都有显著影响；而深水区生物扰动较弱，以细管状生物为主，影响较小（图4-23）。

图4-23　14R02站（上左），14R06站（上右）和14R11（下）的海底沉积物
Fig. 4-23　The surface sediments on the stations of 14R02, 14R06 and 14R11

4.7.2　海水悬浮体含量分布特征

悬浮体是海水的重要物质组成，海洋中的悬浮体（suspended matter）是指在海水中呈悬浮状态的颗粒物质的统称，主要包括各种矿物碎屑颗粒、微体浮游生物以及海洋生物残骸、有机胶膜和一些有机、无机物聚集成的絮凝体等。悬浮体的分布特征是海洋环境条件的综合反映，与其物质来源、

海流、潮汐、波浪等要素密切相关。海洋悬浮体具有较强的吸附作用，是海水中营养盐和污染物的重要载体，其分布和运移对海洋生态环境具有重要影响。

1）表层海水悬浮体含量分布

根据本次北极科考表层海水悬浮体采样获得的悬浮体含量数据，绘制了考察海域表层悬浮体浓度分布图（图4-24）。

白令海34个悬浮体调查站位的分布从阿留申群岛阿图岛西侧向北东方向一直延伸到白令海峡，有一部分站位位于圣劳伦斯岛至圣马修岛一线。悬浮体含量分析结果显示，白令海表层海水的悬浮体含量在 0.23 ～ 3.22 mg/L 之间，平均含量为 1.03 mg/L（图4-24）。从整体来看，白令海表层海水的悬浮体含量相对较低，总体上由南向北呈现出低－高－低－高的态势。阿留申群岛附近的悬浮体含量偏低，平均含量为 0.5 mg/L 左右。在阿留申群岛向北，悬浮体含量有所升高，可达 1.5 mg/L 左右。再向北，悬浮体的含量逐渐降低，平均含量介于 1.0 ～ 0.5 mg/L 之间。阿纳德尔海的含量值则小于 0.5 mg/L，有的站位仅为 0.23 mg/L，为全区最低值。悬浮体含量高值区主要分布在白令海峡至圣劳伦斯岛之间的海域，在高值区内的表层海水悬浮体含量均值大于 2.0 mg/L，最高值达到了 3.22 mg/L。此外，圣马修岛、圣劳伦斯岛东西两侧海域的悬浮体含量值也相对较高，平均含量达到了 1.5 mg/L（图4-24）。

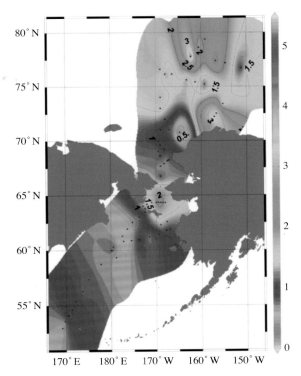

图4-24 白令海及楚科奇海表层海水悬浮体含量分布

Fig. 4-24 The distribution patern of suspended matter content in the surface water of Bering Sea and Chukchi Sea

楚科奇海及周边海域36个悬浮体调查站位位于楚科奇海中东部，涵盖了汉娜浅滩、巴罗峡谷、中央水道等楚科奇海陆架中央的地形地貌区。悬浮体含量分析结果显示，楚科奇海表层海水悬浮体含量在 0.18 ～ 5.23 mg/L 之间，平均含量为 1.60 mg/L。从总体来看，楚科奇海表层海水悬浮体含量值不高，大体上可以分为两个高值区和一个低值区。低值区主要分布在中央水道至阿拉斯加冰角

（Icy Cape）海域，这一地区的表层海水悬浮体含量基本上都小于 1.0 mg/L，其中 Icy Cape 外侧附近海域表层海水悬浮体含量仅为 0.5 mg/L 左右，为整个楚科奇海考察区表层海水悬浮体含量最低处。巴罗峡谷以北波弗特海西部海域的表层海水悬浮体含量也较低，平均含量值小于 1.5 mg/L。楚科奇海北部至加拿大海盆的西侧表层海水悬浮体含量较高，基本在 2.0 ～ 5.0 mg/L 之间，最高可达 5.23 mg/L。巴罗角外侧 75°N 以南的海域表层海水的悬浮体含量值基本在 2.0 ～ 3.0 mg/L 之间，最高可达 3.5 mg/L。

2）悬浮体含量的垂向分布

本次科考开展了多条断面的大体积海水原位过滤作业，利用该系统获取的悬浮体样品和流量数据显示，北冰洋悬浮颗粒物最大含量出现在 20 ～ 50 m 水深处，基本上与船测叶绿素浓度最大值出现的水深相匹配。在无冰区，20 m 水深的滤膜上可见大量黄色颗粒物，随着海冰密集度的增加，悬浮体最大含量区有向 50 m 水深迁移的趋势；当海冰密集度接近或达到 100 % 后，黄色颗粒物主要出现在 50 m 水深处的滤膜上。悬浮体颗粒中确切的生物组分还需返航后进一步分析，仅从悬浮体最大含量水深的垂向变化可知，由于海冰密集区太阳辐射量急剧减少，组成悬浮体的生物组分可能以温跃层种为主，随着海冰的融化，混合层种逐渐增加。依据 20 m 水深大体积海水过滤装置抽滤流量（可在一定程度上反映悬浮体浓度）随纬度的变化趋势（图4-25），以及浮冰密集区悬浮体最大含量水深向 50 m 水深转移这一特点，可以初步确定海冰消融后的短时间内表层生产力和输出生产力都可能是增加的，对大气中二氧化碳的吸收能力也随之增加，而长期变化则需要进一步分析。

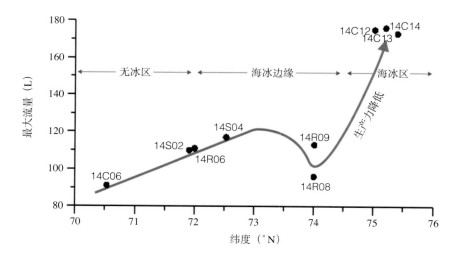

图4-25 大体积海水过滤器最大流量随纬度的变化
Fig. 4-25 The changing of maximum water transferring speeds against the latitude

4.8 小 结

本次海洋地质考察自 2014 年 7 月 19 日开始，至 8 月 31 日结束，历时 42 天，累计考察作业时间超过 100 h，共在考察海域完成了 70 个站位的海底沉积物与悬浮体取样工作，超计划完成预定考察任务。其中表层沉积物采样完成 60 站位（2 个空站），柱状沉积物采样完成 23 站位（2 个空站），表层悬浮体采样完成 70 站位，大体积海水原位过滤采样完成 50 站位。利用重力取样器获得的 21 个高质量的沉积物岩心累计长度达到 75 m，单心最长的 615 cm，最短的 75 cm，平均长度为

356 cm。通过这些样品进行高分辨率的沉积学和古海洋学研究工作，可为系统认识考察海域的沉积特征、分布规律及沉积作用特点，重建北冰洋中心区晚第四纪以来古海洋、海冰和气候变化历史，揭示北极和亚北极海域海洋环境变化与我国过去环境与气候变化之间的内在联系及其反馈机制提供实测资料。海洋悬浮体考察获得的考察海域表层和真光层内水体悬浮颗粒物样品，可为探索考察海域生物群落结构现状及其与海洋环境、海冰融化的关系，为生物标志物和生态学替代指标研究提供数据支撑。

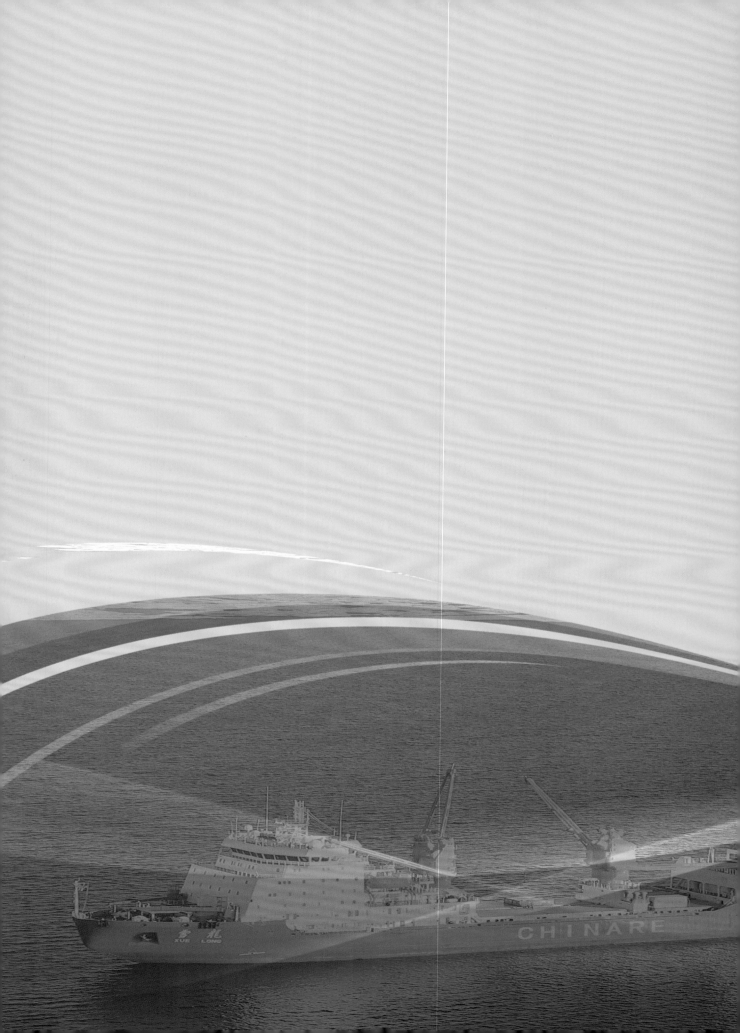

海洋地球物理考察 第**5**章

美亚海盆的形成历史对整个环北极区域（包括北太平洋、西伯利亚和北美板块）中生代构造演化过程、北冰洋数十个沉积盆地的油气资源勘探和北冰洋古地理、古气候的研究都具有重要的意义。但是目前对美亚海盆的形成历史却一直存在巨大的争议（如 Embry，1990；1998；Lane，1997；Grantz et al.，1998）。这种持续的争论与美亚海盆特殊的形成历史和地理位置有关。除了利用钻孔采样进行定年外，海盆内洋中脊、转换断层的识别和磁条带的追踪是研究海盆演化过程最为常用和可靠的方法。但是由于美亚海盆的扩张停止于中生代，本身受到巨厚沉积物的覆盖（4 ~ 6 km），无法通过地形、天然地震等方法探索洋中脊和转换断层。巨厚的沉积物也给钻探提出了更高的要求。目前北冰洋唯一的 IODP 钻孔位置在罗蒙诺索夫脊这一残留陆块上（Backman et al.，2006），无法说明海盆的具体年龄。同时，由于美亚海盆常年为海冰所覆盖，几乎无法进行连续的海面地球物理；尤其是海面磁力的测量。海盆内仅有的航空磁力测量也由于分辨率问题而在追踪磁条带时备受争议（Taylor et al.，1981； Brozena et al.，2003）。因此，关于美亚海盆的扩张模式大部分都是基于周边陆缘的地质证据提出的，这些证据提供的都是静态信息，时间尺度的约束较弱、多解性强（无排他性），造成了众多的假说与争论（Lawver and Scotese，1990；Lane，1997）。

为了确定美亚海盆的形成历史，中国第六次北极科学考察在加拿大海盆和楚科奇边缘地进行了 GPS 联测、海洋重力、海面拖曳式磁力、近海底磁力、海洋地震和海底热流测量的工作，完成加拿大海盆重力测线 831 km（航程有效重力测线共 2 966.3 km），海面拖曳式磁力测线 513 km，近海底磁力测线 592 km，海洋地震测线 210 km，热流站位 19 个。其中近海底磁力测量为北极区域目前仅有的测量。高精度的测量数据为揭示加拿大海盆的形成历史和岩石圈热状态提供了最为直接、确切的地球物理证据。

5.1 调查内容

（1）在楚科奇边缘地区域进行包括水深、重力、拖曳式磁力和反射地震 / 地层剖面在内的同步测量；测量 6 个 SVP 站位用于声速改正。

（2）在加拿大海盆进行近海底磁力、水深和重力的同步测量。

（3）结合具体地质站位，进行热流站点测量；每个温度探针间隔 1 m 左右，使用倾斜仪进行角度校正；热导率使用甲板热导率单元测量，每个站位测量样品上下端各一个点。

（4）在往返北极和高纬度极区的航渡测线中，开展水深、重力测量和拖曳式磁力测量（不耽误船时），具体测线工作量根据航次具体（如冰情、航次时间等）情况确定；全程进行了高精度双频 GPS 的联测。

5.2 调查站位

综合考虑冰情和船时等因素，中国第六次北极科学考察共进行了 DTM3、DTM2 和 G13 条剖面和 19 个站位的调查（图 5-1）。在 DTM3 和 DTM2 同步进行了重力、水深和近海底磁力的观测，其中 DTM2 测线根据冰情同步进行了部分的海面磁力测量。在 G1 测线，同步进行了重力、水深、海面磁力和反射地震的测量。测线的位置见表 5-1。本航次进行了 19 个热流站位的调查。依托重力柱状取样器，使用小型温度探针测量沉积物的温度，对采样岩心进行了甲板热导率的测量。航次全程采集了水深和重力数据，往返航程中部分符合海洋重力测量要求的数据如图 5-2 所示。

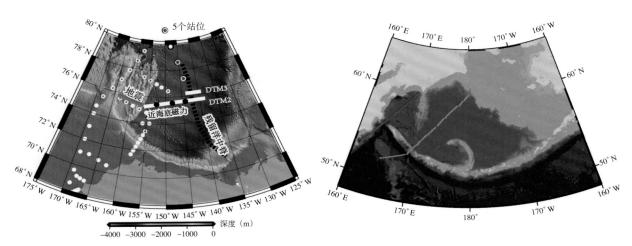

图5-1 地球物理测线和站位分布图
Fig. 5-1 Stations and lines of geophysics survey

图5-2 阿留申岛弧区和白令海重力测线
Fig. 5-2 Survey lines in the Aleutian and Bering area

白色直线表示近海底和重力测线，红色直线表示地震、重力和海面磁力测线，白色圆点表示所有站位，白底红色圆点表示热流站位。

表5-1 地球物理测线信息
Table 5-1 The information of geophysics survey lines

测线名称	起始经纬度	结束经纬度	航速（kn）	船时（h）	测线长度（km）	作业项目
DTM3	76°7.8′N，143°36′W	76°5.5′N，138°36′W	2.5	32	130	近海底磁力、重力
DTM2	75°50.5′N，139°00′W	75°27.0′N，155°40′W	2.5	105	496	近海底磁力、海面磁力、重力
G1	75°27.0′N，155°40′W	75°49 N，162°45′W	4.5	28	200	地震、磁力、重力

5.3 调查设备与分析仪器

5.3.1 双频GPS

中国第六次北极科学考察使用莱卡和天宝两套双频定位系统进行定位测量。两套设备全程基本正常工作，数据记录完整。在极地，卫星覆盖相对较少。为保证能够接收到卫星信号，选择在直升机库上面的平台来安装 GPS 天线（图 5-3）。接收机与记录电脑位于直升机库上的指挥塔。针对北极工作温度低、航次时间长的特点，所有天线接头都用硅脂密封以防止锈蚀。

图5-3 天宝接收天线
Fig. 5-3 The antenna of Trimble GPS

5.3.2　海洋重力设备

本次调查使用德国 Bodensee Gravity Geosystem 公司生产的 KSS-31M 型重力仪（图 5-4），该型号的重力仪具有操作简单、性能稳定、仪器掉格小的优点。通过采用直立直线式弹簧测量系统，并结合高精度机械系统和软件控制电路消除了交叉耦合效应。该系统的主要性能指标见表 5-2。

图5-4　KSS-31M重力仪
Fig. 5-4　KSS-31 M Gravimeter

表5-2　重力仪技术参数
Table 5-2　Specifications of gravimeter

灵敏度	0.01 mgal
测量范围	全球范围
温度漂移	< 3 mgal/mon
平台自由度	横纵摇64°
实时采样数据滤波	5.2～75 s可选
垂直加速度 < 15 000 mgal	精度为0.2 mgal
垂直加速度15 000～80 000 mgal	精度为0.4 mgal
垂直加速度80 000～200 000 mgal	精度为0.8 mgal
系统恒温	仪器工作时的环境温度为10～35℃，且每小时的温度变化率小于2℃恒温
断电保护	不要求断电保护，内置供电电池，切断外部电力供应后至少工作30 min
重量	平台部分（含传感器和陀螺）72 kg；数据处理部分45 kg

注：1mgal = $1/10^3$ cm/s^2。

5.3.3　拖曳式磁力测量

本次拖曳式磁力调查使用美国 Geometrics 公司生产的 G-880 和 G-882 铯光泵磁力仪（图 5-5），该系统由磁力探头、漂浮电缆、采集计算机和甲板电缆组成。测量时，传感器通过同轴电缆拖曳于船体后两倍船长以上的距离以减小船磁的影响。在船速为 5 kn 时，传感器位于水下 10 m 左右。仪器系统技术指标见表 5-3。

表5-3　磁力仪技术参数
Table 5-3　Specifications of magnetometer

分辨率	0.001 nT
测量范围	全球范围
测量精度	3 nT
电缆长度	600 m

工作温度	−25~60℃
采样时间	0.1~10 s
工作温度	−30°F ~ +122°F (−35℃ ~ +50℃)

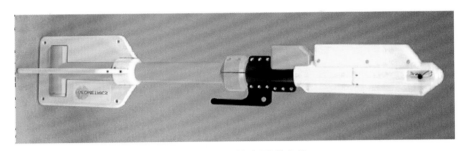

图5-5　G-882铯光泵磁力仪
Fig. 5-5　G-882 Magnetometer

5.3.4　近海底磁力测量

　　本航次使用 Sentinel 公司的 6000 m 海底磁力仪作为近海底磁力探测系统的传感器（图5-6），其技术指标见表5-4。为了减小外界磁性的干扰，保证仪器在水下拖曳的姿态稳定性，设计了适合水下拖曳作业的钛合金拖体。为了确定仪器在水下的深度，使用了台湾海洋大学生产的 OR-16X 压力传感器和海鸟公司的 SBE 传感器测量拖体的压力，如图 5-7 所示，技术指标见表5-4 和表5-5。为了尽量减小压力传感器对磁力测量的干扰，两个传感器分别挂于钢缆上离拖体顶端 1.8 m 和 2.0 m 的位置。在仪器工作时，使用船载的万米地质绞车进行拖曳。

图5-6　海底磁力测量系统
Fig. 5-6　Deep-towed magnetometer

图5-7　SBE 7000 m压力传感器
Fig. 5-7　SBE 7000 m pressure sensor

表5-4　海底磁力仪技术参数

Table 5-4　Specifications of deep towed magnetometer

分辨率	0.001 nT
测量范围	全球范围
绝对精度	0.2 nT
温度漂移	无
工作温度	−25～60℃
最大水深	6 000 m
拖体重量	450 kg
拖体材料	钛合金、铅块

表5-5　SBE技术参数

Table 5-5　Specifications of SBE pressure sensor

	温度	压力
测量范围	−5～+35℃	7 000 m
初始精度	0.002℃	测量范围的0.1%
漂移	0.000 2℃/mon	每年测量范围的0.05%
分辨率	0.000 1℃	测量范围的0.002%
内存	64 M	
电池	> 150 000 次采样	
材料	钛合金	

5.3.5　地震测量

地震设备分为采集系统、震源和 GPS 导航控制系统三部分，由触发器统一控制三者之间的同步。收放使用了"雪龙"船上折臂吊。

中国第六次北极科学考察使用 Hydroscience 的 24 道 12.5 m 道间距固体电缆进行数据采集（图 5-8），采用 NTRS 软件进行数据记录。电缆由甲板电缆、前导段、前部弹性段、工作段、尾部弹性段、尾绳等构成，总长度 420 m。具体分段长度见表 5-6。每道 15 个水听器组合，主频最佳响应范围 10 ～ 2 000 Hz，可适合电火花和气枪震源，垂直分辨率可优于 1 m（具体参数见表 5-7）。

图5-8　Hydroscience 24道固体接收电缆

Fig. 5-8　The 24 channels solid seismic cable

表5-6　多道电缆组成结构

Table 5-6　The structure of multi-channel cable

名称	工作段	数字包	前弹性段	前导段	甲板缆	尾段
型号和规格	150 m	SeaMUX3	10 m	100 m	50 m	10 m
数量	2段	1	1	1	1	1

表5-7　多道地震电缆技术参数
Table 5-7　Specifications of multi-channel cable

工作温度	−20～60 ℃
存储温度	−40～60 ℃
最大抗拉强度	6 140 kg
工作最大拉力强度	2 631 kg
主频响应范围	10～2 000 Hz
最大记录长度	45 s

震源使用 PC30000J 等离子体脉冲震源，采用阴极放电，最大震源能量可达 3×10^4 J。震源系统由电容及控制柜（图 5-9）、连接电缆（图 5-10）以及震源电极组成（图 5-11）。电火花系统在海水中放电情况如图 5-12 所示。与传统的电火花震源相比，等离子体脉冲震源是一种新型的脉冲地震波生成系统，它具有运行稳定、工作可靠、性能优异和使用维护方便等优点。其连续重复充电可达 100 万次。

图5-9　3×10^4 J 电火花震源电容柜和控制柜
Fig. 5-9　Patch panel of 30,000 Joule spark

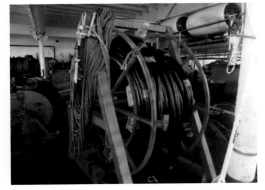

图5-10　电火花震源电极拖曳缆
Fig. 5-10　The tow cable of spark

图5-11　电火花震源电极
Fig. 5-11　The electrode of spark

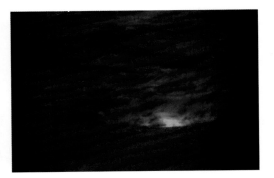

图5-12　震源拖曳放电
Fig. 5-12　The pulse output of spark

GPS 导航控制使用天宝公司的 551 导航 GPS，包括 GPS 天线、接收机以及导航控制主机三部分。导航软件采用国家海洋局第二海洋研究所自编软件 COMRANAV 进行导航控制。

5.3.6　海洋热流测量

沉积物温度使用 OR-166 附着式小型温度计测量，其技术指标见表 5-8。4 个温度计按照一定间隔（约 1 m）安装在重力柱状样上，如图 5-13 所示。在重力柱上方，安装了倾斜仪和压力传感器用于测量仪器入泥时的角度和水深。重力柱状样入泥前停止放缆 2 min 以保证仪器状态稳定，入泥时放缆速度为 1 m/s。入泥后，仪器停留 20 min 以上，并根据船漂移的速度适当放缆。

甲板热导率使用 Teka 公司的 TK04 热导率单元测量。每个样品测量距两端各 1 m 处两个位置，每个位置测量 5 ～ 10 次。

图5-13　安装在重力柱状样上的小型温度计
Fig. 5-13　The miniaturized temperature loggers mounted on gravity core

表5-8　温度探针技术参数
Table 5-8　Specifications of temperature logger

分辨率	10^{-6} ℃
量程	−5 ～ 70 ℃
作业深度	6 000 m
外壳	钛合金
数据存储	自容式
工作温度	−5 ～ 100 ℃
探针个数	7（压力和角度）
探针间隔	1 m

5.4　考察人员及分工

参与本次科学考察的地球物理作业人员共 4 人，具体信息见表 5-9。

表5-9　地球物理作业人员信息
Table 5-9　The information of operators

序号	姓名	工作单位	本航次工作
1	张　涛	国家海洋局第二海洋研究所	近海底磁力热流测量
2	华清峰	国家海洋局第一海洋研究所	重力测量
3	李海东	国家海洋局第三海洋研究所	磁力测量
4	王　威	国家海洋局第二海洋研究所	地震测量

5.5 完成工作量及数据与样品评价

5.5.1 完成工作量

在加拿大海盆和楚科奇边缘地进行了水深、海洋重力、海面拖曳式磁力、近海底磁力、海洋反射地震和海底热流的测量。所有项目均超额完成了《中国第六次北极科学考察现场实施计划》规定的计划工作量，具体测线信息如表5-10所示。

表5-10 测线完成情况
Table 5-10　Measured lines in this cruise

调查项目	计划工作量	完成工作量	完成百分比	备注
海洋重力	400 km，2条	831 km，3条	207.8%	测线部分
拖曳式磁力	400 km，1条	513 km，2条	128.2%	
近海底磁力	270 km，1条	592 km，2条	219.3%	
反射地震	180 km，1条	210 km，1条	116.7%	
热流测量	4个	19个	475%	17个有效站位

1）双频GPS联测

本航次期间全程记录了双频 GPS 数据，总数据量为 16 G。图 5-14 和图 5-15 分别为天宝 R7 和莱卡 GPS 数据记录软件工作界面。除因莱卡 GPS 接线锈蚀坏掉，当中莱卡 GPS 中断两天记录外，其他时间仪器都工作正常。由于后期解码处理需要提供电离层等参数，因此所有船载动态 GPS 数据都需要返航后进行处理。GPS 数据经过后期处理之后可以达到厘米级精度。

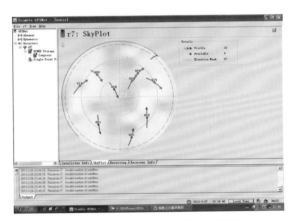

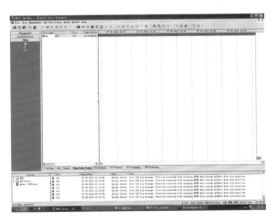

图5-14　天宝R7 GPS记录采集界面
Fig. 5-14　he snapshot of Trimble R7 GPS

图5-15　莱卡GPS记录采集界面
Fig. 5-15　he snapshot of Leica GPS

2）海洋重力测量

2014 年 7 月 4 日开启海洋重力仪。利用 2011 年在上海极地中心码头建立的重力基准点，7 月 11 日和 9 月 22 日进行了海洋重力仪基点的比测，填写重力仪基点校对日志。

7 月 18—22 日，调查船跨越北太平洋阿留申海沟—岛弧、白令海盆至白令海陆架。由于分布有大量水文、地质站位，需经常停船作业。根据航速和航向变化，将此区域的航迹分成若干位于多个考察站位之间的重力测线（图 5-16）。返航途中经过此区时，测线连续性好，测线起止点坐标见表 5-11，测线位置见图 5-16。

表5-11 中国第六次北极科学考察航渡测线统计
Table 5-11 The geophysics survey lines in the passage voyage

测线	作业时间	起始纬度	起始经度	结束纬度	结束经度	长度（km）
HD-01	2014-07-18	51°59.712 8′N	164°56.898 5′E	52°56.671 4′N	169°00.406 3′E	295.4
HD-02	2014-07-18	52°58.608 6′N	169°15.386 2′E	53°32.550 1′N	169°43.230 4′E	70.4
HD-03	2014-07-18	53°35.428 3′N	169°49.026 4′E	54°05.005 8′N	170°31.294 8′E	71.9
HD-04	2014-07-19	54°06.684 7′N	170°39.155 4′E	54°41.858 9′N	171°14.495 7′E	75.7
HD-05	2014-07-19	54°44.666 7′N	171°23.307 0′E	55°21.033 0′N	172°11.897 1′E	85.2
HD-06	2014-07-19	55°23.245 1′N	172°19.767 7′E	55°34.691 5′N	172°32.181 6′E	24.9
HD-07	2014-07-20	55°38.446 0′N	172°40.231 1′E	56°18.589 8′N	173°39.480 9′E	97.0
HD-08	2014-07-20	56°26.181 9′N	173°54.653 8′E	57°22.141 4′N	175°03.816 9′E	125.5
HD-09	2014-07-20	57°22.756 6′N	175°18.167 1′E	58°45.170 3′N	177°34.811 7′E	204.5
HD-10	2014-07-21	58°45.069 9′N	177°55.795 7′E	59°19.606 8′N	178°42.481 6′E	78.2
HD-11	2014-07-21	59°21.415 2′N	178°57.185 9′E	60°01.138 9′N	179°56.717 9′E	92.7
HD-12	2014-09-12	59°48.329 3′N	169°28.073 9′E	53°00.002 3′N	160°57.595 6′W	921.2

8月30日—9月6日，在重点调查区进行了近于平行的两条重力、磁力（海面及近海底拖曳）和多道地震综合地球物理调查。受到作业过程中拖曳设备收放及海面浮冰影响，调查船难以保持匀速、直线航行，故将测线数据分割为若干段，各段的起止点坐标见表5-12，测线位置见图5-16。

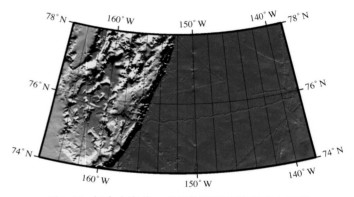

图5-16 加拿大海盆—北风深海平原海洋重力测线
Fig. 5-16 The tracks of gravity survey

表5-12 中国第六次北极科学考察测区重力测线统计
Table 5-12 Gravity survey lines in the study area

测线名	作业时间	起始纬度	起始经度	结束纬度	结束经度	长度（km）
DTM03	2014-08-30	76°07.562 7′N	143°22.972 5′W	76°06.455 6′N	139°32.631 4′W	104.5
DTM02-1	2014-08-31	75°49.250 2′N	138°58.229 9′W	75°44.668 7′N	143°10.826 9′W	122.3
DTM02-2	2014-09-02	75°44.778 9′N	143°10.656 4′W	75°41.330 2′N	145°48.253 1′W	77.9
DTM02-3	2014-09-03	75°40.556 0′N	145°47.883 3′W	75°37.078 2′N	148°07.612 9′W	67.8
DTM02-4	2014-09-03	75°36.500 7′N	148°07.465 1′W	75°33.941 1′N	150°08.357 1′W	60.2
DTM02-5	2014-09-04	75°33.907 9′N	150°16.588 7′W	75°27.570 5′N	155°23.538 8′W	156.3
DTM02-6	2014-09-05	75°26.477 3′N	155°57.059 1′W	75°34.843 2′N	158°32.916 4′W	80.2
DTM02-7	2014-09-06	75°34.842 0′N	158°32.918 5′W	75°51.583 3′N	163°53.429 2′W	154.5

3）海面拖曳式磁力

本次拖曳式磁力测量工作共完成工作量约 513 km（表 5-13），原始班报记录 21 页。2012 年 9 月 1—7 日进行测线 DTM2 磁力测量，信号强度一般稳定在 400 以上，磁力总场值在 57 000 ～ 59 000 nT 之间变化，通过与近海底的磁力探测数据进行对比后发现，两者具有很好的一致性，可满足后期的数据处理和解释的要求。

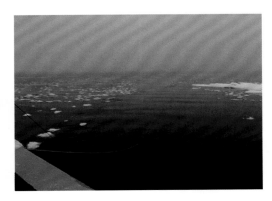

图5-17 拖曳式磁力仪后拖作业
Fig. 5-17 The filed work of sea surface towed magnetometer

表5-13 拖曳式磁力测线
Talbel 5-13 The magnetic survey lines

测线名称	作业日期	起始纬度	起始经度	结束纬度	结束经度	测线长度（km）
DTM2	2014-09-01	75.790 320° N	140.667 950° W	75.781 562° N	140.844 085° W	4.3
DTM2-1	2014-09-01	75.698 928° N	143.012 831° W	75.744 393° N	143.195 783° W	14.7
DTM2-2	2014-09-02	75.759 129° N	143.378 605° W	75.742 843° N	143.546 234° W	4.7
DTM2-3	2014-09-02	75.721 745° N	143.922 229° W	75.692 199° N	145.884 060° W	65.1
DTM2-5	2014-09-03	75.694 287° N	146.305 193° W	75.678 067° N	146.948 430° W	24.1
DTM2-6	2014-09-03	75.678 067° N	146.948 430° W	75.633 809° N	146.302 514° W	45.8
DTM2-8	2014-09-03	75.675 484° N	145.868 796° W	75.600 791° N	149.447 328° W	82.5
DTM2-8	2014-09-04	75.600 791° N	149.447 328° W	75.565 700° N	150.141 547° W	16.3
DTM2-10	2014-09-04	75.565 973° N	150.339 816° W	75.575 034° N	151.694 400° W	30.2
DTM2-11	2014-09-05	75.465 108° N	156.167 474° W	75.604 125° N	158.414 664° W	63.5
DTM2-11	2014-09-06	75.604 125° N	158.414 664° W	75.468 775° N	162.106 873° W	116.3
DTM2-12	2014-09-06	75.468 775° N	162.106 873° W	75.860 013° N	163.889 808° W	45.5

4）近海底磁力测量

本航次共进行了 DTM3 和 DTM2 两条测线的近海底磁力测量。为了保证仪器在水下的供电正常，在测量 DTM2 测线时充电 4 次，因此 DTM2 测线分为 4 部分，具体信息见表 5-14。

表5–14　近海底磁力测线
Table 5–14　The deep–towed magnetic survey lines

测线名称	起始纬度	起始经度	测线长度 (km)	拖体深度 (km)
DTM3	76°08.0′N	143°32.4′W	112	1.8
DTM2–1	75°49.3′N	138°58.1′W	123	3.1
DTM2–2	75°45.2′N	143°16.3′W	80	3.2
DTM2–3	75°40.6′N	145°46.0′W	123	2.3
DTM2–4	75°34.2′N	150°3.2′W	154	2.1

　　为了测试钢缆、拖体和U形环等外界的干扰，2014年8月24日在长期冰站对近海底磁力仪进行了定点的测试。将Sentinel磁力仪和压力传感器同时放到拖体上，并使用3个"U"形环和地质钢缆进行连接，测量数据如图5-18所示。当地水深3 600 m，以1 m/s的速度释放钢缆到3 500 m，停留半小时后，以1 m/s的速度回收，压力传感器显示的水深变化如图5-18所示。从图中可以看出，在钢缆释放阶段，磁力数据从57 600 nT呈指数增大至最终的58 200 nT，在停留期间相对稳定，并在钢缆回收期间呈现相对应的指数趋势变化。这种变化与磁力场测量值随场源距离增加而呈指数衰减的理论关系相一致，表明仪器工作正常。同时，测量值存在100 nT左右的高频抖动，判断为外界的干扰。为减小此干扰，8月24日在长期冰站上对可能干扰源进行了实验。实验现场情况如图5-19所示。根据实验结果，3个"U"形环和压力传感器是最大的干扰源，压力传感器的影响在2 m之后基本低于2 nT，3个"U"形环在40 cm距离时影响约100 nT，其中磁性影响最小的在40 cm距离时约30 nT，在80 cm距离时影响值为15 nT。根据反复试验，最终选定磁性最小的一个"U"形环在实际测量中使用。

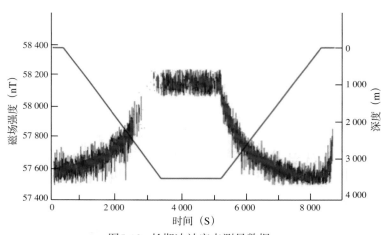

图5-18　长期冰站定点测量数据
Fig. 5-18　The magnetic data on long-term ice station

图5-19　冰面上实验情况
Fig. 5-19　The test of magnetometer on ice station

5）海洋地震

反射地震共一条测线，测线实际有效长度 210 km。共获得多道地震数据 48 G。除去在 GMT 时间 2014 年 9 月 5 日 22：00 至次日 01：00 回收震源维护之外，其余时间都正常工作。地震数据受海况、水深和船速的影响较大。在测线东段，水深较深，震源能量选择较低，穿透深度会受到一定影响。在测线中段，水深变浅，海底面反射增强。在测线西段，工作接近尾声，海况变差，数据质量相比中段要差。

6）热流测量

本航次共进行了 19 个热流站位的测量，除了 R10 和 R11 两个站位由于重力柱取样深度不超过 1 m，无法计算温度梯度外，其他站位数据均有效。测量温度梯度时依托重力柱进行。为了尽量减小插入沉积物时摩擦热对地温测量产生的影响，各传感器之间相互错开，各传感器从下向上距重力柱刀口的距离见表 5-15。

表5-15 热流传感器安装参数
Table 5-15 The parameters of mini-temperature loggers

序号	仪器编号	距刀口距离（m）	功能
1	SN160-288	0.42	温度测量
2	SN160-275	1.50	温度测量
3	SN160-276	2.50	温度测量
4	SN160-277	3.50	温度测量
5	SN160-272	4.50	温度测量
6	SN160-005	5.50	倾斜角度测量
7	SN146-006	6.00	压力测量

5.5.2 数据与样品评价

1）海洋重力

重力数据质量受海况、船舶运动的影响较大。从码头出发直至 7 月 31 日进入浮冰区前，海况良好，加上"雪龙"船吨位较重，具备较好的抗浪能力，此阶段重力数据曲线光滑，重力数据质量主要受站位作业时"雪龙"船航速、航向变化影响；7 月 31 日中午前后进入冰区，"雪龙"船需要经常改变航向选择最佳前进线路，并在冰情较重时倒船再前冲破冰，冰与船体的碰撞以及船体航速、航向的迅速变化带来较强的高频扰动，使得低频重力数据上叠加了很多"毛刺"［见图 5-20(a)］，最大可达 30 mgal；在长期冰站作业过程中，船随冰进行缓慢移动，速度、运动方向的变化均十分缓慢，观测曲线平滑（见图 5-21）。在地球物理测线作业过程中仍有较多冰覆盖，船只有时需要破冰前进或者大幅度调整航向以避过浮冰，这都对重力数据造成一定程度的影响，沿 DTM02 测线向西，冰情渐轻，数据光滑无毛刺。

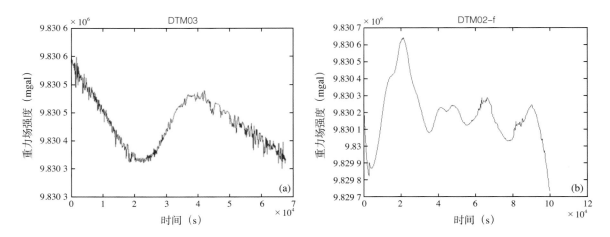

图5-20 (a) 冰情严重时观测数据毛刺增多; (b) 无冰区域作业数据光滑
Fig. 5-20 (a) The surveyed gravity data in heavy ice area; (b) The surveyed gravity data in ice free area

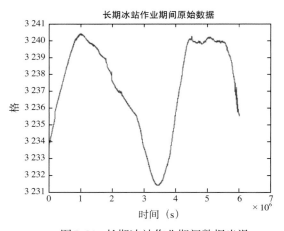

图5-21 长期冰站作业期间数据光滑
Fig. 5-21 The data on long-term ice station

2）海面拖曳式海洋磁力

在整个测量期间，除偶尔的跳动外，拖曳式磁力测量大部分信号强度高于400，磁力总场值在57 000～59 000 nT之间，符合对此区域地磁场的认识。部分 DTM2 测线的数据如图 5-22 所示。

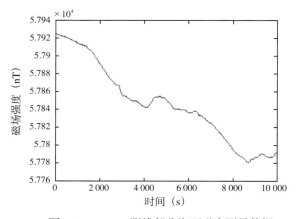

图5-22 DTM2测线部分海面磁力测量数据
Fig. 5-22 The sea surface magnetic data along DTM2 profile

3）近海底磁力

压力传感器显示拖体在水下的深度变化较小，幅值主要在 200 ~ 300 m 范围，每小时的深度变化不超过 100 m，表明仪器在水下的姿态基本稳定。根据与海面磁力数据的比较（图 5-23），近海底磁力数据和海面磁力在整体低频上变化趋势一致，但是其幅值约为海面磁力仪的 1.5 倍，在高频上（4 ~ 10 km），海底磁力测量数据能够反映出更多的细节。

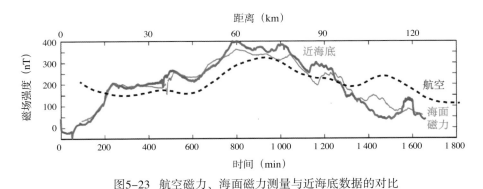

图5-23　航空磁力、海面磁力测量与近海底数据的对比
Fig. 5-23　The comparisons of air-borne, sea surface and deep-towed magnetic data

4）海洋地震

抽取第 38 道地震数据经过简单处理形成剖面（图 5-24）。穿透深度最深位于 4 400 炮区域，最深穿透深度超过 500 ms 双层反射。前面 2 700 ~ 3 500 炮之间以及 4 900 ~ 5 900 炮之间地形比较平缓，分辨率达到米级。在 3 400 炮 ~ 4 100 炮区域和 4 600 ~ 4 900 炮区域，由于基岩出露，没有沉积层反射，见图 5-24。4 100 ~ 4 600 炮区域穿透深度最深，处于两个海山之间，存在明显的层状沉积。由于仅仅是抽取单道剖面，未进行叠加，也未进行各项其他校正，因此剖面存在诸多问题需要进一步处理。

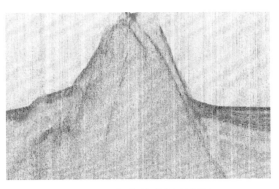

图5-24　部分单道剖面截图
Fig. 5-24　Snapshot of seismic data

5）热流数据

在 C15 站，使用船载 CTD 对使用的温度探针进行了标定。测量中各温度探针间的温度梯度相近，表明测量结果可靠。S07 测量站位的温度变化如图 5-25 所示。

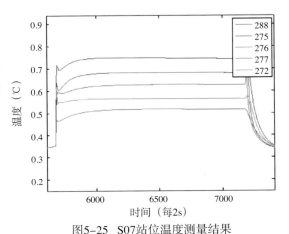

图5-25　S07站位温度测量结果
Fig. 5-25　The measured temperatures of S07 station

6）质量保证措施

本航次全程进行仪器、人员、测量过程和数据安全的质量监控。航次前填写了仪器一览表和人员资质表。在测量开始前，现场进行了仪器状态的测试和相关人员的培训。在航次过程中配合航次质量检查员进行了多次的质量检查，根据发现的问题，进行了及时的整改。

5.6 数据处理及结果

5.6.1 海洋重力的数据处理

在此次考察中，海洋重力仪器性能稳定，全程工作正常。航次共进行了重力整机系统的试验和航前、航后的码头重力基点比对，仪器的月漂移 $1.23 \times 10^{-5}\,\mathrm{m/s^2}$，符合调查规范的要求（表5-16）。

表5-16 重力基点对比表
Table 5-16 Table of gravity base correction

日期（UTC）	时间（UTC）	基点重力仪读数（×10⁻⁵ m/s²）
2014-07-10	23:45	−536.85
2014-09-22	07:17	−539.91

重力资料处理流程包括异常数据检查、正常场计算、厄特渥斯改正、零点漂移改正、自由空间异常计算和布格重力改正等，部分处理结果如图5-26所示。

1）检查异常

由于在测量过程中经常出现停船、加速、减速和避障转向等现象，对重力的测量造成了一定的影响。为消除这些影响，需要对所计算的重力异常进行重新检查。检查的具体方法是，首先草绘各测线的剖面图，根据平面剖面图上反映出的疑问点，对照重力原始模拟记录，重力值班日志以及定位值班日志检查。如在疑问点的前后有停船、船加速、减速、避障转向等现象，便确定该点为错误点，然后用手工将其剔除。

2）正常场计算

重力正常场的计算采用1985年国际正常场公式为

$$\gamma_0 = 978032.67714 \times \frac{(1 + 0.00193185138639 \times \sin^2\phi)}{\sqrt{(1 - 0.00669437999013 \times \sin^2\phi)}}$$

式中：γ_0 —— 正常重力场（$\times 10^{-5}\,\mathrm{m/s^2}$）；

ϕ —— 测点地理纬度（°）。

3）厄特渥斯改正

厄特渥斯改正计算公式为

$$\delta_{ge} = 7.499 \times V \times \sin A \cos\varphi + 0.004 \times V^2$$

式中：V —— 航速（kn）；

　　φ —— 测点地理纬度（°）；

　　A —— 航迹真方位角（°）。

厄特渥斯校正值是影响重力测量精度的主要因素，经试验利用经过 51 点（GPS 在 1 s 采样时）圆滑的航速、航向计算出的校正值比较合理。

4）自由空间改正

自由空间改正计算公式为

$$\delta_{gf} = 0.3086 \times H$$

式中：H —— 重力仪弹性系统至平均海面的高度（m）。

5）零点漂移改正

零点漂移改正计算公式为

$$\delta R = (\delta R_1 - \delta R_2)/Ds$$

式中：δR —— 日掉格值，$\times 10^{-5}\,\mathrm{m/s^2}$；

　　δR_1 —— 出航时基点的重力值，$\times 10^{-5}\,\mathrm{m/s^2}$；

　　δR_2 —— 返航时基点的重力值，$\times 10^{-5}\,\mathrm{m/s^2}$；

　　Ds —— 总天数。

6）自由空间异常计算

自由空间异常计算公式为

$$\Delta_{gf} = g + \delta_{gf} - \gamma_0$$

式中：g —— 测点的绝对重力值，$\times 10^{-5}\,\mathrm{m/s^2}$；

　　δ_{gf} —— 自由空间校正值，$\times 10^{-5}\,\mathrm{m/s^2}$；

　　γ_0 —— 正常重力场值，$\times 10^{-5}\,\mathrm{m/s^2}$。

其中：

$$g = g_0 + C \times \Delta s + \delta R + \delta g_e$$

式中：g_0 —— 基点绝对重力值，$\times 10^{-5}\,\mathrm{m/s^2}$；

　　C —— 重力仪格值 [$10^{-5}\,\mathrm{m/(s^2 \cdot cu)}$，$1\mathrm{cu}=0.9\,713\,418 \times 10^{-5}\,\mathrm{m/s^2}$]；

　　Δs —— 测点与基点之间的重力仪读数差（cu）；

　　δR —— 零点漂移改正值，$\times 10^{-5}\,\mathrm{m/(s^2 \cdot d)}$；

　　δg_e —— 厄特渥斯改正值，$\times 10^{-5}\,\mathrm{m/s^2}$。

7）布格重力改正

用同步测量的水深数据计算简单布格校正值。

简单布格校正公式为

$$\delta gb = 0.0419 \times (\sigma - 1.03) \times H$$

式中：H —— 水深（m）；

σ —— 地层密度（2.67×10^{-3} kg/cm³）。

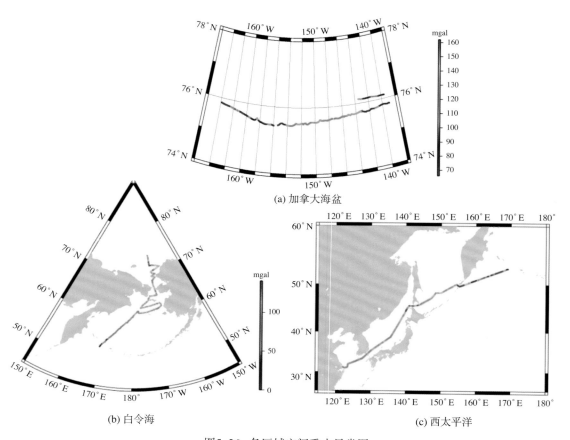

(a) 加拿大海盆

(b) 白令海

(c) 西太平洋

图5-26　各区域空间重力异常图

Fig. 5-26　The FAA map of Canada basin, Bering sea and western Pacific

5.6.2　海面和近海底磁力异常

为了获取 DTM2 的磁异常，对原始数据进行了改正：首先利用前期磁力调查时获取的船磁数据，对原始数据进行了船磁改正；接着利用日变观测数据，进行了日变改正；最后利用地磁参考场（IGRF）模型，得到了该调查区的地磁正常场数据，处理得到的海面磁力异常，如图 5-27 所示。

日变改正使用了从国际地磁网 INTERMAGNET 下载的近同纬度的 Resolute Bay 地磁观测台站数据，经纬度坐标分别为 74.690°N，265.105°W。图 5-28 为 Resolute Bay 地磁台 9 月 5 日内观测的日变观测值。通过分析日变观测值，总体数据比较平缓，无磁暴现象，因此我们将相应数据进行时间偏移后对测量数据进行日变改正。

从图 5-27 中可以看出，加拿大海盆的磁力异常和楚科奇边缘地之间存在明显的分区性。楚科奇边缘地的磁力异常整体偏高，变化幅值为 500 nT，其中北风脊区域磁异常变化较大，可能与地形变化剧烈相关。相比北风脊和楚科奇海台区域，北风平原内幅值较低，并且变化平缓。加拿大海盆的磁力异常整体偏负，幅值在 300 nT 的高低相间变化，可能体现了海底扩张过程中的磁力异常条带。

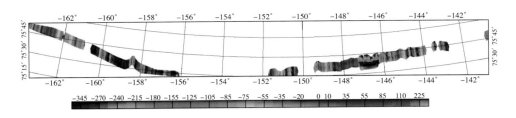

图5-27 测区的磁力异常

Fig. 5-27 The magnetic anomalies in the study area

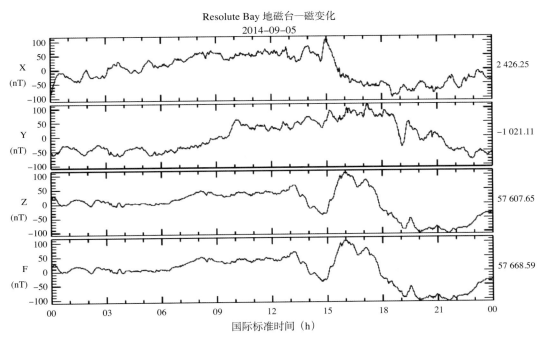

图5-28 Resolute Bay地磁台的日变观测值

Fig. 5-28 The magnetic anomalies in the Resolute Bay station

5.6.3 近海底磁力

近海底磁力仪整体工作稳定，但是由于拖体姿态受到海流等的影响，采集数据存在跳点。我们这里通过人工判断，手动删除这些受到干扰的点。删除跳点后的数据如图 5-29 所示。

此次测量并未在拖体上安装水下定位系统，因此磁力仪的位置需要根据船上的 GPS、拖缆长度、深度和船速综合计算得到。拖缆长度为万米绞车读数，每半小时记录一次。拖体深度由深度传感器（SBE）得到。拖体离船尾距离、拖缆长度和深度按照直角三角形计算，并根据船速将仪器改正到相应时间点时船体位置。拖体深度与船速的关系如图 5-30 所示。从图 5-30 可以明显看出，拖体深度与船速具有完全的一致性。若要保证拖体能够沉放到一定深度，船速必须要减慢。拖体深度沉放最深的 DTM2-1 和 DTM2-2 测线，其船速均对应 2 kn 左右。

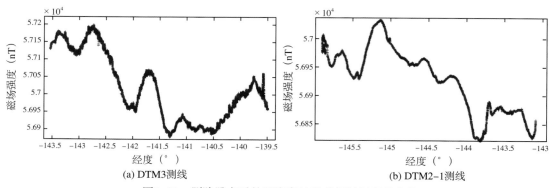

(a) DTM3测线 (b) DTM2-1测线

图5-29 删除跳点后的近海底地磁总场随经度的变化
Fig. 5-29 The magnetic total filed measured by deep-towed system

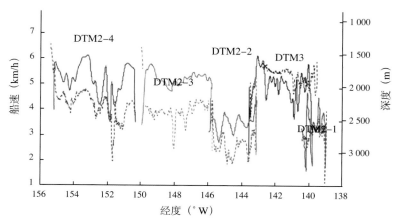

图5-30 船速与拖体深度。实线为船速，虚线为相应的拖体深度
Fig. 5-30 The relationship between ship velocity and depth of deep-towed system

海洋地磁测量的正常场计算采用国际高空物理和地磁协会（IAGA）公布的国际地磁参考场（IGRF）公式计算。

5.6.4 海洋地震

采用 SU 地震处理软件，抽取多道地震数据第 38 道进行处理。对第 38 道数据进行时间窗口裁剪，剔除直达波以及海水中的无效信号，对无效炮进行简单剔除。对单道数据进行时变增益处理，增加深部信号强度。经过频谱分析，确定震源有效信号范围 200 ~ 500 Hz，采用 200 ~ 250 Hz 至 800 ~ 900 Hz 的带通滤波，滤除海水本身以及船舶造成的噪声信号。最后对地震数据进行修饰，对数据进行横向和纵向振幅均衡，处理导出成果剖面，如图 5-31。

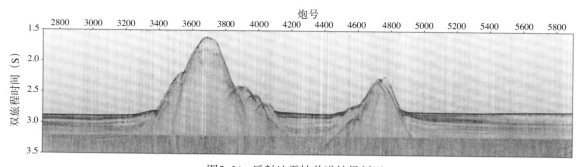

图5-31 反射地震抽单道结果剖面
Fig. 5-31 The single channel seismic profile

5.6.5 热流

热流的数据处理分为温度转换、地温梯度计算和热导率测量三部分。温度探针测量的原始数据是电阻变化值，需要通过国立台湾大学海洋研究所提供的温度与电阻值转换关系程式将数据转换为温度值。

本航次进行热流测量时，重力柱状样插入沉积物的后持续稳定时间大多超过 20 min。其中长期冰站期间，由于不受船时限制，持续稳定时间超过 30 min。在重力柱插入沉积物后 20 min 后，温度曲线趋于稳定，其变化不超过 0.000 1℃/min，基本可以认为达到温度平衡状态，如图 5-32 所示。

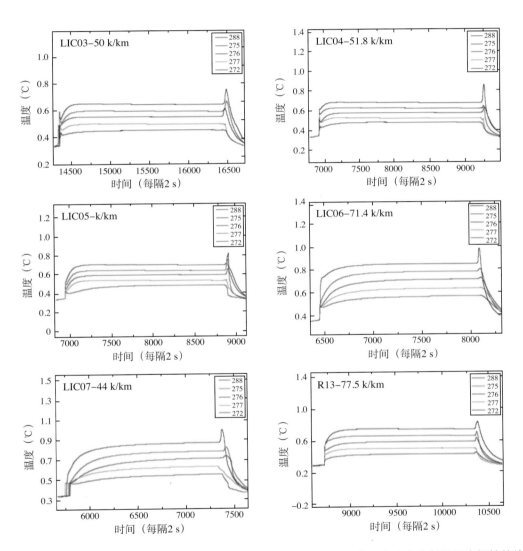

图5-32 热流站位温度梯度。站位名称和相应温度梯度标在图左上方，右上方为每根温度探针的编号
Fig. 5-32 The temperature gradient of heat flow stations

沉积物样品的热导率由 TK04 型热导率仪测量。样品在测量前均存放在"雪龙"船样品库。样品库内温度与海水温度接近，测量热导率时样品与测量环境之间达到热平衡。每个热流站位的沉积物进行两个部位的测量，分别距沉积物顶界面和底界面 1 m。每个位置进行 5 ~ 10 次测量，测量结果的平均值作为该样品的热导率，部分站位热导率情况如图 5-33 所示。

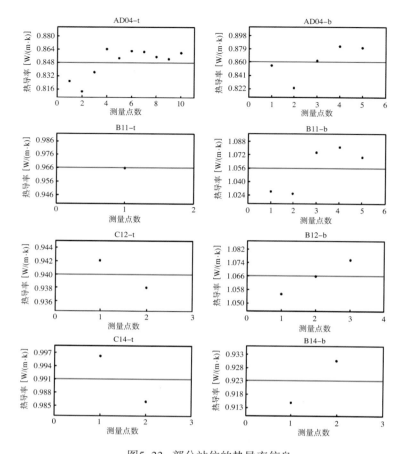

图5-33 部分站位的热导率信息

Fig. 5-33 The thermal conductivity of heat flow stations

热流的计算可以简化为平均地温梯度和平均热导率的乘积（即傅里叶定理），如下式所示。本次测量的热流数据如图 5-34 所示。

$$T(z) = T_0 + q \cdot R(z)$$

其中：z 为深度，m；T_0 为海底温度；$R(z)$ 为热阻；q 为热流密度，mW/m²。

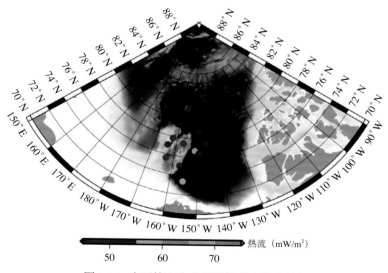

图5-34 中国第六次北极科学考察热流数据

Fig. 5-34 The heat flow data in the study area

5.7　初步认识

中国第六次北极科学考察采集的丰富地球物理资料为我们认识美亚海盆的张裂提供了极佳的机会。我们通过这些实测数据得到了加拿大海盆的扩张时间、扩张速率和岩石圈热结构，并对美亚海盆的形成和演化历史进行了探讨。同时，在楚科奇边缘地区域采集的重力、磁力、反射地震和热流测量，也被用于对比研究加拿大海盆和楚科奇边缘地的地壳结构和岩石圈热状态。综合公开和实测地球物理资料，我们认为楚科奇边缘地初始是作为一个整体存在，其现在的深海槽（北风平原）是后期张裂的结果，其张裂时间开始于 50 Ma 左右，远晚于加拿大海盆的扩张时间。综合地磁资料以及周边构造背景，我们试探性地认为其可能来源于西伯利亚大陆边缘。美亚海盆形成时其与门捷列夫脊相邻，后期（50 Ma 左右）随着楚科奇深海平原的的张裂和捷列夫脊分开。与热流数据推测的 150 ~ 100 Ma 相符，对近海底和历史磁力数据的磁条带追踪结果表明，加拿大海盆的最优扩张时间为 145 ~ 123 Ma，扩张速率在扩张之初为 40 mm/a。这一结果清晰地表明加拿大北极群岛与西伯利亚是曾经的共轭大陆边缘。我们认为，美亚海盆的形成至少分为两期：一是 145 ~ 123 Ma，西伯利亚和加拿大北极群岛分开，形成美亚海盆的主体；二是欧亚海盆形成之前（56 Ma 前），马克洛夫海盆形成，将阿尔法脊和罗蒙诺索夫脊分开，同时楚科奇边缘地也由门捷列夫脊上分开，形成了楚科奇深海平原。

5.7.1　众说的模式

美亚海盆的构造模式可以分为大陆地壳洋壳化、古洋壳的捕获和海底扩张形成的三大类（Lawver and Scotese，1990）。目前，主流的观点均认可海底扩张模式，但是对具体扩张方式却存在多种解释。Lawver 和 Scotese（1990）系统总结逆时针旋转、阿尔法—门捷列夫脊扩张中心、北极阿拉斯加走滑和育康（Yukon）走滑模型 4 种海底扩张模式，加上 Kuzmichev（2009）提出的平行四边形模型，目前共有 5 种具体扩张模式（图 5-35）。

从图 5-35 中可以看出，美亚海盆主要被加拿大北极群岛、阿拉斯加北坡、西伯利亚和罗蒙诺索夫脊（或阿尔法—门捷列夫脊）4 个大陆边缘包围。在各种海底扩张模式中，一个重要的区分就是以上 4 个区域是被动大陆边缘（P）还是走滑大陆边缘（F）。

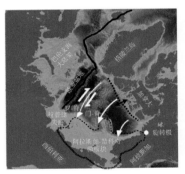

(a) 逆时针旋转模式

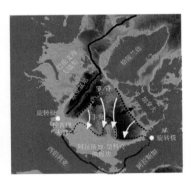

(b) 阿尔法—门捷列夫脊扩张中心

(c) 育康（Yukon）走滑模式

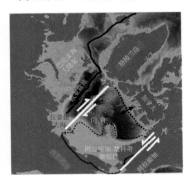

(d) 北极阿拉斯加走滑模式

图5-35　美亚海盆形成模式

Fig. 5-35　Bathymetric map showing the four main oceanic rift models for the opening of the Amerasian Basin after Miller et al. (2010)

1）逆时针旋转模式（PPPF）

逆时针旋转模型是目前最为被广泛接受的模型。加拿大海盆逆时针旋转成因最早由 Carey（1995）提出，并由 Hamilton（1968）、Grantz（1966）等详细解释，见图 5-35a。这种模式认为，在晚侏罗早白垩纪期间，阿拉斯加－西伯利亚－楚科奇边缘地等以加拿大 Mackenzie 三角洲为旋转极，从加拿大北极群岛逆时针旋转 66°而形成了美亚海盆（Grantz et al., 1979; Laxon and McAdoo, 1994）。这种模式最主要的依据是阿拉斯加和加拿大北极群岛之间泥盆－石炭纪一致的地层层序以及这两个区域中生代盆地中心在旋转拼接后的吻合程度（Embry, 1990; 2000）。Grantz 等（1998）也在楚科奇边缘地区域发现了和加拿大北极盆地相近的地层和岩石。在阿拉斯加 Kuparuk 区域的古地磁测量也表明，阿拉斯加曾经发生过 65°～70°的旋转（Halgedahl and Jarrard, 1987）。根据陆地地层和断裂带等证据的综合考虑，Grantz 等（2011）分别提出了两期扩张的海盆形成模式，属于对旋转模式的改进。由于陆地证据的限制，人们也试图使用海盆里面的地球物理数据研究美亚海盆的形成历史。

受到海冰覆盖等调查条件的制约，海盆内的地球物理数据几乎全部来自航空测量。考虑到美亚海盆较深的水深（近 4 km）和较厚的沉积物厚度（超过 4 km），航空磁力尤其是磁力测量离场源较远（磁力信号强度随场源的距离的增加呈指数衰减），数据分辨率较低，其提供的仅是非常试探性的解释（Taylor et al., 1981）。Taylor 等（1981）认为残留的洋中脊在 145°W 左右，海盆形成年代为 153～127 Ma。Brozena 等（2003）重新在美亚海盆进行了航空磁力测量，并结合重力测量数据认为美亚海盆是通过旋转模式形成，期间经过了多期的扩张。由于其使用的数据仍然需要延拓到海面以上数千米（Maus et al., 2009），因此在识别磁条带时仍然存在巨大困难。卫星重力数据识别的重力低值带可能指示了残留的洋中脊（Laxon and McAdoo, 1994），但是由于海冰的干扰，卫星反演的重力数据在极区精度较差。热流数据反映了岩石圈形成后的冷却时间，但是美亚海盆内的热流测量数据极为稀少。在全球热流数据库中（http://www.heatflow.und.edu），美亚海盆的主体加拿大海盆和关键的楚科奇海台区域甚至没有任何一个热流站位。

2）阿尔法－门捷列夫脊扩张中心（FPFP）

类似逆时针旋转模式，此模式中阿拉斯加北坡也是被动大陆边缘，但是其扩张中心为阿尔法－门捷列夫脊，共轭大陆边缘为罗蒙诺索夫脊（Johnson and Heezen, 1967），加拿大北极群岛为左旋的转换断层，如图 5-35b 所示。Christie（1979）最早用这个模式来解释美亚海盆的形成。根据 Franklinia 造山带的研究，Christie（1979）认为古生代－中生代早期，加拿大盆地开始了平行于罗蒙诺索夫脊或阿尔法脊的张裂。Crane（1987）也提出了相近的解释，她认为加拿大海盆的扩张开始于 150 Ma，并在 80 Ma 时停止。

3）育康（Yukon）走滑模型

此模式是由 Jones（1980, 1982, 1983）根据在 Mckenzied 岛的石油钻进提出的混合模式，它包括了古生代古洋壳的俘获、沿阿拉斯加的走滑和以阿尔法脊为扩张中心的海底扩张。如图 5-35c 所示。他假定加拿大海盆的年龄为古生代，曾经与加拿大北极群岛一起是北美板块的一部分。

4）北极阿拉斯加走滑（PFPF）

此模式与阿尔法－门捷列夫脊扩张中心模式恰好相反。两个模式的走滑和被动大陆边缘相互转换，加拿大北极群岛和西伯利亚为被动大陆边缘，而罗蒙诺索夫脊和阿拉斯加为走滑大陆边缘，如图 5-35d。在这个模式中，东北西伯利亚沿平行于阿拉斯加的转换断层从加拿大北极群岛张裂形成

（Vogt et al.，1982）。在这个模式中，阿拉斯加与北美克拉通之间一直保持相对的一致。这个模式与加拿大海盆里面的航空磁力测量的结果和折射地震结果较为相符（Vogt et al.，1982；Mair and Lyons，1981）。Rowley 等（1985）更进一步地认为加拿大海盆实际上是阿尔法－门捷列夫脊下俯冲导致的弧后扩张。

5）平行四边形模式

由于美亚海盆中加拿大海盆与马卡罗夫海盆长轴近于垂直，因此通常所推测的扩张轴也是垂直的，这从动力机制上难以找到合理的解释。Kuzmichev A. B.（2009）注意到美亚洋与日本海不仅规模相当，而且2个盆地具有相似的构造：洋壳中嵌有伸展大陆脊，因此可能有相似的起源，即美亚海盆可能为弧后盆地。因此认为在侏罗纪－白垩纪之交，随大陆地体和岛弧地体与美亚大陆边缘的碰撞而打开。普遍的地幔对流重组和大洋板块后卷模型在此是适用的。因此，美亚海盆可看作边缘陆壳裂离形成的普遍的弧后盆地。但裂谷式打开的动力学无法解释其三角状的外形特征。

前白垩纪，新西伯利亚－楚科奇地体与西伯利亚台地的连接，尤其在其南部泰梅尔地区，可认为美亚海盆的新西伯利亚一角也是旋转打开的。新西伯利亚－楚科奇陆块裂离罗蒙诺索夫海岭边缘，并发生顺时针旋转。旋转极位于现今拉普捷夫海，邻近马克洛夫海盆角。美亚海盆相对旋转式裂谷作用形成2个对角，因此，盆地的打开符合两极旋转模式。两极旋转模式的主要矛盾是罗蒙诺索夫海岭与加拿大裂谷边缘相当尖的锐角。两极旋转模式的另一个矛盾是平直而狭窄的马卡罗夫盆地，形状与加拿大海盆明显不同，更像是裂谷作用而不是旋转的结果。为解决这两个难题，Kuzmichev（2009）大胆提出了平行四边形模式（图5-36），认为北美大陆顺时针旋转，而欧亚大陆逆时针旋转，导致期间的加拿大海盆和马卡罗夫海盆旋转打开。这个模式似乎提供了比较符合该区地理特征的构造解释，而且较为形象。但仅是推测，且地球动力系统复杂，是否成立，尚需地质地球物理资料的证实。

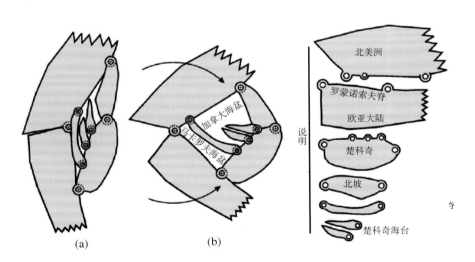

图5-36　美亚海盆打开的平行四边形模式（Kuzmichev，2009）

(a) 晚侏罗世；(b) 现今；(b) 中楚科奇和北阿拉斯加有适度的压缩，其他地体形状不变

Fig. 5-36　The parallelogram model for Amerasian basin opening. Based on Kuzmichev (2009)

6）非扩张模式

美亚海盆张开的多种构造模式，都要求洋盆以旋转张开（Lawver et al., 1990；Grantz et al., 1998；Lawver et al., 2002）。根据新编的北极磁异常图，Saltus 等（2012）认为加拿大海盆不存在磁异常条带，并将美亚海盆的磁异常与北极及全球（Korhonen et al., 2007）已知的洋壳进行对比，发现美亚海盆深水区不具洋壳特征，不能提供存在洋壳的决定性证据。

Saltus 等（2012）认为斐济海盆和墨西哥湾磁异常特征与加拿大海盆可类比。斐济海盆外形呈三角形，被认为是澳大利亚板块与太平洋板块会聚过程间歇性扩张的结果。该区复杂的磁异常模式（Quesnel et al., 2009），被解释为自 12Ma 以来，洋壳三联点连续扩张的结果（Garel et al., 2003）。墨西哥湾被认为是陆壳超级拉张，导致地幔剥露的结果（Harry，2008；Lawver et al., 2008），可能还包含热点岩浆的干扰（Bird et al., 2005）。墨西哥湾的磁异常特征（NAMAG，2002）为中等振幅，准线性异常。由于加拿大海盆磁异常特征不清晰。Saltus 等（2012）认为磁异常可以反映地壳类型。美亚海盆可能不是传统的洋壳，而是高度拉张但属扩散性拉张的结果，或属各种地壳（过渡型）的混合。

美亚海盆的拉伸减薄可能与阿尔法—门捷列夫脊大岩浆省的形成演化有关。如果阿尔法—门捷列夫大岩浆省与岩石圈地幔柱的热扩散有关（Parsons et al., 1994；Saltus et al., 1995；Sleep et al., 2002；Tappe et al., 2007），那么岩石圈可能大范围被加热、弱化，形成扩散性的侵入和拉张。原始陆壳可能出现扩散式或分布式的拉张，而不是像旋转张开模式（Grantz et al., 1998；Lawver et al., 2002）那样，要求沿单一的主转换构造（推测在阿尔法海岭或罗蒙诺索夫海岭附近）形成大规模剪切。

5.7.2 磁条带的对比

我们使用 Modmag 软件正演磁异常，使用的地磁年代周期表为广泛应用的 Gee 和 Kent（2007）模型（表 5-17）。假设磁性体厚度为均一的 500 m。考虑到海盆形成年代较久，磁化强度设为 7 A/m，磁偏角和磁倾角使用测量时扩张中心的值（分别为 23.9°和 85.2°）。板块运动方向（扩张方向）依据逆时针旋转模型，洋中脊位置根据重力数据的低值带来确定（约为 142.3°W），如图 5-37 所示。加拿大海盆的重力异常有两个主要特征：一是空间重力异常（FAA）显示 142.3°W 附近有一个超过 20 mgal 的低值带，与推断的洋中脊位置较为接近。

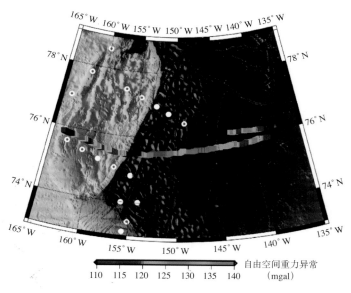

图5-37　测区的空间重力异常
Fig. 37　The FAA in the study area

低值带的宽度约为 25 km，为慢速—超慢速扩张洋中脊的典型特征；二是整体的 FAA 从 142.3°W 向西逐步增大。考虑到沉积物覆盖后的海底地形较为平台，推断为从 142°W 向西岩石圈年龄不断变老、变冷导致的密度增大的结果。因此我们认为 142.3°W 为残留的古洋中脊。由于近海底磁力数据在水下测量，因此在进行正演时，根据拖体的高度进行了相应的改正。

表5-17 磁条带追踪使用的地磁极性反转模型
Table 5-17 Magnetic polarity models (Gee and Kent, 2007)

起始时间（Ma）	结束时间（Ma）	正异常编号	起始时间（Ma）	结束时间（Ma）	负异常编号
83	120.6	C34n	120.6	121	CM0r
121	123.19	CM1n	123.19	123.55	CM1r
123.55	124.05	CM2n	124.05	125.67	CM3r
125.67	126.57	CM4n	126.57	126.91	CM5r
126.91	127.11	CM6n	127.11	127.23	CM6r
127.23	127.49	CM7n	127.49	127.79	CM7r
127.79	128.07	CM8n	128.07	128.34	CM8r
128.34	128.62	CM9n	128.62	128.93	CM9r
128.93	129.25	CM10n	129.25	129.63	CM10r
129.63	129.91	CM10Nn.1n	129.91	129.95	CM10Nn.1r
129.95	130.22	CM10Nn.2n	130.22	130.24	CM10Nn.2r
130.24	130.49	CM10Nn.3n	130.49	130.84	CM10Nr
130.84	131.5	CM11n	131.5	131.71	CM11r.1r
131.71	131.73	CM11r.1n	131.73	131.91	CM11r.2r
131.91	132.35	CM11An.1n	132.35	132.4	CM11An.1r
132.4	132.47	CM11An.2n	132.47	132.55	CM11Ar
132.55	132.76	CM12n	132.76	133.51	CM12r.1r
133.51	133.58	CM12r.1n	133.58	133.73	CM12r.2r
133.73	133.99	CM12An	133.99	134.08	CM12Ar
134.08	134.27	CM13n	134.27	134.53	CM13r
134.53	134.81	CM14n	134.81	135.57	CM14r
135.57	135.96	CM15n	135.96	136.49	CM15r
136.49	137.85	CM16n	137.85	138.5	CM16r
138.5	138.89	CM17n	138.89	140.51	CM17r
140.51	141.22	CM18n	141.22	141.63	CM18r
141.63	141.78	CM19n.1n	141.78	141.88	CM19n.1r
141.88	143.07	CM19n	143.07	143.36	CM19r
143.36	143.77	CM20n.1n	143.77	143.84	CM20n.1r
143.84	144.7	CM20n.2n	144.7	145.52	CM20r
145.52	146.56	CM21n	146.56	147.06	CM21r
147.06	148.57	CM22n.1n	148.57	148.62	CM22n.1r
148.62	148.67	CM22n.2n	148.67	148.72	CM22n.2r
148.72	148.79	CM22n.3n	148.79	149.49	CM22r
149.49	149.72	CM22An	149.72	150.04	CM22Ar
150.04	150.69	CM23n.1n	150.69	150.91	CM23n.1r
150.91	150.93	CM23n.2n	150.93	151.4	CM23r

经过反复的试验，我们得到的最优扩张时间为 145 ～ 123 Ma，扩张速率在扩张之初为 40 mm/a，在 130 Ma 后，扩张速率降到 30 mm/a，残留中脊两侧扩张速率一致，为对称扩张。

沿整条剖面，观测异常存在 4 个大于 50 km 的正异常，分别位于 –350 ～ –280 km、–280 ～ –200 km、–200 ～ –30 km 和 –30 ～ 70 km 处，我们这里将它们命名为 Ⅰ、Ⅱ、Ⅲ、Ⅳ区。观测值和拟合值在这 4 个区域均较为一致。其中Ⅰ区的正异常主要由 CM18n 至 CM20n 2n 一系列的正极性的地磁期组成，其中宽阔的 CM19n 和 CM20n，2n 组成了Ⅰ区的双峰，如表 5-17。Ⅰ区和Ⅱ区的分界线为超过 2 Ma 的负极性期 CM17r。Ⅱ区的主峰主要反映了 CM16n 的作用，而其两侧对称的伴生次峰分别是持续时间为 0.5 Ma 的 CM17n 和 CM15n。Ⅱ区和Ⅲ区的分界线主要受到 CM12r 到 CM15r 一系列负极性期的作用，当中的隆起部分是较短的正极性期的反映。Ⅲ区内的正负交迭较多，整体上偏正，因此造成了众多的叠加在正异常上的低幅值、短波长变化。Ⅳ区是残留洋中脊，其两侧为持续时间超过 2.5 Ma 的宽广 CM3r，期间有 3 个正异常值，和两侧负极性期间的幅值差别超过 300 nT。

从整体上看，拟合值在变化幅值上小于观测值，可能与我们取得沉积物厚度过厚有关。根据 Laske 和 Masters（1997）的数据，测线上的沉积物在 6 km 左右，加上 3 800 m 左右的水深，其观测面（2 200 ～ 3 300 m）离场源超过了 7 km。根据地震剖面，Grantz（1999）认为加拿大海盆的沉积物厚度应该在 4.5 km 左右，薄于我们使用的 Laske 和 Masters（1997）模型。

Taylor 等（1981）曾经利用航空磁力的数据追踪了加拿大海盆的磁条带，提出扩张轴在 145°W 附近，扩张速率约为 32 mm/a，扩张年龄为 150 ～ 132 Ma，如图 5-38 所示。

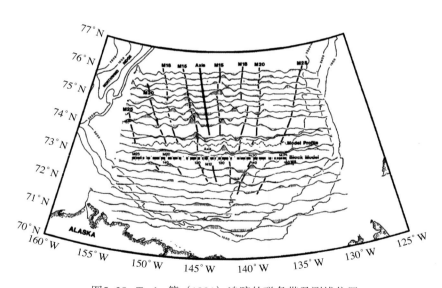

图5-38　Taylor等（1981）追踪的磁条带及测线位置

Fig. 5-38　The profiles of air-borne magnetic data (Taylor et al., 1981)

为了与 Taylor 等的模型进行比较，我们使用本文的模型追踪了 Taylor 等测量的航空磁力数据（图 5-39），并与 Taylor 等追踪的航空磁力数据进行了比较（图 5-40）。两个模型最大的区别在于本文模型对观测值的最强正异常拟合更好。在我们的模型中，最强正异常出现在残留洋中脊处（CM1n），而在 Taylor 等的模型中，最强正异常出现在洋中脊的东侧，并且观测值与拟合值在形态上并不相符。在最强正异常西侧的两个主要正异常上，我们的模型无论在幅值和形态上都更加对应。

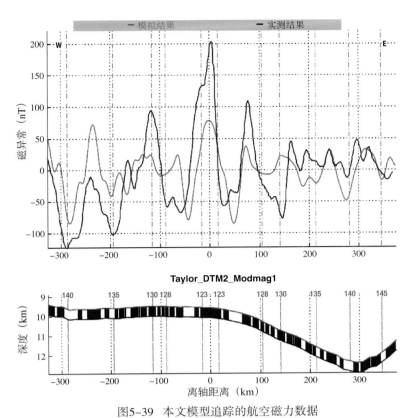

图5-39 本文模型追踪的航空磁力数据

Fig. 5-39 The identified magnetic lineations based on our model

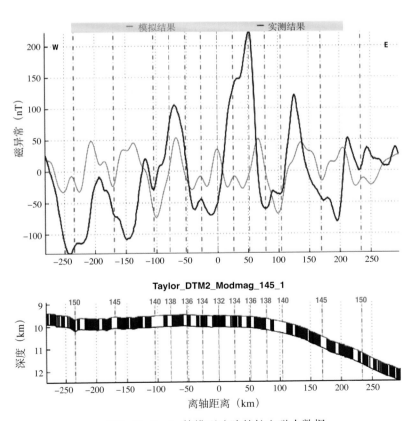

图5-40 Taylor等模型追踪的航空磁力数据

Fig. 5-40 The identified magnetic lineations based on Taylor et al. model

5.7.3 热流数据

利用在加拿大海盆和楚科奇边缘地采集的丰富热流资料,我们反演了热流站位的岩石圈热厚度。

本文采用考虑实际地层模型和生热率的热传导方程来计算反演岩石圈热厚度。模型分为沉积物层、地壳、岩石圈地幔和软流圈。沉积物厚度来源于 Laske 和 Masters(1997)数据,地壳厚度在海盆内取 5 km,在楚科奇边缘地取 30 km。岩石圈底界面的温度取 1350℃,模型顶界面取海水温度(2℃)。生热率和传导系数等参数参见表 5-18。热在固体中的传导使用下式计算:

$$\rho C_p \frac{\partial T}{\partial t} - \nabla \cdot (k \nabla T) = Q$$

其中:C_p 为比热;k 为热膨胀系数。表明系统内传导进入的热等于升高温度所需的热和输出的热流之和。

表5-18　模型中使用的物性参数
Table 5-18　The physical parameters used in inversion

	热导率 [W/(m·K)]	热容 [J/(kg·K)]	密度 (kg/m³)
沉积层	1.8	850	1 950
地壳	2.6	850	2 700
地幔	2.3	1 150	3 300

根据测量热流值,反复调节岩石圈热厚度,使得输出热流值与观测值相符,如图 5-41 所示。

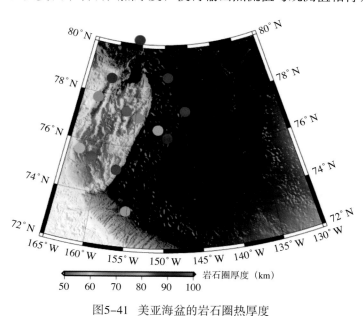

图5-41　美亚海盆的岩石圈热厚度
Fig. 5-41　The thermal thickness of lithosphere in Amerasian basin

5.7.4　讨论

1)楚科奇边缘地的来源

楚科奇边缘地被认为是了解美亚海盆起源的关键区域。与阿拉斯加、西伯利亚和加拿大北极群岛不同,它是残留在海盆内的大陆岩石圈。楚科奇边缘地宽度超过 300 km,长度超过 500 km。

由于其面积较大，并且孤立地存在，所有关于美亚海盆扩张的假说均需要能够解释其最早的位置。Lane（1997）质疑了逆时针旋转模式中板块重构后楚科奇边缘地和加拿大北极群岛空间上长达200 km 的重叠问题，并根据阿拉斯加陆地地震剖面和对周边地层证据的解释提出了多期扩张形成的模式。Miller 等（2006）根据环美亚海盆周边砂岩的锆石定年数据认为，俄罗斯北部边缘并不属于阿拉斯加微板块，并推测楚科奇边缘地可能直接从巴伦支大陆边缘张裂而来，而非从 Sverdrup 盆地旋转过来。这类似欧亚海盆形成时罗蒙诺索夫脊从巴伦支大陆边缘的张裂。

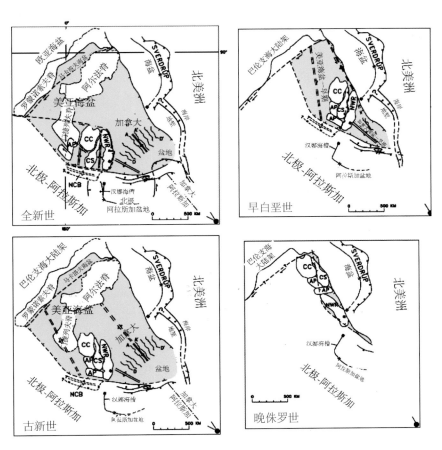

图5-42　逆时针旋转模式中楚科奇边缘地的位置演变（Grantz et al., 1998）
Fig. 5-42　Step-wise reconstruction of Amerasian basin

　　Embry（2000）认为，宽阔的西伯利亚的拉伸可以为楚科奇边缘地提供所需的空间。为了解释空间重叠问题，Grantz 等（1998）假定楚科奇边缘地的各组成部分（包括楚科奇海台、楚科奇冠、北风脊等）在张裂前是线性排列的，在海底扩张过程中各自旋转，最终拼合为现在的楚科奇边缘地，如图 5-42 所示。这就要求楚科奇边缘地在侏罗纪晚期是线性排列于加拿大北极群岛区域，但是我们的调查资料和公开资料并不支持这种观点。

　　Emag-2 数据显示楚科奇边缘地边界为环绕的幅值超过 400 nT 的高磁异常，可能与两侧洋盆形成时的岩浆活动有关。在边缘地内部，其地磁变化平缓，幅值与阿拉斯加和美亚海盆内相似，预示着其内部一致的岩石类型，在美亚海盆张裂过程中并没有大的岩浆活动。我们的调查资料也显示，从美亚海盆进入楚科奇边缘地，其磁异常变化幅值可以达到 800 nT，而在楚科奇边缘地内部，其变化幅值仅有 300 nT 左右。

北风平原的高热流值和相应薄岩石圈热厚度（图5-41）表明其内部的构造活动远晚于加拿大海盆的扩张时间。测区内最高的热流值在 C15、R13 和 C21 均出现在北风平原内部。这3个点的岩石圈热厚度仅为 61 km、65 km 和 50 km，远薄于加拿大海盆里面的 95 km。若依照 Grantz 等（1998）的观点，认为楚科奇边缘地在美亚海盆形成之初完全张裂分开，则可以依据热流值与海盆形成年龄的经验公式推算其年龄，如图5-43所示。楚科奇边缘地的最高热流在 77 ~ 86 mW/m²，对应年龄约为 50 ~ 40 Ma。考虑到后期的构造活动会导致热流测量值的增大，推测楚科奇边缘地的形成可能略早于 50 Ma，但是仍远年轻于加拿大海盆的 150 ~ 100 Ma。

综合以上地球物理资料，我们认为楚科奇边缘地初始是作为一个整体存在的，其现在的深海槽（北风平原）是其后期张裂的结果，其张裂时间开始于 50 Ma 左右，远晚于加拿大海盆的扩张时间。综合下节的地磁资料以及周边构造背景，我们试探性地认为其可能来源于西伯利亚大陆边缘，美亚海盆形成时与门捷列夫脊相邻，后期（50 Ma）随着楚科奇深海平原的的张裂和捷列夫脊分开。

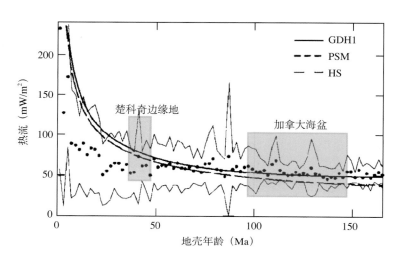

图5-43 热流值与经验地壳年龄（Stein and Stein, 1992）
Fig. 5-43 The relationship between heat flow and crustal age

2）美亚海盆的扩张模式

与热流数据推测的 150 ~ 100 Ma 相符（图5-44），对近海底和历史磁力数据的磁条带追踪结果表明，加拿大海盆的最优扩张时间为 145 ~ 123 Ma，扩张速率在扩张之初为 40 mm/a。这一结果清晰地表明加拿大北极群岛与西伯利亚是共轭大陆边缘。由于我们的测线数据较少，磁条带追踪结果无法区分逆时针旋转模式和阿拉斯加走滑模式。这两个模式都要求罗蒙诺索夫脊附近存在一个巨大的走滑断层，其中逆时针旋转模式认为阿拉斯加也是被动大陆边缘，而阿拉斯加走滑模式认为阿拉斯加和罗蒙诺索夫脊是对称的两个大型走滑断层。

考虑到海盆内阿尔法脊、罗蒙诺索夫脊和马克洛夫海盆等多个构造单元的存在以及楚科奇边缘地的后期拉张，我们认为任何一种单次张裂模式都无法解释目前的美亚海盆的构造格局。

利用密集的航空磁力数据，Dossing 等（2013）在加拿大北极群岛、阿尔法脊、罗蒙诺索夫脊和挪威大陆边缘上识别出一致的磁力条带。根据陆地上的地质证据，他们认为这些条带异常反映了在美亚海盆形成前大陆张裂过程中的岩墙侵入，如图5-44所示。这表明当时阿尔法脊、罗蒙诺索夫脊和挪威大陆边缘是一个整体，马克洛夫海盆并不存在。与阿尔法脊相连的门捷列夫脊目前被认为是陆缘性质，而马克洛夫海盆内的锆石定年和其他工作表明其形成时间晚于89 Ma，可能在欧亚海盆打开（65 Ma）之前。这也与我们热流数据推测的楚科奇海台内部张裂的年代相近。因此，我们试探性地认为，美亚海盆的形成分为两个时期：一是145～123 Ma，以142°W经度线为扩张轴，西伯利亚和加拿大北极群岛分开，罗蒙诺索夫脊和阿尔法脊为与海底扩张对应的走滑边界；二是欧亚海盆形成之前，马克洛夫海盆形成，将阿尔法脊和罗蒙诺索夫脊分开，同时楚科奇边缘地也由门捷列夫脊上分开，形成了楚科奇深海平原。如图5-45所示。

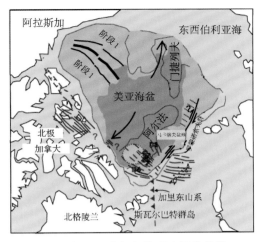

图5-44 航空磁力解释的磁力异常条带。
红色部分被解释为岩墙侵入；黑色部分被认为是海洋岩石圈磁条带
Fig. 5-44 The magnetic lineation based on air-borne magnetic data

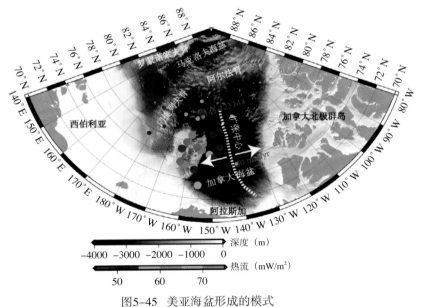

图5-45 美亚海盆形成的模式
Fig. 5-45 The two periods formation of Amerasian basin

5.7.5 结论

（1）北风平原的岩石圈热厚度约为50～60 km，远薄于加拿大海盆的90 km。楚科奇边缘地的内部张裂略早于50 Ma，与马克洛夫海盆的形成年代一致。

（2）根据近海底磁力数据，美亚海盆的最优扩张时间为145～123 Ma，扩张速率在扩张之初为40 mm/a，在130 Ma后，扩张速率降到30 mm/a，残留中脊两侧扩张速率一致，为对称扩张。

（3）美亚海盆的形成至少分为两期：一是145～123 Ma，西伯利亚和加拿大北极群岛分开，形成美亚海盆的主体；二是欧亚海盆形成之前（56 Ma前），马克洛夫海盆形成，将阿尔法脊和罗蒙诺索夫脊分开。同时，楚科奇边缘地和门捷列夫脊分开，形成了楚科奇深海平原。

5.8 小　结

第六次北极科学考察中，地球物理部分共在加拿大海盆完成重力测线 831 km（航程有效重力测线共 2 966.3 km），海面拖曳式磁力测线 513 km，近海底磁力测线 592 km，海洋地震测线 210 km，热流站位 19 个。其中近海底磁力测量为北极区域目前仅有的测量。丰富的高精度地球物理资料表明美亚海盆的形成至少分为两期，其中加拿大海盆的形成时间为 145 ～ 123 Ma，马克洛夫海盆和楚科奇深海平原可能在第二期同时形成。

参考文献

Backman J, Moran K, McInroy DB. 2006. Expedition 302 Scientists, Arctic Coring Expedition (ACEX): Proc. IODP, 302. oi:10.2204/iodp.proc.302.

Brozena J M, Childers V A, Lawver L A et al. 2003. New aerogeophysical study of the Eurasia Basin and Lomonosov Ridge: implications for basin development. Geology. 31(9), 825–828.

Carey SW. 1955. The orocline concept in geotectonics: Royal Society of Tasmania Proceedings, 89:255–288.

Embry A F. 1990. Geological and geophysical evidence in support of anticlockwise rotation of northern Alaska. Mar. Geol. 93: 317–329.

Embry A F. 1998. Counterclockwise Rotation of the Arctic Alaska Plate: Best Available Model or Untenable Hypothesis for the Opening of the Amerasia Basin, polarforschung. 68:247–255.

Grantz A L, Eittreim S, Dinter D. 1979. Geology and tectonic development of the continental margin north of Alaska, Tectonophysics. 590:263–291.

Grantz A L. 1998. Phanerozoic stratigraphy of Northwind Ridge, magnetic anomalies in the Canada basin, and the geometry and timing of rifting in the Amerasia Basin, Arctic Ocean. GSA Bull. 110(6): 801–820.

Grantz AL, Hart P, Childers V. 2011. Geology and tectonic development of the Amerasia and Canada Basins, Arctic Ocean. Geol. Soc. Lond. Mem. 35(1):771–799.

Halgedahl S L, Jarrard R D. 1987. Paleomagnetism of the Kuparuk River Formation from oriented drill core: Evidence for rotation of Arctic Alaska Plate, in Tailleur, I. L., and Weimer, P., eds. Alaskan North Slope geology, Volume 2: Bakersfield, California, Pacific Section, Society of Economic Paleontologists and Mineralogists and Anchorage, Alaska Geologic Society, 581–617.

Lane L S. 1997. Canada Basin, Arctic Ocean: evidence against a rotational origin. Tectonics. 16: 363–387.

Lawver L, Scotese C. 1990. A review of tectonic models for the evolution of the Canada Basin. In: Grantz A, Johnson L, Sweeney, J.(Eds.), The Arctic Ocean Region. Vol. Geology of North America. Geological Society of America ,Boulder, Colorado, 593–618.

Laxon S, McAdoo D. 1994. Arctic Ocean gravity field derived from ERS–1 satellite altimetry. Science. 265: 621 – 624.

Jokat W, Uenzelmann–Neben G, Kristoffersen Y et al. 1992. Lomonosov Ridge—a double–sided continental margin. Geology. 20(10): 887–890.

Kuzmichev A B. 2009. Where does the South Anyui suture go in the New Siberian islands and Laptev Sea?: Implications for the Amerasia basin origin. Tectonophysics. 463: 86–108.

Maus S et al. 2009. EMAG2: A 2–arc min resolution Earth Magnetic Anomaly Grid compiled from satellite, airborne, and marine magnetic measurements, Geochem. Geophys. Geosyst., 10, Q08005, doi:10.1029/2009GC002471.

Miller E L, Toro J, Gehrels G et al. 2006. New insights into Arctic paleogeography and tectonics. from U–Pb detrital zircon geochronology. TECTONICS, VOL. 25, TC3013, doi:10.1029/2005TC001830.

Szitkar F, Dyment J, Fouquet Y et al. The magnetic signature of ultramafic–hosted hydrothermal sites. Geology. doi: 10.1130/G35729.1.

Taylor P, Kovacs L, Vogt P et al. 1981.Detailed aeromagnetic investigation of the Arctic Basin, 2. J Geophys Res. 86(B7): 6323–6333.

Tivey M A, Schouten H, Kleinrock M C. 2003.A near–bottom magnetic survey of the Mid–Atlantic Ridge axis at 26_N:Implications for the tectonic evolution of the TAG segment, J. Geophys. Res., 108(B5), 2277, doi:10.1029/2002JB001967.

Vogt P, Taylor P, Kovacs L et al. 1979. Detailed aeromagnetic investigation of the Arctic Basin. J Geophys Res. 84(B3):1071–1089.

海洋化学与大气化学考察 第**6**章

北极地区是当前全球气候快速变化下响应最敏感的区域。海表地表升温、海冰快速消退与冻土层融化，正在重塑该地区的物质能量循环及其生物地球化学过程，并对整个海洋生态环境和生态系统结构造成显著的影响。海水化学要素（营养盐、溶解氧、pH值、DIC、温室气体等）以及相关的大气化学、沉积化学和海冰化学要素的生物地球化学循环是生态系统对气候变化响应和反馈的中间环节，起着承上启下的作用。因此，在快速变化的北极海洋系统中，开展北极地区海洋化学与碳通量考察对了解北冰洋生源要素循环及响应机制、海冰快速变化下海洋生态和环境的响应、北极受人类活动影响的程度具有重要作用。中国第六次北极科学考察海洋化学考察顺利圆满地完成了航次计划任务。其中海水化学共完成了包括10个全深度高频采水层站在内的89个海洋站位的调查，共采集了816个层次，获取了约11866个海水样品，此外还进行了pCO$_2$、甲烷、氧化亚氮、二甲基硫（DMS）的走航观测；大气化学采集了约358个膜样品；沉积化学采集了31个表层沉积物以及1个柱状样；海冰化学完成了7个短期冰站和1个长期冰站的调查；在北冰洋高纬地区布放了一套沉积物捕获器长期观测锚系。

6.1 调查内容

海洋化学与大气化学考察主要包括5部分内容：海水化学、大气化学、沉积化学、海冰化学以及沉积物捕获器长期锚系观测。调查区域涵盖了白令海盆、白令海－楚科奇海陆架区、楚科奇海台、加拿大海盆、北冰洋中心海盆等海域。

6.1.1 海水化学考察

海水化学考察内容包括海水化学1类参数（基础水化学参数）、海水化学2类参数（主要为有机地球化学参数等）、海水化学3类参数（主要为生物标志物、重金属、放射性同位素等）、走航化学观测、受控生态实验以及外业仪器布放。详细内容如下。

（1）海水化学1：溶解氧、pH值、碱度、DIC、硝酸盐、亚硝酸盐、铵盐、活性磷酸盐、活性硅酸盐、^{18}O。

（2）海水化学2：DOC、POC、悬浮物、甲烷、N$_2$O、C和N同位素、DMS、HPLC色素、总氮、总磷、钙离子。

（3）海水化学3：类脂生物标志物、芳烃、金属元素（铜、铅、锌、镉、汞、钡、锰、铀等）、放射性同位素^{234}Th、^{238}U、高精度pH、^{226}Ra、^{228}Ra、^{210}Po、^{210}Pb。

（4）走航化学观测：pCO$_2$，甲烷观测（CH$_4$）、氧化亚氮观测（N$_2$O）。

（5）受控生态实验：同位素示踪实验。

（6）硝酸盐等多参数剖面仪、大体积原位过滤及同位素大体积采水等仪器布放。

6.1.2 大气化学考察

大气化学考察内容主要包括气体、气溶胶离子成分、重金属、大气悬浮颗粒物、气溶胶有机污染物等，在"雪龙"船的航迹上进行全程观测。详细内容如下。

（1）气体：二氧化碳、甲烷气、氮氧化物（N$_2$O、NO、NO$_2$）、汞、二甲基硫、生物气溶胶前导气体。

（2）气溶胶离子成分：MSA、Cl$^-$、Br$^-$、NO$_3^-$、SO$_4^{2-}$、Na$^+$、NH$_4^+$、K$^+$、Mg^{2+}、Ca^{2+}。

（3）重金属：Cu、Pb、Zn、Cd、Ni、V、Ba等。

（4）大气悬浮颗粒物：碳黑、总碳、TSP、生物成因气溶胶。

（5）气溶胶有机污染物：POPs（PAHs、PCBs、OCPs）。

6.1.3 沉积化学调查

在海洋地质组的帮助下，主要在白令海-楚科奇陆架区进行了表层沉积物采样以及在北冰洋中心海盆高纬度地区采集了重力柱状样。详细内容如下。

1）表层沉积物站位

常规项目：粒度、总有机碳、有机氮、碳酸钙、生物硅、油类、重金属（铜、锌、镉、汞、铁、铅、钡、锰、铀等）。

生物标志物：正构烷烃、甾醇、GDGTs、TEX86、BIT、HPLC 色素、C 和 N 同位素。

POPs：DDT、六六六、PCBs、PAHs。

放射性物质：^{226}Ra、Pb、Po、总铀、^{232}Th、^{137}Cs 等 10 参数。

2）重力柱状样

生物标志物：IP25 等新型生物标志物化合物。

6.1.4 海冰化学考察

海冰化学考察内容主要包括研究冰芯及冰下水的营养盐、无机碳、POPs，冰水界面颗粒物时间序列采集以及冰下硝酸盐仪布放。

（1）短期冰站和长期冰站进行冰芯和冰下水采集。在北冰洋中心海盆的冰站钻取冰芯样品，冰下水样按 0 m、5 m、10 m 分层，分别进行营养盐、无机碳、POPs 等分析。

（2）长期冰站进行冰水界面颗粒物连续采集。

（3）冰下硝酸盐等理化参数观测系统：在长期冰站，利用硝酸盐光学仪和温盐探头进行剖面观测。

6.1.5 沉积物捕获器长期锚系观测

中国第六次北极科学考察期间，布放了 1 套沉积物捕获器长期观测锚系。利用时间序列沉积物捕获器可获得不同深度、不同时间尺度的沉降颗粒物样品，利用这些样品可进行更为精确的颗粒物生源要素组成分析。

6.2 调查站位

6.2.1 海水化学调查站位

海水化学目前共完成 89 个海洋站位的水样采集（图 6-1），站位信息见表 6-1。

其中海洋化学 1 类参数共获取了 8304 个海水样品。DO 现场采集和分析完成了 82 站位，735 个样品；亚硝酸盐和铵盐现场采集和分析完成了 89 个站位，816 个样品；硝酸盐、活性磷酸盐和活性硅酸盐现场采集和分析完成了 89 个站位，816 个样品；DIC 现场采集完成了 82 站位，736 个样品；TAlk 现场采集完成了 82 站位，736 个样品；pH 值现场采集和分析完成了 82 站位，736 个样品；^{18}O 采样完成了 86 个站位、738 个样品；氟利昂（CFCs）采样完成了 62 个站位、525 个样品。

海洋化学 2 类参数共获取了 2589 个海水样品。其中溶解有机碳（DOC）采样共完成了 34 个站位，184 个样品；颗粒有机碳（POC）采样共完成了 57 个站位，324 个样品；悬浮物采样共完成了

57 个站位，324 个样品；C 和 N 同位素采样共完成了 57 个站位，593 个样品；HPLC 色素采样共完成了 57 个站位，244 个样品。总氮（TN）和总磷（TP）采样完成了 34 个站位，184 个样品；Ca^{2+}现场采集完成了 82 个站位，736 个样品。此外，在 40 个选定站位采集 290 个海水样品进行海水二甲基硫化物的测定，并在其中 20 个站位开展了表层海水的现场培养实验，研究 DMS 和 DMSP 的生物生产和生物消费速率变化情况。

海洋化学 3 类参数共获取了 973 个海水样品。其中类脂生物标志物采样共完成了 20 个站位，83 个样品；^{234}Th 同位素采样完成了 20 个站位，225 份样品。还获取了海水 $^{15}NO_3$ 样品 269 份，^{226}Ra 和 ^{228}Ra 样品 46 份，^{210}Po 和 ^{210}Pb 样品 158 份以及生态受控实验样品 80 份。这些样品的分析结果将为准确示踪北极海区生物地球化学循环的关键过程、水团构成变化以及揭示这些水团构成变化对生物地球化学循环的影响提供有力的科学依据，也为今后更为深入的研究奠定了良好的基础。此外与污染有关的参数，海水重金属采集了 28 个站位、56 个样品；有机污染物采集了 28 个站位、56 个样品。

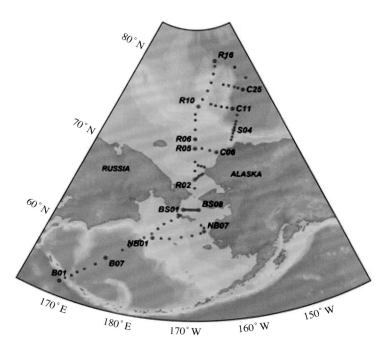

图6-1　第六次北极科考海水化学采样站位
Fig.6-1　Sampling sites of seawater chemistry in 6th CHINARE

此外走航期间进行了 pCO$_2$ 的持续走航观测，共获得约 7 M 的数据；进行了甲烷、氧化亚氮的持续走航观测，共获得约 3 G 的数据；进行了走航膜进样质谱仪的持续走航观测，共获得 100 M 的数据。采集了表层海水 DMS 样品 6 000 份，采集了 DMS、DMSPp、DMSPd 样品 150 份。

硝酸盐等多参数剖面仪总共布放了 40 个站位，获取了 40 个高分辨率的硝酸盐剖面；大体积原位过滤共布放了 20 个站位；同位素大体积采水等仪器布放了 20 个站位。

表6-1 中国第六次北极科学考察海水化学1调查站位及项目

Table 6-1　Stations and parameters for marine chemistry 1 in 6th CHINARE

序号	站位	日期	时间	纬度	经度	水深（m）	营养盐	DO	pH值	DIC	TA	CFCs	¹⁸O
1	B01	2014-07-18	12:43	52°57′18″N	169°04′12″E	4 515	13	13	13	13	13	11	12
2	B02	2014-07-18	19:52	53°34′00″N	169°44′40″E	1 875	11	11	11	11	11	10	11
3	B03	2014-07-19	01:49	54°07′03″N	170°34′22″E	3 924	13	15	15	15	15	12	13
4	B04	2014-07-19	09:05	54°43′38″N	171°16′01″E	3 906	26	26	26	26	26	12	20
5	B05	2014-07-19	16:45	55°23′24″N	172°14′25″E	3 886	13	0	0	0	0	13	13
6	B06	2014-07-20	04:12	56°20′03″N	173°41′39″E	3 856	13	12	13	13	13	13	13
7	B07	2014-07-20	13:21	57°23′41″N	175°06′44″E	3 784	26	26	26	26	26	13	19
8	B08	2014-07-21	00:58	58°46′49″N	177°38′02″E	3 752	12	12	12	12	12	12	12
9	B09	2014-07-21	10:11	59°21′05″N	178°46′03″E	3 553	23	21	21	21	21	12	19
10	B10	2014-07-21	17:45	60°02′15″N	179°39′34″E	2 654	11	13	13	13	13	11	11
11	B11	2014-07-22	01:06	60°17′56″N	179°30′56″W	1 044	11	11	11	11	11	11	10
12	B12	2014-07-22	08:03	60°41′12″N	178°51′19″W	273	13	7	7	7	7	7	7
13	B13	2014-07-22	15:35	61°17′24″N	177°28′48″W	132	6	6	6	6	6	6	6
14	NB01	2014-07-22	20:02	60°48′00″N	177°12′10″W	131	6	6	6	6	6	0	6
15	NB02	2014-07-23	02:08	60°52′18″N	175°31′37″W	107	8	5	5	5	5	0	5
16	NB03	2014-07-23	07:21	60°56′23″N	173°51′34″W	81	6	6	6	6	6	0	6
17	NB04	2014-07-23	13:56	61°12′03″N	171°33′37″W	57	5	3	3	3	3	0	5
18	NB05	2014-07-23	19:53	61°25′07″N	169°26′11″W	39	4	3	3	3	3	0	4
19	NB06	2014-07-24	01:21	61°40′52″N	167°43′16″W	25	3	3	3	3	3	0	3
20	NB07	2014-07-24	04:47	61°53′50″N	166°59′49″W	28	3	3	3	3	3	0	3
21	NB08	2014-07-24	07:41	62°17′57″N	167°00′03″W	33	4	3	3	3	3	0	4
22	NB09	2014-07-24	11:52	62°35′45″N	167°36′06″W	24	3	2	2	2	2	0	3
23	B14	2014-07-25	08:05	61°55′58″N	176°24′03″W	102	6	6	6	6	6	6	6
24	B15	2014-07-25	14:33	62°32′11″N	175°18′29″W	79	6	6	6	6	6	6	6
25	B16	2014-07-25	20:11	63°00′26″N	173°53′00″W	74	5	5	5	5	5	5	5
26	NB10	2014-07-26	00:50	63°28′13″N	172°28′24″W	54	4	4	4	4	4	0	4
27	NB11	2014-07-26	03:39	63°45′38″N	172°29′48″W	47	7	7	7	7	7	0	3
28	NB12	2014-07-26	05:33	63°39′58″N	171°59′13″W	53	4	4	4	4	4	0	0
29	BS01	2014-07-26	08:30	64°19′57″N	171°28′32″W	47	4	3	3	3	3	0	4
30	BS02	2014-07-26	10:51	64°20′01″N	170°59′14″W	40	4	0	0	0	0	0	4
31	BS03	2014-07-26	13:56	64°20′11″N	170°27′58″W	38	4	3	3	3	3	0	3
32	BS04	2014-07-26	15:41	64°19′50″N	170°00′06″W	40	4	4	4	4	4	0	4
33	BS05	2014-07-26	18:23	64°19′50″N	169°29′58″W	39	3	3	3	3	3	0	3
34	BS06	2014-07-27	01:29	64°20′42″N	168°59′30″W	39	4	4	4	4	4	0	4
35	BS07	2014-07-27	04:11	64°20′02″N	168°29′56″W	39	3	3	3	3	3	0	3

序号	站位	日期	时间	纬度	经度	水深（m）	营养盐	DO	pH值	DIC	TA	CFCs	^{18}O
36	BS08	2014-07-27	07:20	64°19′45″N	168°01′50″W	36	3	3	3	3	3	0	3
37	R01	2014-07-27	22:50	66°43′23″N	168°59′31″W	43	4	4	4	4	4	4	4
38	R02	2014-07-28	04:35	67°40′08″N	168°59′58″W	50	5	5	5	5	5	5	5
39	CC1	2014-07-28	07:18	67°46′44″N	168°36′33″W	50	4	4	4	4	4	4	4
40	CC2	2014-07-28	09:14	67°54′00″N	168°14′29″W	58	4	4	4	4	4	4	4
41	CC3	2014-07-28	12:26	68°06′06″N	167°53′55″W	52	4	4	4	4	4	4	4
42	CC4	2014-07-28	14:39	68°07′46″N	167°30′41″W	49	4	4	4	4	4	4	4
43	CC5	2014-07-28	16:52	68°11′34″N	167°18′43″W	46	4	4	4	4	4	4	0
44	CC6	2014-07-28	18:43	68°14′26″N	167°07′38″W	42	4	4	4	4	4	4	4
45	CC7	2014-07-28	20:52	68°17′54″N	166°57′24″W	34	4	4	4	4	4	4	4
46	R03	2014-07-29	01:16	68°37′09″N	169°00′00″W	54	5	5	5	5	5	5	5
47	C03	2014-07-29	08:28	69°01′48″N	166°28′40″W	32	4	4	4	4	4	4	4
48	C02	2014-07-29	11:49	69°07′02″N	167°20′17″W	48	4	4	4	4	4	4	4
49	C01	2014-07-29	14:29	69°13′13″N	168°08′18″W	50	4	4	4	4	4	4	4
50	R04	2014-07-29	18:18	69°36′02″N	169°00′29″W	52	5	5	5	5	5	5	5
51	C06	2014-07-30	05:05	70°31′09″N	162°46′37″W	35	4	4	4	4	4	4	4
52	C05	2014-07-30	09:43	70°45′46″N	164°44′06″W	33	4	4	4	4	4	4	4
53	C04	2014-07-30	14:26	71°00′46″N	166°59′42″W	45	4	4	4	4	4	4	4
54	R05	2014-07-30	19:46	71°00′13″N	168°59′57″W	43	5	5	5	5	5	5	5
55	R06	2014-07-31	01:37	71°59′48″N	168°58′48″W	51	5	5	5	5	5	5	5
56	R07	2014-07-31	10:34	72°59′52″N	168°58′15″W	73	6	6	6	6	6	6	6
57	R08	2014-07-31	21:30	74°00′10″N	169°00′05″W	179	7	7	7	7	7	7	7
58	R09	2014-08-01	06:09	74°36′49″N	169°01′56″W	190	6	6	6	6	6	6	6
59	S02	2014-08-02	15:46	71°55′01″N	157°27′54″W	73	6	4	4	4	4	6	6
60	S01	2014-08-02	19:55	71°36′54″N	157°55′45″W	63	8	4	4	4	4	4	4
61	S03	2014-08-03	02:44	72°14′17″N	157°04′46″W	169	7	7	7	7	7	7	7
62	S04	2014-08-03	07:58	72°32′24″N	156°34′30″W	1 380	14	14	14	14	14	9	14
63	S05	2014-08-03	13:38	72°49′37″N	156°06′19″W	2 679	14	14	14	14	14	10	14
64	S06	2014-08-03	18:18	73°06′29″N	155°36′17″W	3 383	13	13	13	13	13	11	13
65	S07	2014-08-04	00:28	73°24′59″N	155°08′15″W	3 798	26	26	26	26	26	12	21
66	S08	2014-08-04	14:20	74°01′10″N	154°17′23″W	3 907	14	14	14	14	14	12	14
67	C11	2014-08-05	08:42	74°46′37″N	155°15′33″W	3 911	25	26	26	26	26	25	25
68	C12	2014-08-06	00:08	75°01′12″N	157°12′11″W	1 464	13	13	13	13	13	12	13
69	C13	2014-08-06	06:49	75°12′13″N	159°10′32″W	942	12	12	12	12	12	12	12
70	C14	2014-08-06	14:39	75°24′01″N	161°13′57″W	2 085	14	14	14	14	14	11	14
71	C15	2014-08-07	00:33	75°35′49″N	163°06′58″W	2 030	14	0	0	0	0	12	14
72	R10	2014-08-07	14:24	75°25′37″N	167°54′14″W	164	6	6	6	6	6	6	7

序号	站位	日期	时间	纬度	经度	水深（m）	营养盐	DO	pH值	DIC	TA	CFCs	^{18}O
73	R11	2014-08-08	15:29	76°09′11″N	166°11′45″W	352	9	9	9	9	9	8	9
74	C25	2014-08-09	17:33	76°24′04″N	149°18′56″W	3 774	27	25	25	25	25	12	27
75	C24	2014-08-10	05:40	76°42′51″N	151°03′46″W	3 773	14	0	0	0	0	12	14
76	C23	2014-08-10	15:19	76°54′41″N	152°25′51″W	3 782	8	10	10	10	10	10	10
77	C22	2014-08-11	00:12	77°11′15″N	154°36′05″W	1 004	12	12	12	12	12	10	12
78	C21	2014-08-11	17:14	77°24′10″N	156°44′45″W	1 674	14	13	13	13	13	12	13
79	R12	2014-08-12	14:05	77°00′05″N	163°53′16″W	439	11	11	11	11	11	9	11
80	R13	2014-08-13	12:15	77°47′58″N	162°00′00″W	2 661	24	24	24	24	24	12	24
81	R14	2014-08-14	10:20	78°37′55″N	160°25′43″W	761	12	12	12	12	12	10	12
82	R15	2014-08-15	03:06	79°23′04″N	159°04′14″W	3 284	23	23	23	23	23	12	23
83	R16	2014-08-16	00:13	79°55′52″N	158°36′12″W	3 612	13	14	14	14	14	0	0
84	AD02	2014-08-27	18:52	79°58′26″N	152°41′45″W	3 755	15	15	15	15	15	0	15
85	AD03	2014-08-28	19:30	78°47′40″N	149°21′55″W	3 762	24	24	24	24	24	0	24
86	AD04	2014-08-29	19:43	77°26′40″N	146°21′00″W	3 752	14	14	14	14	14	0	14
87	SR09	2014-09-07	08:16	74°36′25″N	168°58′51″W	180	6	—	—	—	—	—	—
88	SR04	2014-09-08	19:35	69°35′50″N	169°00′19″W	52	5	—	—	—	—	—	—
89	SR03	2014-09-09	00:38	68°37′09″N	169°00′13″W	53	5	—	—	—	—	—	—

同位素受控示踪实验分别在白令海盆、白令海陆架、楚科奇海陆架和北冰洋海盆等 4 个关键区域展开。现场模拟培养实验共完成了 10 个站位，获得样品数 80 份。该实验主要是针对海水真光层以浅的水体，利用 ^{15}N-NO$_3^-$/^{15}N-NH$_4^+$ 外加培养，分别测定浮游植物群落的新生产力和再生生产力，目的是阐明水团构成对北冰洋氮循环关键过程的影响。与中国第五次北极科学考察相比，本航次仍然重点关注白令海海盆区这一高生产力的海域。此外，新增加了白令海陆架区域的取样实验工作，有助于加强了解白令海深海与陆架等不同区域生产力结构的差异以及相关调控因素，为深入认识白令海氮循环关键过程奠定重要基础。

表6-2　受控生态试验工作内容及工作量(样品数)
Table 6-2　Controlled culture experiments (sample amounts)

区域	同位素示踪实验	
	站位（个）	样品数（个）
白令海盆区	4	32
白令海陆架区	2	14
楚科奇陆架区	2	16
北冰洋海盆区	2	18
合计	10	80

第 6 章 海洋化学与大气化学考察

中国第六次北极科学考察报告

布放硝酸盐剖面仪

营养盐分析

颗粒有机碳、光合色素过滤

pH传感器比测

DMSP现场过滤

持久性有机污染物富集前处理

甲烷、氧化亚氮走航测定

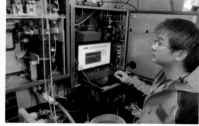
pCO$_2$走航在线观测

上层水体^{234}Th样品现场过滤

DMS走航观测

同位素示踪受控实验现场过滤

走航POPs采水过滤

图6-2 第六次北极科学考察海洋化学现场作业
Fig.6-2 Field operations in 6th CHINARE cruise

6.2.2 大气化学调查站位

大气汞在线监测时间为 2014 年 7 月 11 日至 9 月 24 日，每 5 min 记录 1 个数据，共计获得约 10 000 个数据。挥发性有机物（VOCs）采集时间为 2014 年 7 月 11 日至 9 月 24 日，共获得 38 个样品。总悬浮颗粒物（TSP）平均每天采集 1 次，采集时间为 2014 年 7 月 11 日至 9 月 24 日，获得共 46 组样品，92 张膜。采样站位如图 6-3 所示。

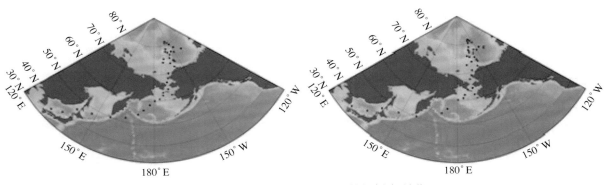

图6-3 VOCs采样（左）与TSP采样（右）站位
Fig. 6-3 Sampling sites of VOCs (left) and TSP (right) in 6th CHINARE cruise

大气氮氧化物走航观测为连续观测，每 5 min 记录 1 个平均值，再经过校正系数校正后换算成日平均浓度。中国第六次北极科学考察期间大气氮氧化物走航监测时间为 2014 年 7 月 14 日至 9 月 8 日，期间剔除部分异常数据，共获得 51 组 153 个数据。用于有机物质和无机物分析的气溶胶样品平均 3 天采集 1 次，各采集了 24 张膜样品；温室气体 N_2O/CH_4 走航观测采集 140 个样品；大气 POPs 样品走航观测采集了 64 个样品。

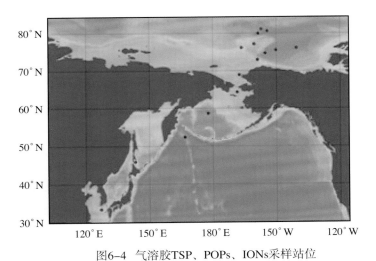

图6-4 气溶胶TSP、POPs、IONs采样站位
Fig. 6-4 Sampling sites of TSP, POPs and IONs in 6th CHIANRE cruise

(a) 大气颗粒态与气溶胶态样品采集   (b) 大气氮氧化物采样观测

图6-5 中国第六次北极科学考察海洋化学现场作业
Fig.6-5 Field operations in 6th CHINARE cruise

6.2.3 沉积化学调查站位

中国第六次北极科学考察期间，沉积化学总共完成了31个站位的表层沉积物采样以及1个高纬度站位的柱状样采集。采样站位如图6-6所示，站位信息见表6-3。样品将用于进行常规项目、生物标志物、持久性有机污染物及放射性物质的分析测定。

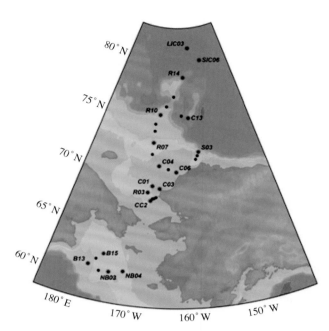

图6-6　中国第六次北极科学考察表层沉积物采样站位
Fig. 6-6　Sampling sites of surface sediment in 6th CHINARE cruise

表6-3　中国第六次北极科学考察表层沉积物采样站位信息
Table 6-3　Sampling information of surface sediment in 6th CHINARE cruise

站位	日期	采样时间	纬度	经度	深度（m）
B13	2014-07-23	04:00	61.290°N	177.480°W	131.68
NB02	2014-07-23	13:30	60.872°N	175.527°W	106.75
NB03	2014-07-23	19:35	60.940°N	173.876°W	80.54
NB04	2014-07-24	02:02	61.201°N	171.560°W	59
B14	2014-07-25	20:10	61.933°N	176.401°W	101
B15	2014-07-26	03:00	62.536°N	175.308°W	78.6
CC2	2014-07-28	21:30	67.900°N	168.241°W	57.6
CC3	2014-07-29	00:55	68.102°N	167.899°W	52.5
CC4	2014-07-29	02:30	68.129°N	167.511°W	48.9
CC6	2014-07-29	06:55	68.241°N	167.127°W	42.28
R03	2014-07-29	14:12	68.619°N	169.000°W	53.7
C03	2014-07-29	20:00	69.030°N	166.478°W	33
C01	2014-07-30	02:39	69.220°N	168.138°W	50
C06	2014-07-30	17:19	70.519°N	162.777°W	35.21
C05	2014-07-30	21:49	70.763°N	164.735°W	33

站位	日期	采样时间	纬度	经度	深度 （m）
C04	2014-07-31	02:33	71.013°N	166.995°W	45
R06	2014-07-31	13:47	71.997°N	168.980°W	51.35
R07	2014-07-31	22:50	72.998°N	168.971°W	73.36
R08	2014-08-01	09:55	74.000°N	169.001°W	82.69
R09	2014-08-01	18:20	74.614°N	169.032°W	190
S02	2014-08-03	04:05	71.917°N	157.465°W	73
S01	2014-08-03	08:00	71.615°N	157.929°W	62.94
S03	2014-08-03	14:56	72.238°N	157.079°W	169.2
C13	2014-08-06	19:12	75.204°N	159.176°W	941.76
C14	2014-08-07	03:42	75.400°N	161.299°W	2 091.8
R10	2014-08-08	02:38	75.427°N	167.904°W	164.36
R11	2014-08-08	15:00	76.153°N	166.196°W	352.43
R12	2014-08-13	03:00	77.001°N	163.888°W	438.86
R14	2014-08-14	23:01	78.632°N	160.429°W	761.37
LIC03	2014-08-20	23:00	81.078°N	157.663°W	3 634.2
SIC06	2014-08-28	15:00	79.976°N	152.634°W	3763

(a) 沉积物分样

(b) 表层沉积物箱式取样器

图6-7 第六次北极科学考察海洋化学现场作业
Fig. 6-7 Field operations in 6th CHINARE cruise

6.2.4 海冰化学调查站位

本航次考察期间，在 7 个短期冰站（IC01-IC07）和 1 个为期 10 天的长期冰站（LIC）进行了海冰化学的调查研究，作业站位如图 6-8 所示，站位信息见表 6-4。在短期冰站，系统研究了以冰芯—冰水界面—冰下水为主线的化学要素的垂直分布。在长期冰站，进行了冰水界面颗粒物的连续采集，采集的颗粒物样品将用于进行生物标志物、光合色素、颗粒有机碳（POC）等分析研究。此外，首次在冰站布放了冰下高分辨率的硝酸盐多参数剖面仪；并于长期冰站（LIC）设置了一条穿过两个融池的冰断面，以研究融池在海冰生态系统中所起的生态效应。

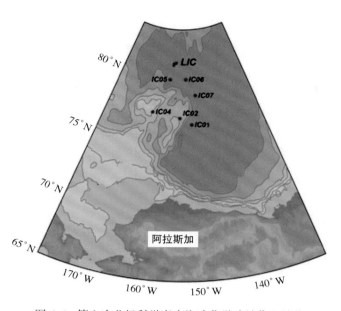

图 6-8　第六次北极科学考察海冰化学冰站作业站位
Fig. 6-8　Sampling sites of sea-ice chemistry research in 6th CHINARE cruise

表 6-4　第六次北极科学考察海冰化学冰站作业信息表
Table 6-4　Sampling sites in ice camp in 6th CHINARE cruise

站位	采样日期	采样时间	纬度	经度
IC01	2014-08-10	19:50	76.713°N	151.061°W
IC02	2014-08-11	12:52	77.184°N	154.599°W
IC03	2014-08-13	14:58	77.489°N	163.145°W
IC04	2014-08-14	14:00	77.489°N	163.145°W
IC05	2014-08-16	14:52	79.935°N	158.632°W
IC06	2014-08-28	15:05	79.976°N	152.630°W
IC07	2014-08-29	09:19	78.806°N	149.359°W
LIC01	2014-08-19	14:50	80.949°N	157.668°W
LIC02	2014-08-20	15:20	81.079°N	157.663°W
LIC03	2014-08-21	15:00	81.098°N	157.313°W
LIC04	2014-08-22	15:12	81.100°N	157.091°W
LIC05	2014-08-23	14:52	81.106°N	156.780°W
LIC06	2014-08-24	14:37	81.173°N	156.661°W

(a) 冰芯钻取

(b) 冰下水采集

(c) 融池水采集

(d) 冰芯分样

图 6-9　中国第六次北极科考冰站现场作业
Fig. 6-9　Field operations on ice camp in 6th CHINARE cruise

6.2.5　沉积物捕获器长期观测锚系

中国第六次北极科学考察期间，在加拿大海盆 ST 站（74°N，156°E，视海冰情况调整）布放 1 套沉积物捕获器（图 6-10）。布放实施步骤如下。

（1）将缆绳（2 000 m）预先盘在飞行甲板上，将各组件连接完毕。

（2）船行驶至预订投放位置顶风逆流。

（3）记录现场水深和 GPS 数据，每分钟记录 1 次。

（4）确定具备投放条件后，潜标系统开始依次入水。

（5）将捕获器与脱钩器连接，使用折臂吊将捕获器吊至水面待放。

（6）将浮球首先放入水中，浮球后端的连接件用回头绳固定在船上，防止捕获器着力。

（7）捕获器脱钩，并解开回头绳。

（8）捕获器入水后，利用绞缆机将缆绳入水。此时船速慢，防止布放过程中绳子挂到海冰上。在投放过程中要注意控制投放速度，使潜标系统在水中能随海流展开，避免打结。

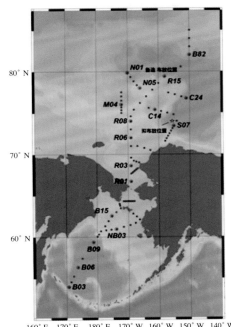

图6-10　中国第六次北极科考沉积物捕获器拟布放位置
Fig. 6-10　The deploy station of sediment trap in 6th CHINARE cruise

（9）待缆绳快放完时，用回头绳穿过浮球前端的连接件固定在船上，防止释放器着力。后将释放器放入水中。

（10）将脱钩器与重块连接，现场指挥下命令将重块吊至 A 架下方。

（11）将回头绳解开，浮标入水，缆绳吃力在重块上。

（12）重块脱钩入水，记录入水时间、"雪龙"船 GPS 信息及现场水深。

（13）使用释放器甲板单元进行测距定位，需船上暂时关闭测深仪（其频率与释放器频率一致，造成干扰）。

（14）锚系定位：重块入海后，需"雪龙"船动车，在 3 个不同的位置测距，并记录 3 点（三角）位置坐标，获得锚系最终的经纬度。

(a) 缆绳准备

(b) 捕获器起吊

(c) 捕获器入水

(d) 沉块入水瞬间

图 6-11　中国第六次北极科考长期观测锚系现场作业
Fig. 6-11　Field operations in deployment of sediment trap at 6th CHINARE cruise

6.3　调查设备与分析仪器

中国第六次北极科学考察海洋化学调查所使用的调查设备及分析仪器信息见表 6-5。

表6-5　海洋化学调查设备及分析仪器
Table 6-5　Equipments and instruments for marine chemistry research

参数	仪器	仪器来源（单位）	负责人
硝酸盐	营养盐自动分析仪	中国极地研究中心	庄燕培
硅酸盐	营养盐自动分析仪	中国极地研究中心	庄燕培

参数	仪器	仪器来源（单位）	负责人
磷酸盐	营养盐自动分析仪	中国极地研究中心	庄燕培
亚硝酸盐	分光光度计	国家海洋局第二海洋研究所	卢勇
铵盐	分光光度计	国家海洋局第二海洋研究所	卢勇
悬浮颗粒物	过滤装置、电子天平	国家海洋局第二海洋研究所	张扬
颗粒有机碳氮	过滤装置、ELEMENTAR vario MICRO 元素分析仪	国家海洋局第二海洋研究所	金海燕
颗粒有机碳氮稳定同位素	DELTA plus AD稳定同位素质谱仪	国家海洋局第二海洋研究所	陈建芳
生物标志物	AGILENT 气质联用&6890	国家海洋局第二海洋研究所	白有成
HPLC色素	Waters 液相色谱仪	国家海洋局第二海洋研究所	金海燕
高分辨率硝酸盐等多参数	ISUS硝酸盐仪、RBR水质仪	国家海洋局第二海洋研究所	庄燕培
生物标志物原位过滤	Mclane原位过滤器	国家海洋局第二海洋研究所	白有成
时间序列深海颗粒物采集	Mclane沉积物捕获器	国家海洋局第二海洋研究所	李宏亮
颗石藻种类鉴定	偏光/显微镜镜检	国家海洋局第二海洋研究所	VictoireRérolle
二甲基硫化物	日本岛津14B气相色谱仪	国家海洋局第一海洋研究所	王保栋
氮氧化物	EC9841氮氧化物分析仪	国家海洋局第一海洋研究所	郑晓玲
溶解氧（DO）	耶拿250@分光光度计	国家海洋局第三海洋研究所	祁第
溶解无机碳（DIC）	Li–Cor®非分散红外检测器（LI–7000）（AS–C2，美国APOLLO 公司）	国家海洋局第三海洋研究所	祁第
总碱度（TAlk）	Gran 滴定自动仪（AS–ALK2，美国 APOLLO 公司）	国家海洋局第三海洋研究所	祁第
pCO_2	海—气走航观测系统（8050 型，美国 GO 公司）	国家海洋局第三海洋研究所	祁第
Ca^{2+}/颗粒无机碳（PIC）	万通809型自动电位滴定仪（Methrom 809 Titrando）	国家海洋局第三海洋研究所	祁第
pH值	SHIMADZU UV–1800分光光度计	国家海洋局第三海洋研究所	祁第
N_2O	GC2010岛津	国家海洋局海洋大气与全球变化重点实验室	詹力扬
CH_4	GC2010岛津	国家海洋局海洋大气与全球变化重点实验室	詹力扬
NCP	HPR40 膜进样质谱仪	国家海洋局第三海洋研究所	李玉红
DMS走航观测	吹扫捕集联用仪、气相色谱脉冲火焰光度检测器	国家海洋局第三海洋研究所	张麋鸣

参数	仪器	仪器来源（单位）	负责人
^{234}Th	超低本底β计数器	国家海洋局第三海洋研究所	邓芳芳
海水重金属	过滤器	国家海洋环境监测中心	马新东
^{226}Ra、^{228}Ra	潜水泵	厦门大学	曾健
PTS海水样品	舯部VANCO潜水泵	厦门大学	邓恒祥
PTS样品处理	293 mm海水大体积过滤器、42 mm海水大体积过滤器、ZG60-600蠕动泵、BT600EA蠕动泵、Supelco-Envei SPE固相萃取装置	厦门大学	邓恒祥
PTS样品分析	气相色谱—高分辨率质谱联用系统、6890N型气相色谱仪	厦门大学	邓恒祥
采水器	SBE CTD、Niskin采水瓶	"雪龙"船	王硕仁
气溶胶无机质	M401美国迈阿密大学	国家海洋局海洋大气与全球变化重点实验室	陈立奇
大气中POPs	大流量大气采样器	国家海洋环境监测中心	马新东
大气痕量汞	Tekran 2537X	中国科学技术大学	贺鹏真
挥发性有机物	不锈钢真空采样罐	中国科学技术大学	贺鹏真
总悬浮颗粒物	天虹TH1000C II型	中国科学技术大学	贺鹏真

　　"雪龙"船 SBE CTD 采水器： 使用"雪龙"船的 SBE CTD 采水器，该采水器配置有 24 瓶 10 L 的 Niskin 采水器，能够用于海水分层采集。现场海水温度、盐度及站位水深等海洋环境参数由 CTD 在采集海水时同步测定完成。

　　营养盐自动分析仪： 硝酸盐 + 亚硝酸盐、磷酸盐和硅酸盐使用营养盐自动分析仪分析。该仪器购自荷兰 Skalar 公司，型号为 Skalar San++。硝酸盐 + 亚硝酸盐、磷酸盐和硅酸盐分别采用镉铜柱还原—重氮偶氮法、磷钼蓝法和硅钼蓝法测定，检测限分别为 0.1 μmol/L（$NO_3^-+NO_2^-$）、0.1 μmol/L（SiO_3^{2-}）和 0.03 μmol/L（PO_4^{3-}）。

高分辨率硝酸盐等多参数剖面仪：高分辨率硝酸盐剖面仪运用紫外吸收光谱方法原位测定溶解态硝酸盐的含量，其特点是无需使用化学试剂即可简便准确、实时连续地监测硝酸盐浓度。

硝酸盐剖面仪的测定原理是运用不同化学物质在 UV（200 ～ 400 nm）的紫外吸收特征来测定它们的浓度。包含 3 个主要步骤：① 测定海水样品的吸收光谱；② 系统的校准过程：建立在 UV（200 ～ 400 nm）有吸收的化学物质的吸收光谱库；③ 优化过程：调整校准化学物质的浓度，直到与测定得到的光谱匹配，从而得到硝酸盐浓度。其主要性能：精确度（Precision）：±0.5 μmol/L；准确度（Accuracy）：±2 μmol/L；可测浓度范围：0 ～ 2 000 μmol/L；可测深度：1 000 m；作业温度范围：0 ～ 35℃。

甲烷与氧化亚氮分析仪：采用离轴积分腔输出光谱法（ICOS，一种高精细的光腔测量技术），以极高的精度和准确度测定大气中的甲烷和氧化亚氮。高分辨率的数据可以揭示海水中温室气体更加细微的变化，能更加准确地评估现场溶存温室气体的含量。

膜进样质谱仪：N_2、O_2、Ar 是水体中含量最高的 3 种气体，N_2、O_2 在水体中的分布受物理过程和生物过程双重影响，而 Ar 只会被物理因素控制。根据 3 种气体的溶解特性相似的特点，可以通过 O_2/Ar 来去除物理混合作用，从而实现估算海域净生产力的目的，而 N_2/Ar 则是用来了解水体中反硝化过程的有效手段。

岛津 GC2010Plus 色谱：海水 DMS 分析采用冷肼吹扫－捕集气象色谱法，即通过氮气吹扫，将 DMS 冷肼富集于浓缩管中，然后撤走冷源将浓缩管进行加热解析，在载气携带下将解析出的 DMS 直接送入 GC–FPD 色谱仪进行现场检测。

汞在线监测仪 Tekran 2537 X：Tekran 2537X 汞蒸气分析仪可在亚纳克每立方米级（ppt 和 ppq）持续分析大气总气态汞含量。工作时仪器采集大气样品并将其通过含有超纯金的金管，使汞蒸气富集在金管内，再将该金汞齐通过热分解后采用冷原子荧光光谱法测定汞的含量。金管采用双通道采样、解析设计，以实现持续分析大气样品，每 5 min 测出 1 个数据的目标。为避免走航过程中经常变换时区的情况，数据输出的时间采用世界时，且仪器每天都会进行内部自我校准，确保了数据的准确性和可靠性。

不锈钢真空采样罐：采用不锈钢真空瓶容积为 2 L，采样时长为 5 min。采集的气体样品在实验室利用 GC–MS 进行测试，分析其中的气溶胶前导气体的成分。采样在船头的顶层甲板迎风进行，以避免人为及船基污染。

总悬浮颗粒物（TSP）：TSP 采样仪安放在船头顶层甲板，采样流量为 1.05 m^3/min，采样时长为 24 h，每组样品观测同时采集一组空白膜样用于对照，采集的样品回国后进行分析。采样前滤膜以及保存滤膜的铝箔袋预先在马弗炉中 450℃温度下烘烤 4 h 以去除有机物。采样结束将滤膜保存在预先处理好的铝箔袋中，再用两层清洁的自封袋密封，放入冰箱冷冻（–20℃）保存。空白膜样按照真实样品相同的方法处理，采样时间为 1 min，并用与真实样品相同的程序保存。

EC9841 氮氧化物分析仪：将船舱外大气管路连接到过滤器后固定。为防止风雨对大气管路采气管口的污染，采气管口略向下倾斜，确保雨水或杂物不易进入采气管路。过滤头、过滤器使用一定时间后，由于杂物的堵塞，导致气体流量下降，如果分析仪显示气体流量不足，可以更换过滤器。采气管的另一端连接在 EC9841 分析仪的 "INLET" 口，将塑料的螺帽旋紧。将采气泵（THOMAS）的吸气管口与活性炭过滤器连接（短管），过滤器的另一端（长管）与 EC9841 分析仪的 "EXHAUST" 口连接，将塑料的螺帽旋紧。检查各管路的接口是否漏气。

6.4 考察人员及作业分工

中国第六次北极科学考察大洋队海洋化学组共有 15 名国内考察队员，分别来自 6 所不同科研院校，此外还有 3 名国际合作科研人员。

表6-6 中国第六次北极科学考察大洋队海洋化学组考察人员及航次任务情况
Table 6-6 Information of scientists from the marine chemistry group at 6th CHINARE

序号	姓名	性别	单位	专项任务	航次任务
1	卢勇	男	国家海洋局第二海洋研究所	03–04专题海洋化学与碳通量考察	海水化学：亚硝酸盐、铵盐分析、外业仪器布放；海冰化学：冰芯钻取；沉积物捕获器布放
2	白有成	男	国家海洋局第二海洋研究所	03–04专题海洋化学与碳通量考察	海水化学：营养盐分析、外业仪器布放；海冰化学：冰水界面颗粒物采集；沉积物捕获器布放

序号	姓名	性别	单位	专项任务	航次任务
3	庄燕培	男	国家海洋局第二海洋研究所	03-04专题海洋化学与碳通量考察	海水化学：营养盐分析、颗粒物及有机碳氮采集；海冰化学：冰芯及冰下水颗粒物采集；沉积物捕获器布放
4	张扬	女	国家海洋局第二海洋研究所	03-04专题海洋化学与碳通量考察	海水化学：营养盐分析、光合色素样品采集；海冰化学：冰芯及冰下水营养盐采集；沉积物捕获器布放
5	王子成	男	国家海洋局第一海洋研究所	03-04专题海洋化学与碳通量考察	海水化学：DMS、DOC、TN、TP
6	滕芳	女	国家海洋局第一海洋研究所	03-04专题海洋化学与碳通量考察	海水化学：氟利昂采样；大气化学：大气氮氧化物观测
7	李玉红	男	国家海洋局第三海洋研究所	03-04专题海洋化学与碳通量考察	海水化学：CH_4、N_2O、O_2/Ar、N_2/Ar、^{15}N
8	祁第	男	国家海洋局第三海洋研究所	03-04专题海洋化学与碳通量考察	海水化学：CO_2体系和北冰洋酸化相关参数样品采集与分析（DIC、TAlk、pCO_2、DO、Ca^{2+}、pH值）
9	张麋鸣	男	国家海洋局第三海洋研究所	03-04专题海洋化学与碳通量考察	海水化学：DMS、DMSPp走航观测
10	邓芳芳	女	国家海洋局第三海洋研究所	03-04专题海洋化学与碳通量考察	海水化学：颗粒有机碳输出通量
11	马新东	男	国家海洋环境监测中心	03-04专题海洋化学与碳通量考察	海水化学：重金属、POPs样品采集及预处理
12	曾健	男	厦门大学	03-04专题海洋化学与碳通量考察	海水化学：北冰洋水团的同位素示踪、生态受控实验
13	林辉	男	厦门大学	03-04专题海洋化学与碳通量考察	海水化学：生物泵运转效率（$^{210}Po/^{210}Pb$、POM-^{13}C、^{15}N、$^{15}NO_3^-$）
14	邓恒祥	男	厦门大学	03-04专题海洋化学与碳通量考察	海水化学：PAHs
15	贺鹏真	男	中国科学技术大学	03-04专题海洋化学与碳通量考察	大气化学：大气汞监测及生物气溶胶样品采集
16	肖晓彤	女	德国阿尔弗雷德·韦格纳海洋研究所	国际合作	沉积化学：新型标志物
17	Victoire Rérolle	女	法国巴黎第六大学	国际合作	海水化学：颗石藻采样、pH传感器比测
18	Andrew Collins	男	美国特拉华大学	国际合作	海水化学：CO_2系统相关参数样品采集与分析（DIC、TAlk、pH值）

6.5　完成工作量及数据与样品评价

6.5.1　完成工作量

中国第六次北极科学考察期间，在大洋队海洋化学组全体队员的奋斗下，在大洋队其他专业组的帮助下，圆满完成了航次实施计划规定的各项考察任务，部分考察任务超额完成（表6-7～表6-12）。其中海水化学共完成89个CTD观测站位的水样采集，计划观测站位数为60个，完成任务量为148.3%。各类海水化学要素的样品采集量都超出原定计划。此外大气化学、沉积化学、海冰化学均完成或者超额完成了原定的工作量。此外，在考察队和"雪龙"船全体人员的关心和帮助下，沉积物捕获器长期观测锚系成功布放于北冰洋高纬度地区，将持续工作一年时间，获取长时间序列的深海沉降颗粒物数据。

表6-7　北冰洋海水化学工作内容及工作量（参数/样品数）

Table 6-7　Work areas and workload of marine chemistry group in Arctic Ocean (parameters/sample amounts)

考察项目	考察内容	考察海区	计划任务	完成任务（项）	完成情况（项）	完成百分比
海水化学	海水化学1类参数	白令海及西北冰洋邻近海域	60	81～89	超额	135%～148.3%
	海水化学2类参数	白令海及西北冰洋邻近海域	30	34～62	超额	113.3%～206.6%
	海水化学3类参数	白令海及西北冰洋邻近海域	18	20～28	超额	111.1%～155.5%
	硝酸盐剖面仪	白令海及西北冰洋邻近海域	30	40	超额	133.3%
	生标原位过滤器	白令海及西北冰洋邻近海域	18	20	超额	111.1%
大气化学	气体、气溶胶、重金属	全航段观测	15	24～38	超额	160%～253.3%
	大气悬浮颗粒物和持久性有机污染物	全航段观测	30	46～64	超额	153.3%～213.3%
沉积化学	表层沉积物	白令海-楚科奇海陆架区	10	31	超额	310%
	重力柱状样	北冰洋中心海盆	1～2	1	完成	100%
海冰化学	营养盐、无机碳体系、POPs	北冰洋中心海盆	3～6个短期冰站、1个长期冰站	7个短期冰站、1个长期冰站	超额	116.6%
沉积物捕获器锚系	时间序列深海沉降颗粒物	加拿大海盆	布放1套锚系	布放1套锚系	完成	100%

表6-8　北冰洋海水化学工作内容及工作量（参数/样品数）

Table 6-8　Work areas and workload of marine chemistry group in Arctic Ocean (parameters/sample amounts)

区域	海水化学		化学1		化学2		化学3	
	站位数（个）	层数（层）	站位数（个）	样品数（个）	站位数（个）	样品数（个）	站位数（个）	样品数（个）
白令海及西北冰洋邻近海域	89	816	62～89	7 779	34～82	2589	20～28	973

表6-9　大气化学工作内容及工作量（样品数）

Table 6-9　Work area and workload of atmospheric chemistry (sample amounts)

区域	VOCs	汞	TSP	氮氧化物	微生物	气溶胶	N_2O/CH_4	POPs
白令海盆区	4	每5 min 一个数据	平均每天采集一次，共采46组，92张膜	13	12	平均3天采集一次，共采24张膜	每6h观测一次	走航采样
白令海陆架区	5			12	9			
楚科奇海陆架区	7			16	21			
北冰洋海盆区	16			10	27			
小计	38	约10 000个	92	51	69	共获得约50 M数据	140	64

表6-10　北冰洋沉积化学工作内容及工作量

Table 6-10　Work areas and workload of marine chemistry group in Arctic Ocean

区域	站位数（个）	
	表层沉积物	柱状样
白令海盆区	0	0
白令海陆架区	18	0
楚科奇海陆架区	19	0
北冰洋海盆区	6	1
合计	43	1

　　附：白令海盆区以B01-B11计，白令海陆架区以B12-BS08计，楚科奇陆架区以R01-R12，S01-S03计，北冰洋海盆区以S04-S08及R10以北计。

表6-11　中国第六次北极科考冰站考察海冰化学工作量

Table 6-11　Study area and workload of sea-ice chemistry in short-time ice station

编号	作业站位	观测项目	作业人员	作业情况
1	14ICE01	冰芯及冰下水营养盐/CO_2/POPs/颗粒物分析	庄燕培、祁第、邓恒祥、Andrew	采集冰下0 m、2 m、5 m、10 m水样，并采集20 L冰水界面表层水。钻取冰芯3支，冰芯长度约为1.8 m
2	14ICE02	冰芯及冰下水营养盐/POPs/颗粒物分析	卢勇、邓恒祥	采集冰下0 m、2 m、5 m、10 m水样，并采集20 L冰水界面表层水。钻取冰芯10支，冰芯长度约为1.2 m
3	14ICE03	冰芯及冰下水营养盐/CO_2/颗粒物分析	卢勇、白有成、祁第、Andrew	采集冰下0 m、2 m、5 m、10 m水样，并采集40 L冰水界面表层水。钻取冰芯30支，冰芯长度约为1.2 m
4	14ICE04	冰芯及冰下水营养盐/CO_2/POPs/颗粒物分析	庄燕培、邓恒祥、祁第	采集冰下0 m、2 m、5 m、10 m水样，并采集40 L冰水界面表层水。钻取冰芯18支
5	14ICE05	冰芯及冰下水营养盐/CO_2/颗粒物分析	庄燕培、白有成、Andrew	采集冰下0 m、2 m、5 m、10 m水样，并采集40 L冰水界面表层水。钻取冰芯26支
6	14ICE06	冰芯及冰下水营养盐/CO_2/POPs/颗粒物分析	庄燕培、白有成、祁第、Andrew、邓恒祥	采集冰下0 m、2 m、5 m、10 m水样，钻取冰芯13支
7	14ICE07	冰芯及冰下水营养盐/CO_2分析	卢勇、张扬、祁第	采集冰下0 m、2 m、5 m、10 m水样，钻取冰芯1支

表6-12　2014年加拿大海盆ST站位沉积物捕获器锚系信息

Table 6-12　Information of sediment trap deployed in Canada Basin

锚系站位	ST
经纬度	73°57.812′N，155°57.740′W
水深（m）	3 906
捕获器深度（m）	1 377
首次取样起始时间	2014-08-16
末次取样终止时间	2015-09-01
样品瓶型号，数量	Nalgene，500 mL，21个
样品防腐剂	HgCl₂ 3.33 g/L
样品瓶编号	0～20
样品瓶位置	正常
样品瓶方向	正常
布放时样品瓶编号	0

6.5.2　数据与样品评价

本航次海洋化学与大气化学考察各个项目样品的采集和保存方法均严格按照《海洋监测规范第 4 部分：海水分析》及《极地监测规范》进行操作。现场分析测定仪器均在航前进行专业校正标定或严格自校。在航次分析样品过程中在有限的条件下，对分析环境进行了较好的控制，并通过质控样、重复样等来保证样品分析质量的高水准。

在本航次考察过程中，数据和样品质量也存在一些问题和隐患：第一，少数站位出现 CTD Ni-skin 采水瓶打瓶失败，无法采集到相应层次的海水；第二，航次末段，CTD 采水瓶内部皮筋老化，致使个别采样瓶，尤其是采集深水层次时，出现漏水漏气现象，虽及时处理，但也影响了个别站位深水层次样品的准确性和可靠性；第三，表层泵采水系统在高纬度海冰区会出现水压和水量不足的情况，影响了样品和数据的采集；第四，大气化学观测少许数据受到尾部烟囱的污染，会出现异常值，尤其在停船时表现得较为明显。

海洋化学与大气化学数据与样品评价如下。

1）营养盐分析

使用"雪龙"船的 SBE CTD 采水系统（配置有 24 瓶 10 L 的 Niskin 采水器）分层采集海水。现场海水温度、盐度及站位水深等海洋环境参数由 CTD 在采集海水时同步测定完成。样品的采集、保存及分析严格按照《海洋监测规范 第 4 部分：海水分析》、《极地监测规范》、《Method of sea water analyze》操作。CTD 采水器上甲板后，将不同深度的海水分别装入润洗过 2 次的样品瓶中，将海水样品使用处理过的醋酸纤维滤膜（0.45 μm）过滤，分析过滤海水中的各项营养盐含量。其中一部分铵盐和亚硝酸盐直接装入比色皿中，使用分光光度计分析；另一部分过滤海水装入高密度聚乙烯瓶中冷藏，在 48 h 内完成硝酸盐＋亚硝酸盐、硅酸盐和磷酸盐的分析。

硝酸盐＋亚硝酸盐、磷酸盐和硅酸盐使用营养盐自动分析仪（Skalar San++）分析。硝酸盐＋亚硝酸盐、磷酸盐和硅酸盐分别采用镉铜柱还原 – 重氮偶氮法、磷钼蓝法和硅钼蓝法测定，检测限分别为 0.1 μmol/L（$NO_3^-+NO_2^-$）、0.1 μmol/L（SiO_3^{2-}）和 0.03 μmol/L（PO_4^{3-}）。

使用高密度聚乙烯瓶采装营养盐，所有样品瓶使用盐酸浸泡，去离子水清洗后使用。样品采集时先用少量水清洗样品瓶 2 次，样品过滤后冷藏保存，并在考察期间分析完毕。现场测定及试剂配置均使用 Millipore 超纯水（18.2Ω），采用国家海洋局第二海洋研究所海洋标准物质中心生产的国家一级标准营养盐标准溶液制定标准曲线。数据处理按技术规程要求进行记录。

本航次用于营养盐分析的分光光度计在出航前经浙江省质量技术监督检测研究院检测合格，营养盐自动分析仪在使用前使用标准进行了自校，可满足北极科考要求。

2）pCO_2、溶解氧、DIC/TAlk、pH 值、Ca^{2+}

pCO_2 利用海—气走航观测系统（"8050"型，美国 GO 公司）进行大气和表层水 CO_2 分压（pCO_2）走航测定，海水 pCO_2 的测量准确度：$\pm 2 \times 10^5$ Pa，大气 pCO_2 的测量准确度：$\pm 0.2 \times 10^5$ Pa。DO、DIC、TAlk、Ca^{2+} 和 pH 值的采样方法参照全球碳通量联合研究（JGOFS）计划的采样规范。采样管将水样引出，排净气泡后用水样荡洗采样瓶 3 次，然后迅速将采样管放至采样瓶底部将水样引入采样瓶，充满并溢流。溢流量至少达到采样瓶体积的 1 倍。DO 样品用 Winkler 试剂固定。

DIC 用美国 Apollo 公司生产的 DIC 测定仪（DIC Analyzer AS–Ⅱ 或 AS–Ⅲ）测定，原理是用 10% 的 H_3PO_4 和 NaCl 溶液把水样中的 HCO_3^- 和 CO_3^{2-} 都转变成 CO_2 并用氮气吹出，经干燥后进入非分散红外检测器（Li–Cor®7000）检测。总碱度（TAlk）样品用基于 Gran 滴定法的碱度自动滴定仪（美国 Apollo 公司）测定。DIC 和 TAlk 的测定精度均可达 0.1%。DIC 和 TAlk 测定以美国 Scripps 海洋研究所 Andrew Dickson 博士研制的无机碳参考海水校正。

pH 值采用 SHIMADZU 分光光度计 UV–1800 的测定，打开分光光度计电源，预热 30 min 以上；待仪器自检完成，通过键盘选择"1– 光度"—"2– 多波长"，继而设置波长数目为 3，且波长数值分别为 578 nm、434 nm 和 730 nm。开启恒温水浴，确定温度正确设置在 25℃。将海水样品与显色剂 M–Cresol Purple 浸没在恒温水浴中（至少 20 min 后才可开始测定）；将带有恒温水浴装置的 10 cm 石英比色皿安装到固定支架上，将支架小心安装进分光光度计内；移除管路中受到水或空气中 CO_2 影响而颜色变浅的指示剂。运行电脑上的"winpump.exe"程序，在"file"—"load program"中加载"R–MCP.gpl"，将数字泵 B 接口接上去离子水，运行"Program"—"run listed program"，仪器将移除部分显色剂并进行清洗。待程序清洗结束后按仪器键盘上的"Start"键读取吸光值数据，检查吸光值是否与纯 Milli–Q 水的吸光值相近（Milli–Q 水对各波长的吸光值很稳定）。如差值较大，可在"file"—"load program"中加载"flush.gpl"，本程序仅用 Milli–Q 水清洗仪器管路，清洗仪器后检查吸光值以保证管路清洗干净。严格按照表层到底层的顺序，将采集海水样品的 60mL 注射器连接数字泵 B 端的塑料管接口，在"file"—"load program"中加载"pH.gpl"，运行"Program"—"run listed program"，仪器将用样品清洗管路与比色皿。待数字泵停止运行，按 UV–1800 键盘上的"Start"读取 3 个波长的吸光值。连续按"Start"多次读取，直至连续读取 3 次同样的数值，将此 3 个波长的吸光度值记录至测定记录本中"seawater"栏目；继续运行"Program"—"run listed program""，仪器将混合海水与显色剂，并将其推送入比色皿中。待数字泵停止运行，执行同样的数据读取操作，读取 3 次一样的吸光值，将此值记录至记录本中"MCP+Seawater"栏；待一批样品测定完成，与第 2 步一致加载"flush.gpl"执行清洗操作。此法测定的 pH 值数据的精度水平为小于 0.001。

Ca^{2+} 水样保存在 120 mL 酸洗过的高密聚乙烯（HDPE）塑料瓶中。Ca^{2+} 测定基于 EGTA（Ethylene Glycol bis（2–aminoethylether）–N，N，N'，N'–Tetraacetic Acid）电位滴定法（Lebel and Poisson，1976），测定流程如下：准确称量 4.000 0 g 水样和 4 g 氯化汞（$HgCl_2$）溶液（浓度为 ~ 1 mmol/L），

再精确加入一定量的浓度为 ~ 10 mmol/L 的 EGTA 溶液以络合全部的 Hg^{2+} 和 95% 以上的 Ca^{2+}。对于盐度超过 28 的水样，上述 EGTA 溶液的加入量为 4.000 0 g，随后，用 4 mL 0.05 mmol/L 的硼砂缓冲液调节溶液 pH 值至 10.1，再将剩余的游离 Ca^{2+} 用 ~ 2 mmol/L 的 EGTA 溶液进行滴定。滴定时使用万通 809 型自动电位滴定仪（Methrom 809 Titrando）和汞齐化复合银电极（Methrom Ag Titrode），以电位突跃来确定滴定终点（图 6-4）。所用 EGTA 溶液的日常标定通过 IAPSO（International Association for the Physical Sciences of the Oceans）提供的标准海水（Batch P147，盐度 = 34.993）来进行，此法测定的 Ca^{2+} 数据的精度水平为小于 1‰。

3）DO、N_2O 和 CH_4

溶解氧的采样在 Niskin 或 GoFlo 采水瓶到甲板后立即采样，为第一顺序采样，采样前不允许有人先打开采水瓶。检验采水瓶是否漏气后开始采样。采样迅速，而且每次采样都会非常注意防止气泡。采样时将采样管放入 BOD 瓶底部，让海水慢慢装满采样瓶，并溢流至少瓶子体积的一半，然后把采样管慢慢提起，冲洗瓶盖。用定量加液器分别加氯化锰（R_1）和碱性 NaI（R_2）试剂各 0.5 mL，加前把加液器枪头的气泡排掉，注入口埋入液面以下（1 ~ 5 mm），然后把瓶盖轻轻盖上，全部过程均保证没有气泡。瓶盖盖好后上下颠倒摇至少 20 次，然后用淡水把外壁的海水冲洗干净并且液封后静置在阴凉处，待反应完全后尽快测量。

本航次 DO 测量采用分光法测量海水中溶解氧含量，方便可靠，已被国际认可，测量精度和准确度均符合国家标准。样品测定过程中，实验人员操作严谨，严格遵守操作规范，所得数据可靠。

N_2O 和 CH_4 样品按照标准采样层位从 CTD 采集，采样紧随溶解氧采样，或与溶解氧采样同步进行（有双管水样情况下）。CTD 采水器上甲板后，立即进行采样，以保证在采样器中的水样接触空气后的 10 min 内完成样品采集，采样时 CTD 采水瓶中的水样不少于其容积的 1/3。

N_2O 参数的样品采集所使用的设备是 CTD Niskin 采水器，采水器规格为 10 L，每站采水层位基本按照标准层采集，样品带回实验室后采用虹吸的方法，将每个水样分装 3 个平行样，在整个操作过程中要防止气泡的产生。使用高纯 N_2 置换出一定体积的水样，运用新型 CTC 顶空自动进样器，结合半导体制冷在线除水技术，采用改进的静态顶空方法测定海水中 N_2O 浓度。

4）CFC、DMS

样品采集：不同深度的海水样品按照《海洋监测规范》中规定的标准层，由直读式温盐深仪 CTD 的采水器采集获得。现场海水温度、盐度及站位水深等海洋环境参数由 CTD 在采集海水时同步测定完成。CTD 采水器上甲板后，海洋生源活性气体样品通过硅胶管直接从采水器装入润洗过多次的玻璃注射器中，勿留有气泡。

海水 DMS 测定：用玻璃注射器将一定体积海水样品注入气提室，通入高纯氮气进行气提，将海水中溶解的 DMS 吹扫出来，经干燥入"U"形捕集管，其中 DMS 成分被冷凝吸附在填料上，捕集管进行加热解析后入色谱分析。

海水 DMSP 测定：DMSP 分析分为颗粒态（DMSPp）和溶解态（DMSPd）。分析前准确量取一定体积水样，用内置 Whatman GF/F 滤膜的 Nalgene 过滤器重力过滤，滤液迅速加入到已含有 NaOH 的样品瓶中，即得到 DMSPd 样品；滤膜以同样方式处理后即为 DMSPp 样品。然后通过测定 DMS 的浓度换算成 DMSP。

海水 CFCs（CFC–11、CFC–12、CFC–113、CCl_4）的取样、样品处理、保存、测定技术参照国际公认的文献"Determination of CCl_3F and CCl_2F_2 in seawater and air, J.L.Bullister and R.F.Weiss, Deep–Sea Research, Vol.35, No.5, pp839–853, 1988" 和"A capillary–column chromatographic system for efficient chlorofluorocarbon measurement in ocean waters, Klaus Bulsiewicz et al., Journal of geophysical research, Vol.103, No.C8, pp15,959–15,970, 1998"中的相关技术规范操作，最大限度地避免采样过程和样品保存过程中带来的污染。如调查船实验条件允许，可以考虑将气相色谱 –ECD 安置在船舱实验室进行现场分析，现场分析同样需严格按照规程操作，避免样品污染。除船载 CFCs 分析系统外，仍应考虑将各站位海水样品取回陆地实验室分析，这样可以避免由于现场仪器的故障导致整个 CFCs 数据缺失，样品取样采用安瓿瓶，但安瓿瓶的熔焊需要高温氧焰，因"雪龙"船禁止使用明火，因此，需要使用替代方法，建议使用安瓿瓶口蜡封或瓶口压盖后倒置存放。每个样品总需水样约 300 mL。表层海水样品应该每层必做，这样可以知道海水的饱和程度。对其他层的海水样品应该进行平行样的分析，检测分析的精密度。采样前最好对 Niskin 采样瓶进行清洗，使用异丙醇是通常的做法。船载实验，需要约 2 m^2 实验台放置气相色谱及捕集、解吸前处理装置。

5）表层海水中重金属采集

由于极地海水中重金属含量极低，考虑到船载 CTD 采集的海水有可能受到重金属的污染，影响到测定数据的可靠性和准确性，因此本次考察中，表层海水重金属样品的采集没有使用 CTD 采样，而改为使用特制的树脂材料制成的采水器采集海水。样品采集完成后即加入强酸进行固定密封，在 4℃低温条件下保存，带回国内实验室进行仪器分析。

6.6 观测数据初步分析

6.6.1 水化学基本参数分布特征

白令海 B 断面硅酸盐、硝酸盐和磷酸盐的浓度分布如图 6–12 所示，硅酸盐浓度范围为 1 ~ 250.6 μmol/L，平均值为 100.6 μmol/L；磷酸盐浓度范围为 0.36 ~ 3.46 μmol/L，平均值为 2.55 μmol/L，最高值出现在水深 1 000 m 左右处；硝酸盐浓度范围为 0.2 ~ 46.5 μmol/L，平均值为 32.4 μmol/L，最高值同样出现在水深 1 000 m 左右处。在上层水体中（＜ 300 m），硝酸盐和磷酸盐的浓度随深度增加迅速升高，至 1 000 m 以深则随着深度增加略有降低。氮磷比（NO_3^-/PO_4^{3-}）的分布表明，白令海的氮相对磷亏损，这显然来自于脱氮作用的贡献。白令海硝酸盐和磷酸盐的分布具有良好的一致性，表明两者具有相同的来源或者相同的生物地球化学过程。

白令海的硅酸盐的浓度分布表明，白令海深海具有极高的硅酸盐储量，是名符其实的"硅海"。硅酸盐浓度在大洋中的分布与水体的形成时间有关，在大洋环流中，大西洋水具有最低的硅酸盐浓度，而白令海深层水则来源于北太平洋，其水体年龄较老，因而具有全球海洋最高的硅酸盐浓度。

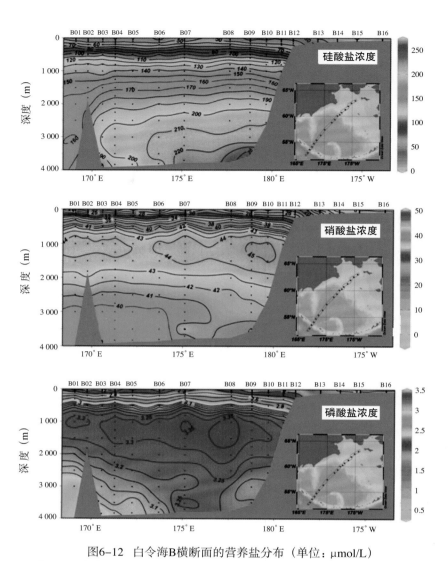

图6-12 白令海B横断面的营养盐分布（单位：μmol/L）
自上而下分别为硅酸盐（未盐度校正）、硝酸盐和磷酸盐，站位自左向右为B01至B16
Fig.6-12 Nutrients distribution (μmol/L) along B transect in Bering Basin, SiO_3^{2-} (upper panel), NO_3^- (middle panel), PO_4^{3-} (below panel), stations from left to right are from B01 to B16

如图 6-13 所示为楚科奇海 R 断面营养盐浓度的分布。受融冰水输入和浮游植物勃发的影响，表层水体呈现为明显的无机氮和硅酸盐共同的营养盐限制（浮游植物生长阈值分别为 DIN< 1 μmol/L 和 SiO_3^{2-}< 2 μmol/L）。硅酸盐浓度范围为 0.2 ~ 61.5 μmol/L，平均浓度为 12.7 μmol/L；硝酸盐浓度范围为 0.1 ~ 22.9 μmol/L，平均浓度为 4.6 μmol/L；磷酸盐浓度范围为 0.21 ~ 2.26 μmol/L，平均浓度为 0.92 μmol/L。如图 6-13 所示，营养盐分布出现两个高值区，分别出现在 R02 和 R07 站下层（20 m 以深）。受富含营养盐的阿纳德尔流与阿拉斯加沿岸流的交汇混合的影响，R02 站表层水体营养盐浓度极低，而底层则出现营养盐的高值，磷酸盐浓度达到 1.81 μmol/L，硝酸盐浓度达到 14.7 μmol/L，硅酸盐达到 24.9 μmol/L，其分布特征与历次北极调查结果较为一致。R07 站底层出现营养盐的最高值，与该区域较强的营养盐再矿化作用有关，该推测仍需进一步的分析验证。

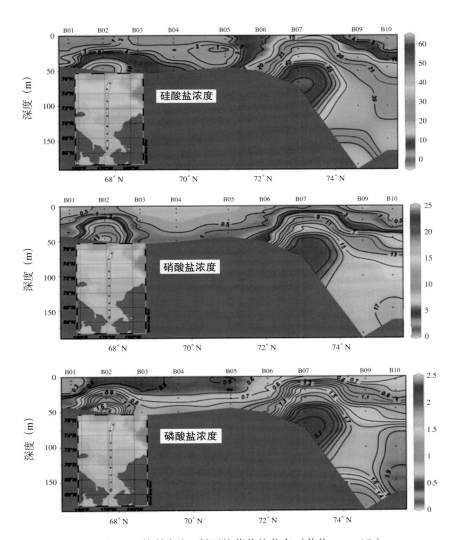

图6-13 楚科奇海R断面的营养盐分布（单位：μmol/L）

自上而下分别为硅酸盐（未盐度校正）、硝酸盐和磷酸盐，站位自左向右为R01至R10

Fig. 6–13 Nutrients distribution (μmol/L) along R transect in Chukchi Shelf, SiO_3^{2-} (upper panel), NO_3^- (middle panel), PO_4^{3-} (below panel), stations from left to right are from R01 to R10

白令海 B 断面溶氧最高值出现在次表层海水中。在 20 ~ 50 m 附近，溶解氧值为 ~ 400 mol/kg，具有较低的 AOU 值， ~ –50 mol/kg，受生物光合作用的影响显著；随着深度增加，溶解氧含量逐渐降低，大约在 250 m 处，溶解氧值 < 90 mol/kg，AOU > 150 mol/kg，水体呈现低氧状态。该水团主要受北太平洋中层水影响，水团年龄较老，具有高营养盐、低溶解氧特征［图 6-14 (a, b)］。

在楚科奇海和加拿大海盆陆架坡折区（100 ~ 200 m），观察到 AOU 高值， ~ 75 mol/kg（图 6-15），同时观测到营养盐最大值（图 6-13）。该层位的水团来自于北太平洋次表层水（PW），具有高营养盐特征。冬季，冬季北太平洋次表层冷水团（PWW）涌升到高生产力的白令海和楚科奇海陆架区域；夏季，受控于季节性"浮游植物—溶解氧"相互作用，表层海冰消退，大量浮游植物生产导致溶解氧显著升高至大于 400 mol/kg，来自表层的有机物输送到底层，好氧细菌再矿化过程消耗有机物和溶解氧。

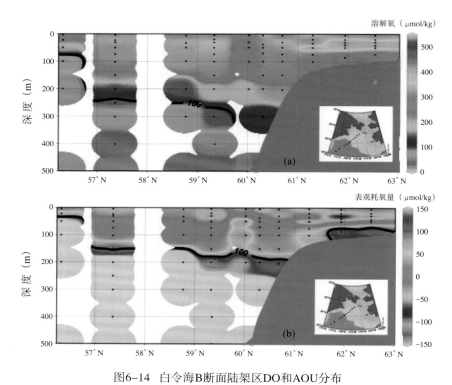

图6-14 白令海B断面陆架区DO和AOU分布

Fig.6-14 Distribution of (a) O$_2$ and (b) AOU along the B transect in Bering Sea

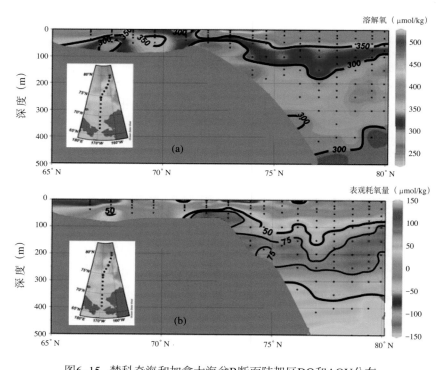

图6-15 楚科奇海和加拿大海盆R断面陆架区DO和AOU分布

Fig.6-15 Distribution of (a) O$_2$ and (b) AOU along the R transect in Chukchi Sea and Canada Basin

6.6.2　海洋酸化的初步分析

pH 值是海水碳酸盐系统中最为敏感的参数，它是海洋酸化最为直接的指标，受温度、盐度、压力和生物活动影响而变化。pH 值主要受控于海水碳酸盐体系的解离平衡，它的变化幅度是碳酸盐系统受到扰动强弱的指示。2014 年夏季，中国第六次北极科学考察对北冰洋 pH 值的调查结果如图 6-16 至图 6-19 所示。

在白令海区域，表层 pH 值呈现出显著的区域性变化。从整体上看白令海盆区明显低于白令海陆架区，然而由于受到了沿岸径流水的影响，最低值却出现在陆架区东部沿岸区域。在白令海峡口区域，pH 值表现出了自西向东逐渐升高的趋势。在白令海深海盆的断面分布中，pH 值从表层至底层表现出明显的层化分布，从表层的极高值到约 400 ～ 500 m 迅速降至极低值 7.6 左右，随后又缓慢升高至底层的 7.8 左右。

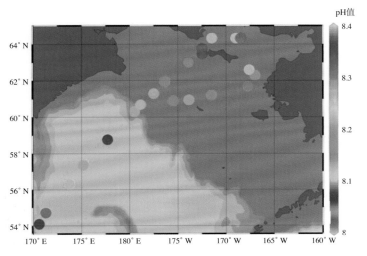

图6-16　白令海表层海水pH值平面分布
Fig.6-16　Distribution of pH at surface in Bering Sea and Bering Basin

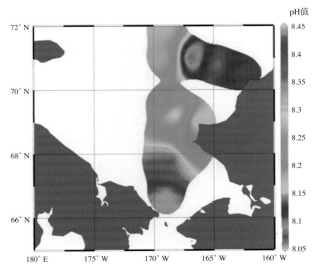

图6-17　楚科奇海表层海水pH值平面分布
Fig. 6-17　Distribution of pH at surface in Chukchi Sea

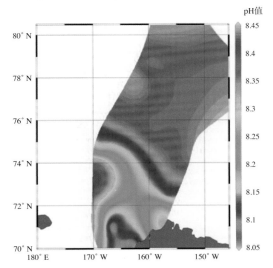

图6-18　加拿大海盆表层海水pH值平面分布
Fig. 6-18　Distribution of pH at surface in Canada Basin

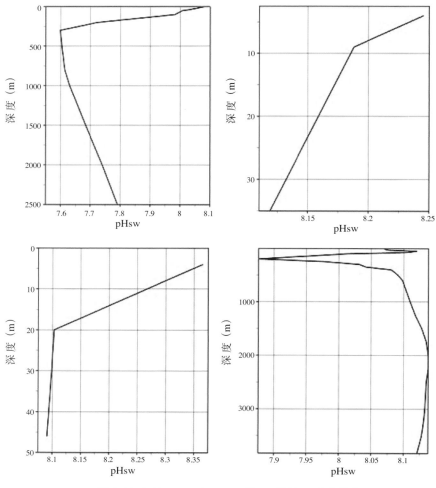

图6-19　B08、BS06、CC1和C11站位pH垂直分布

Fig.6-19　Vertical distribution of pH at stations B08, BS06, CC1 and C11

在楚科奇海区域，表层 pH 值随纬度的升高表现出明显的降低趋势，而且在 71°N，170°W 附近存在极低值。在 CC 断面上，远岸区域 pH 值随深度降低的趋势较为明显，而近岸区域则表现出混合相对均匀的趋势。在沿 169°W 的 R 断面上，有些站位 pH 值随深度的降低而降低，有些站位随深度的升高而升高，有些则混合相对均匀，表现出了陆架区水团混合的复杂性。

在加拿大海盆区域，巴罗角至 75°N 左右的陆架陆坡区域表层 pH 值表现出较强的变异性，并且整体上 pH 值远远大于海盆区，在海盆区在表现出明显的均一化分布趋势（稳定在 8.05 ~ 8.09 之间），可能与海冰的覆盖程度较高有关。在 C 断面和 AD 断面，pH 值随深度变化呈现出先降低再升高的趋势，表现出了不同水团的影响，从浅至深的水团大致包括极地混合层水、上盐跃层水、下盐跃层水、大西洋水和北冰洋深层水。

6.6.3　温室气体的走航观测

在中国第六次北极科学考察中，$p\mathrm{CO_2}$ 走航观察初步结果表明（定性）：楚科奇海表层海水 $p\mathrm{CO_2}$ 总体低于大气 $p\mathrm{CO_2}$，是大气 $\mathrm{CO_2}$ 的汇区（吸收区）；在加拿大海盆南部海域（77°N 以南），表现为大气 $\mathrm{CO_2}$ 潜在的源区；在海冰覆盖下的加拿大海盆北部 80°N 附近，由于冰下生物生长吸收碳，表现为大气 $\mathrm{CO_2}$ 潜在源区。结合中国前五次北极科学考察和国内外相关研究表明，海冰刚融化阶段造成的海冰变薄，开阔水域增加等有利于生物生长增加碳吸收，$p\mathrm{CO_2}$ 下降，减缓温室效应，对全球变暖形成负反馈作用；而随着海冰进一步融化，次表层水分层严重，阻止下层营养盐进入表层混合层，生物吸收碳下降，而海水快速从大气吸收 CO_2，促使表层水 pCO_2 升高，最终导致表层海水吸收 CO_2 能力下降。

甲烷（CH_4）是另一个主要的温室气体。甲烷在楚科奇海随纬度的变化如图 6-20 所示。CH_4 分压在南面浓度较低，略高于大气分压，有明显的源特性。在相对应的纬度范围，CO_2 与 N_2O 呈现出对应关系，两者在 71°—72° N 之间显示出相同的增长趋势。这种现象说明 CO_2 与 N_2O 可能同时受控于物理过程主控的过程中。72°—73.5° N 之间，CH_4 分压进一步升高，并维持在一个平台，显示出该区域存在更为强烈的 CH_4 源。CO_2 与 N_2O 分压则显示出相反的变化趋势。这种分布特征显示出陆架这个区域可能存在不同于 71°—72° N 生物地球化学过程。CO_2 分压最低可达 200×10^{-6}，说明生物活动对 CO_2 吸收的强烈程度。相对应存在较高的 CH_4 与 N_2O 分压说明，沉高生物活动条件下积物中温室气体的释放加剧。

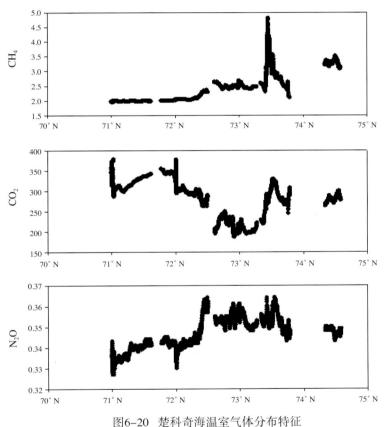

图6-20　楚科奇海温室气体分布特征
Fig. 6-20　Latitude distribution of greenhouse gases in Chukchi Sea

在 73.5° N 处观察到 CH_4 的极高值。该高值与历年研究中观测到的 73.5° N 陆坡 CH_4 高值正好相对应，说明该分压异常高值与底层沉积物释放通量存在密切关系。与此相对应，CO_2 与 N_2O 在这个纬度也观察到高值点的存在，沉积物分解过程是该区域的主要过程。其对温室气体释放通量的贡献量高于水柱中生物活动过程对温室气体的调控作用。由此，可以看出，在 71°—75° N 之间不到 5 个纬度的观测结果，可以观察到北极海洋中存在着对海洋温室气体复杂的调控过程。物理，水体和沉积物过程对海洋温室气体循环的调控作用。随着该研究方法的进一步成熟。本研究有望为海洋温室气体研究提供更多有价值的重要信息。

6.6.4 海冰营养盐分布

中国第六次北极科学考察在短期冰站ICE01采集了一根长达238 cm的冰芯,并采集了0 m、2 m、5 m及8 m的冰下水,其磷酸盐、硝酸盐及硅酸盐分布如图6-21所示。冰芯磷酸盐浓度分布范围为0.01 ~ 0.20 μmol/L,平均值为0.10 μmol/L。硝酸盐分布范围为0.2 ~ 3.7 μmol/L,平均值为1.1 μmol/L。硅酸盐分布范围为1.3 ~ 3.9 μmol/L,平均值为1.9 μmol/L。冰芯硝酸盐与硅酸盐垂直分布随着冰芯变深呈逐渐降低的趋势,冰芯上层最高,底层最低。所有三项营养盐随着深度变化均表现出一定的波动分布。

冰下水的营养盐浓度表明,冰下水营养盐状态表现为显著的 N 限制($NO_3^- < 1$ μmol/L),磷酸盐和硅酸盐则相对较高。冰芯与冰下水的营养盐浓度对比表明海冰的磷酸盐与硅酸盐的浓度相对于冰下水较低,但硝酸盐则相对较高。显然海冰融化将补充无机氮到冰下水中,一定程度上缓解冰下水的 N 限制。

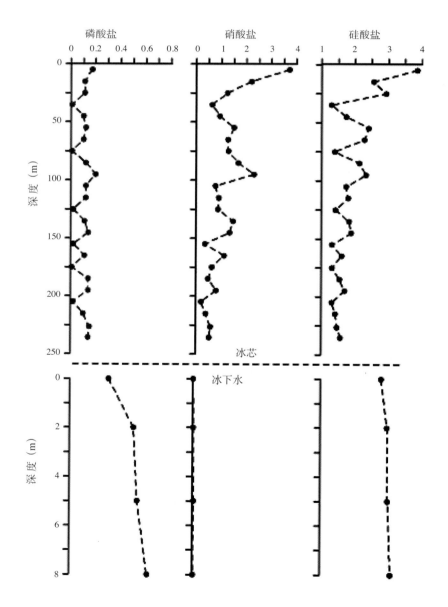

图6-21 第六次北极科学考察短期冰站ICE01冰芯(上图)与冰下水(下图)营养盐的垂直分布
Fig. 6-21 Nutrients distribution in ice core and seawater under ice from ice station ICE01 in 6th CHINARE cruise

6.6.5 北极海域同位素的初步分析

对已获得的数据进行初步分析，可获得如下认识。

（1）^{18}O：调查站位海水 $\delta^{18}O$ 的变化范围为 $-4.23‰ \sim 0.34‰$，平均值为 $-0.82‰ \pm 1.37‰$。从垂直变化看，500 m 深度处 $d^{18}O$ 值出现变化。在 500 m 以浅水体，$d^{18}O$ 值随着深度的增加而降低，而在 500 m 以深，$d^{18}O$ 值基本恒定在 0‰ 左右。

（2）PN–^{15}N：白令海、西北冰洋颗粒氮 $\delta^{15}N$ 值范围为 $-0.7‰ \sim 13.1‰$，其中海盆区 $\delta^{15}N$ 值为 $-0.7‰ \sim 12.5‰$，陆架区 $\delta^{15}N$ 值为 $2.7‰ \sim 13.1‰$。在海盆区，$\delta^{15}N$ 值在表层出现极小值，之后随深度增加而增大，$200 \sim 2\,000$ m 区间 $\delta^{15}N$ 值在 $4.0‰ \sim 8.0‰$ 之间波动或是基本保持不变，极大值一般出现在近底层。在陆架区，PN–^{15}N 的垂直变化比较复杂，部分站位 $\delta^{15}N$ 值随深度增加而增大，部分站位 $\delta^{15}N$ 值小幅降低或基本保持不变。$d^{15}N$ 值具有陆架区偏重、海盆区偏轻的现象，可能与陆架沉积物提供了较重氮有关。

（3）^{226}Ra：白令海、西北冰洋表层水 ^{226}Ra 放射性比活度范围为 $0.85 \sim 1.86$ Bq/m^3，平均为 (1.37 ± 0.32) Bq/m^3。表层水 ^{226}Ra 比活度的低值出现在白令海峡，高值出现在白令海西侧，约为 1.6 Bq/m^3。从白令海沿着阿德尔流的方向，^{226}Ra 含量逐渐降低，在白令海峡达到极低值，之后再向楚科奇海逐渐增加。在楚科奇海陆架，^{226}Ra 比活度随深度的增加明显升高。

（4）^{228}Ra：北冰洋表层水 ^{226}Ra 放射性比度范围为 $0.25 \sim 0.59$ Bq/m^3，平均值为 (0.39 ± 0.11) Bq/m^3。表层水 ^{228}Ra 比活度在白令海出现高值，并在沿西侧往北方向快速降低。可能是受到阿拉斯加沿岸流河水输入的影响，^{228}Ra 比活度在白令海峡以北逐渐增加。楚科奇陆架 ^{228}Ra 比活度随深度的变化不大，$^{228}Ra/^{226}Ra)_{A.R}$ 随深度的增加有所降低。

（5）^{210}Po：研究海域颗粒态 ^{210}Po 活度浓度变化范围小于 $0.013 \sim 0.47$ Bq/m^3，平均值为 (0.14 ± 0.11) Bq/m^3。白令海盆的颗粒态 ^{210}Po 总体随着深度的增加而减小；白令海峡颗粒态 ^{210}Po 的纬向变化较大，在白令海峡中部的颗粒态 ^{210}Po 出现高值，明显高于其东、西侧站位。在波弗特陆架和陆坡区，颗粒态 ^{210}Po 往往在近底层出现高值，可能反映了沉积物再悬浮的影响。

6.6.6 沉积物捕获器长期观测锚系

中国第六次北极科学考察期间在北冰洋高纬度浮冰区成功布放了一套沉积物捕获器长期观测锚系，获得一些经验如下：布放期间时刻关注海冰冰情，为保证锚系成功布放，需 2 km 长以上的水域，以防缆绳被海冰挂住；锚系系统的布放与深海锚系大致相同，按照"锚最后"的原则，自上而下依次放入海面，放置时应注意风向及船的位置，并且放置速度不能太快，以避免缆绳打结，最后放下锚块，整套系统在沉块的带动下向下运动；锚系布放后，需通过三点坐标法通过释放器确定锚系布放的大地坐标，有助于锚系的成功回收。

6.7 小 结

中国第六次北极科学考察期间，共完成 89 个海洋站位的海水化学调查研究，研究区域包括白令海盆、白令－楚科奇海陆架－加拿大海盆及北冰洋高纬度海域。海水化学进行了包括海洋化学 1 类参数、海洋化学 2 类参数、海洋化学 3 类参数、走航化学要素观测、硝酸盐剖面仪等外业仪器布放以及生态受控实验等项目。

中国第六次北极科学考察海洋化学考察以海冰快速融化背景下西北冰洋碳通量和营养要素生物地球化学循环如何响应为主线，重点开展如下研究：① 查明北冰洋典型海域海水化学参数、无机碳体系、悬浮颗粒物生源组成的基本分布特征；② 利用水化学要素、生物标志物、放射性和稳定同位素对水团和海洋过程进行示踪；③ 了解北极地区污染物质在各介质中的分布，评价北极海洋环境的污染状况。同时，对极区海洋特殊现象的研究也是本航次的重点之一，这些特殊现象包括加拿大海盆营养盐极大现象、叶绿素极大突增现象、白令海盆深层水颗粒有机物的再矿化等。

本航次系统地获取了白令海峡、加拿大海盆高分辨率的硝酸盐剖面分布，以研究太平洋输送到北冰洋的营养盐通量；以高精度的走航方式观测了"雪龙"船航迹线和北冰洋表层水体中的甲烷、氧化亚氮浓度，并初步确认了夏季的北冰洋是该两种温室气体的源。开展了北冰洋酸化研究；大面进行了北冰洋海冰（冰芯、冰下水和融池水）CO_2 体系研究，开展了北冰洋 Ca 生物地球化学研究。走航观测了表层水体中和站位剖面的 O_2/Ar、N_2/Ar、^{15}N 参数，为净生产力的估算提供了重要依据。观测到了水体中明显的反硝化作用。pCO_2 走航观察初步结果表明，在海冰覆盖下的加拿大海盆北部 $80°N$ 附近，由于冰下生物生长吸收碳，表现为大气 CO_2 潜在源区。通过对 DMS 的检测及 DMSP 的培养实验，能够反映出北极地区 DMS 的生物生产与消费状况，以及其转化与调控机制，有助于分析全球气候变化与酸雨的形成。本航次的同位素海洋化学采样工作，在此前历次北极科学考察的基础上，加强了对包括白令海盆、白令海陆架、楚科奇海陆架和北冰洋海盆等在内的北极海域的重点观测和样品采集，为该海域历史数据的积累以及后续的深入研究提供有力的保障。该航次的调查结果，将有助于进一步回答北冰洋水团运动和变性过程，以及北极海域生物对碳、氮同位素的吸收速率以及水柱中重要界面碳、氮输出通量等前沿科学问题。

中国第六次北极科学考察期间，采集了大气化学样品 358 个，进行了气溶胶有机物和无机物分析、大气氮氧化物、温室气体 N_2O/CH_4、大气 POPs 等的分析，同时，进行了大气汞的在线监测，获取数据 10 000 余个；采集大气氮氧化物数据 153 个。这些数据的分析将促进我们进一步了解北冰洋温室气体对全球变暖、海冰消退的响应；北冰洋污染物的长距离传输历史、输出过程以及来源等。此外大气样品采集需要避免人为及船基污染，采样时要尽量在船速较大时在船头迎风采样。

本航次获取了白令海 – 楚科奇海陆架的大量的表层沉积物，采集了箱式沉积物样品 43 个，分布范围广泛，基本涵盖了整个白令海 – 楚科奇海陆架，用于探讨研究沉积物—水界面的物质交换与循环过程，同时对研究北极边缘海陆架区化学元素的现代沉积过程提供了重要的样品支持。此外获取了高纬度中心海盆区一根长约 4 m 的柱状样样品，进行了一些新型生物标志物（如 IP25）的分析测试，这有助于研究北冰洋历史时期的海冰进退变化过程。

冰站作业通过冰芯钻取、冰下水采样及融池水采集，拟进行营养盐、无机碳体系、持久性有机污染物、生物标志物的分析，系统地研究了以冰芯—冰水界面—冰下水不同界面化学要素的垂直分布特征。此外，于长期冰站设置了覆盖两个融池的冰断面，拟进行海冰生态系统和融池的生态效应等相关研究。同时首次在冰站尝试布放冰下硝酸盐多参数观测仪。冰芯（ICE01）营养盐数据的初步分析表明，冰芯硝酸盐与硅酸盐垂直分布随着冰芯变深呈逐渐波动降低的趋势，冰芯上层最高，底层最低。冰芯与冰下水的营养盐浓度对比表明海冰的磷酸盐与硅酸盐的浓度相对于冰下水较低，但硝酸盐则相对较高。显然海冰融化将补充无机氮到冰下水中，一定程度上缓解冰下水的 N 限制。

中国第六次北极科学考察期间，在考察队和"雪龙"船全体工作人员的关心和帮助下，于2014年8月5日成功地在北冰洋高纬度地区布放了一套沉积物捕获器长期观测锚系，这也是继中国第三次北极科学考察之后，又一次在北冰洋布放沉积物捕获器锚系。将获取长达一年的时间序列的深海沉降颗粒物样品，以期在描述颗粒生源要素垂直分布规律的基础上，研究北冰洋高分辨率时间尺度上颗粒物质来源、通量的季节性变化及控制因子，进一步揭示北极陆架沉积碳埋藏及其在全球碳循环中的作用。

海洋生物多样性和生态考察 第7章

中国第六次北极科学考察海洋生物与生态考察现场作业自 2014 年 7 月 19 日开始，至 9 月 9 日结束，共历时 53 天，在白令海、楚科奇海和北冰洋中心区加拿大海盆等重点海域开展了各类海洋生物取样工作。按照《中国第六次北极科学考察现场实施计划》（以下简称《现场实施计划》）的考察站点设计，生物与生态作业累计完成了浮游植物生物量采样 77 个站位、初级生产力采样 17 个站位、微型和微微型浮游生物采样 81 个站位、浮游动物和浮游植物采样 72 个站位、底栖生物箱式采样 42 个站位、底栖生物拖网采样 32 个站位、鱼类浮游生物水平拖网采样 30 个站位、大型藻类采样 32 个站位、海洋沉积物微生物采样 41 个站位，以及海冰生物采样 6 个短期冰站和 1 个长期冰站。在国家海洋局和中国第六次北极考察队临时党委的坚强领导和精心组织下，考察队和"雪龙"船密切配合，科学合理安排现场考察，考察队员顽强拼搏，顺利、圆满地完成了本次科考的海洋生物与生态考察任务，部分工作超计划完成。

7.1　调查内容

此次北极科学考察航次是"南北极环境综合分析与评估"专项实施以来的第二个北极航次，是以完成北极考察任务为主要目标的航次。海洋生物与生态考察部分作为本次考察的重要组成部分，以"北极海域生态系统功能现状及其对全球变化的响应"为主题，在白令海、楚科奇海和北冰洋中心区加拿大海盆等北极和亚北极海域实施各类海洋生物和海冰生物取样和分析测试，结合历史资料系统认识考察海域的生物群落结构组成、多样性和功能现状，结合环境变化要素，探讨海水理化环境、营养环境和海冰覆盖变化对北极和亚北极海洋生态系统的影响，为更全面、更详细地了解北极和亚北极地区生态系统功能现状及其对全球变化的响应提供依据和支撑。

因此本次海洋生物与生态考察的主要调查内容依据"南北极专项"之专题"2014 年度北极海域海洋生物与生态考察"（CHINARE2014-03-05）而确定，主要包括基础环境参数、微生物多样性、微微型和微型浮游生物、浮游生物、海冰生物、底栖生物、大型藻类和资源种类调查 8 个部分，具体如下。

7.1.1　基础环境参数调查

包括总叶绿素、分级叶绿素和初级生产力的采样和测定。

其中浮游植物总叶绿素 a 的测定采用萃取荧光法。使用干净取样瓶在规定站位和层次采取水样。水样收集前，经 200 μm 孔宽的筛绢预过滤，以除去大多数的浮游动物。采样层次按标准层。过滤 250 cm³ 水样，色素用 90% 丙酮萃取 24 h，用唐纳荧光计进行测定。

分级叶绿素 a 水样经孔宽 20 μm 的筛绢、孔宽 2.0 μm 的 Nuclepore 滤膜和 Whatman GF/F 玻璃纤维滤膜过滤，以分别获取网采（Net 级份，>20 μm）、微型（Nano 级份，2 ~ 20 μm）和微微型（Pico 级份，0.2 ~ 2 μm）的光合浮游生物，具体测定方法与叶绿素 a 相同。

初级生产力的测定系采用 ^{14}C 同位素示踪法。自每个光层次（100%、50%、32.5%、10%、3% 和 1%）采得的水样，注入 2 个 250 cm³ 的平行白瓶和 1 个 250 cm³ 的黑瓶中，每瓶加入 3.7×10^5 Bq NaH^{14}CO$_3$，置于甲板模拟现场培养器中培养 4 ~ 6 h。培养完毕过滤水样，滤膜经浓盐酸雾薰蒸后，干燥和避光保存，带回实验室使用液体闪烁计数器分析测定。水样同样经孔宽 20 μm 的筛绢、孔宽 2.0 μm 的 Nuclepore 滤膜和 Whatman GF/F 玻璃纤维滤膜过滤。

7.1.2 微生物多样性调查

包括海水及沉积物微生物样品样品的采集和分析。

海洋沉积物细菌丰度的研究采用平板法（培养计数法），对有代表性或有保存价值的菌种，按照菌种保存要求，登记入库长期保存；可培养微生物的鉴定采用 16S rRNA 基因技术，多样性分析采用系统发育分析法；海洋沉积物环境微生物群落多样性分析采用现代 Roche 454 测序技术。

7.1.3 微微型和微型生物群落结构调查

包括浮游细菌、微微型和微型浮游植物样品的采集，及其丰度生物量、结构组成和多样性的分析。

其中微微型和微型生物丰度测定采用流式细胞术。采样步骤：CTD 采水后，经 50 μm 筛绢过滤 50 mL 于棕色 PEB 瓶中。取水 1 mL 于 BD falcon 上样管中，加入 10 μL PolyScience 公司产的 1 μm 标准黄绿荧光微球，直接检测微微型浮游植物丰度和群落结构；另取水样 1 mL，加入 SYBR Green I（终浓度 1/10 000）避光染色 15 min 后用于检测异养浮游细菌；另 3.6 mL 水样加入 400 μL 多聚甲醛和戊二醛混合固定剂（终浓度 1% 和 0.5%），避光固定 15 min 后液氮冷冻保存用于样品备份。

微微型和微型生物群落结构分析采用荧光显微镜镜检法（DAPI 染色）。采样步骤：海洋站位 CTD 取水样 300 mL，加入甲醛至终浓度 1%，避光固定 2 ～ 3 h。取 50 mL 过滤到 25 mm、0.2 μm 聚碳酸酯黑膜上，当过滤到只剩 5 ～ 10 mL 时加入 1 mL DAPI 染色 5 min；另取 250 mL 过滤到 25 mm、0.8 μm 聚碳酸酯黑膜上，染色方法同上。膜样 –20℃ 冷冻保存，在实验室利用荧光显微镜检测微小型生物（细菌、微藻、原生动物）类群、丰度和生物量。

微微型和微型生物群落结构组成和多样性分析采用 HPLC 结合分子生物学方法。HPLC 采样步骤：重点海洋站位表层和叶绿素极大层 CTD 取水 2 ～ 3 L，经 20 μm 和 3 μm 滤膜过滤后再过滤到 GF/F 膜上，过滤压力均小于 0.5 mm Hg，滤膜用铝箔包好后 –80℃ 保存。分子生物学分析样品采集步骤：海洋站位 100 m 以浅每层 CTD 取水 1 ～ 2 L，分别经 47 mm 的 20 μm，3 μm 和 0.2 μm 三张滤膜过滤；100 m 以深取水 1 L，直接过滤到 47 mm 的 0.2 μm 滤膜上，收集滤膜于 1.5 mL 冻存管中，–20℃ 冷冻保存。

7.1.4 浮游生物群落结构调查

包括小型浮游植物、大中型浮游动物、鱼类浮游生物样品采集。

采用网目 70 μm 浮游植物网进行浮游植物垂直拖网采样。调查站位水深小于 200 m 时，使用浮游植物网从离海底 2 m 到表层垂直拖网；水深大于 200 m 时，从 200 m 到表层垂直拖网。网口悬挂流量计，测定过滤水体体积。样品用甲醛固定，最终浓度 4%。

采用浮游动物大型网（500 μm）、分层网（北太平洋网 330 μm 筛绢）从 200 m（水深小于 200 m 的从离海底 2 m）至表层进行大、中型浮游动物垂直拖网，网口悬挂流量计，测定过滤水体体积。

采用浮游生物多联网（MultiNet 网）在水深超过 1000 m 站位进行 1000 m 到表层的全水深浮游动物垂直拖网，完成 500 ～ 1 000 m、200 ～ 500 m、100 ～ 200 m、50 ～ 100 m 和 0 ～ 50 m 的 5 个连续的不同水层的浮游动物样品采集。

采用鱼类浮游生物水平拖网进行鱼类浮游生物样品采集。水平拖网每站需要 10 min，大约在到站前 0.2 n mile 处放网，水平拖曳 10 min 起网。重点站位除开展水平拖网外，需要结合垂直拖网调查，当水深大于 200 m 时，垂直拖网从水深 200 m 处拖至表层；当水深小于 200 m 时，垂直拖网由底层至表层拖网。拖网网具为 280 cm(网长)×80 cm(网口内径)×0.5 m²(网口面积)的大型浮游生物网，网目 500 μm。

7.1.5 海冰生物群落调查

设置长、短期冰站，利用 Mark Ⅱ 冰芯钻采集冰芯并现场测定冰芯各层位温度，随后对冰芯进行分割。一支冰芯按照每节 10 cm 分割，每节冰芯融化后测定盐度、叶绿素 a 浓度和营养盐浓度，另外一支冰芯按照每节 20 cm 分割，加入过滤海水等渗融化后进行 DAPI 染色样品和分子生物学样品取样，分析海冰生物群落结构组成和生物多样性。

7.1.6 底栖生物群落调查

包括大型底栖生物和小型底栖生物采样。

大型底栖生物定量采样使用面积为 0.25 m² 箱式采泥器（或抓斗式采泥器），每站需采 1 个样品。每站泥样现场使用过滤海水通过涡旋器淘洗样品，并使用套筛装置（上层网目为 2.0 mm、中层为 1.0 mm、下层为 0.5 mm）分选标本。所有生物样品，包括生物残渣均应收集并进行定量分析。标本经初步处理后，除用于活体观测的样品外，均应及时使用固定液固定和保存，并小心地放入标本箱中，带回实验室分析鉴定。

大型底栖生物拖网使用网口为 2.5 m 的阿氏拖网进行底栖生物拖网取样，上部网衣网孔小于 2 cm，底部网衣网孔小于 0.7 cm，船速控制在 2 kn 左右，拖网绳长为水深的 2 倍左右，拖网时间 0.5 ～ 1 h。尽可能地收集所采到的所有生物样品，并记录优势种的重量和数量。取样结束后，必须清除网衣上的遗留生物，以免带入下一站所采生物中。标本经初步处理后，除用于活体观测的样品外，均应及时使用固定液固定和保存，并小心地放入标本箱中，带回实验室分析鉴定。

小型底栖动物使用活塞式分样管采集沉积物样品之后，每管样品按规范自表层向下按 0 ～ 2 cm、2 ～ 5 cm、5 ～ 10 cm 进行分层，样品分别装瓶固定、保存；送实验室分析。实验室内对小型底栖动物样品进行淘洗和染色，应用莱卡体式显微镜对样品进行分选和计数，并用高倍光学数码显微镜对标本进行形态学分析鉴定、描述、拍照。部分典型生物样品做分子 DNA 系列鉴定，数据处理应用统计软件，分析其群落结构与多样性。

7.1.7 大型藻类调查

对于底栖海藻，在设定的站位，使用采泥器或拖网进行采样。

7.1.8 资源种类调查

北极由于其独有的地理及气候特征，是一个潜在的、有待开发的微生物资源库。在这种特殊的生态多样性环境中生存的微生物，可能具有不同于陆生微生物的、独特的遗传和代谢多样性。分析北极海洋表层沉积物和表层海水微生物多样性，收集微生物种质资源、标准化保存并进行资源评估。

7.2 调查站位

海洋生物与生态考察以"雪龙"船船基考察结合冰站考察为手段，基于《现场实施计划》中重点海域断面调查的定点作业站位和冰站考察站位设置站位，并结合以往北极考察航次数据设置重点调查站位。共在考察海域设置海洋生物与生态考察站位 77 个，其中重点站位 32 个，海冰生物考察站位 6 个。按照采样方式不同，本次海洋生物与生态考察的工作量详述如下。

7.2.1 浮游植物叶绿素和初级生产力调查站位

中国第六次北极科学考察累计完成 77 个叶绿素站位、17 个初级生产力站位的作业（叶绿素站位同微型和微微型浮游生物，站位图见图 7-2，站位信息详见表 7-1）。共获取总叶绿素样品 622 个，分级叶绿素（分 Net、Nano、Pico 3 个粒级）样品 1 544 个，初级生产力样品 752 个。其中白令海测区完成叶绿素测站 28 个，其中分级叶绿素测站 21 个，获得总叶绿素样品 166 个，粒度分级叶绿素样品 410 个；初级生产力测站 7 个，获得初级生产力样品 336 个。楚科奇海测区完成完成叶绿素测站 42 个，其中分级测站 17 个，获得总叶绿素样品 291 个，粒度分级叶绿素样品 639 个；初级生产力测站 9 个，获得初级生产力样品 392 个。在北冰洋 75°N 以北的密集冰区进行了冰站作业。冰站作业期间，完成叶绿素测站 7 个，营养盐加富实验站位 1 个，初级生产力测站 1 个，获得总叶绿素样品 165 个，粒度分级叶绿素样品 495 个，初级生产力样品 24 个。

图7-1 叶绿素现场水样过滤工作
Fig. 7-1 In situ water sampling and filtration for Chl a determination

7.2.2 微微型和微型浮游生物调查站位

中国第六次北极科学考察的海洋微型和微微型浮游生物调查区域涵盖白令海盆、白令海陆架、楚科奇海、楚科奇海台和北冰洋中心区，经度覆盖范围 169°E－146°W，纬度覆盖范围 53°－80°N，共计完成 81 个站位（其中重点站位 43 个）。主要调查内容是利用流式细胞术（FCM）检测微微型浮游植物和异养浮游细菌以及利用荧光显微观测（DAPI 染色法）分析微小型浮游生物群落结构，重点站位如白令海陆架、楚科奇海和北冰洋中心区则辅助以分子生物学以及 HPLC 分析色素组成（站位分布见图 7-2，重点站位见图 7-3，站位信息见表 7-1）。

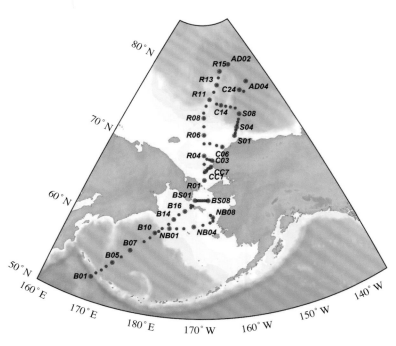

图7-2　中国第六次北极科学考察海洋微小型生物项目工作站位示意图
Fig.7-2　Location map of microbial samples during 6th CHINARE

在 81 个 CTD 采水站位进行了微型和微微型浮游植物和异养细菌丰度现场分析，获得微型和超微型浮游生物数据 200 个，异养浮游细菌数据 300 个，以及 667 个 FCM 备份样品。在 81 个站位进行了 DAPI 染色过滤，获得 25 mm、0.2 μm 黑膜 667 张，25 mm、0.8 μm 黑膜 667 张。在 43 站位进行了微小型浮游生物色素结构 HPLC 采样，获得 47 mm / 20 μm、47 mm / 3 μm 和 GF/F 滤膜各 173 张。在 43 个站位进行了分子生物学采样，共获得 47 mm / 0.2 μm 滤膜 367 张、47 mm / 3 μm 滤膜 226 张、47 μm / 20 μm 滤膜 226 张。

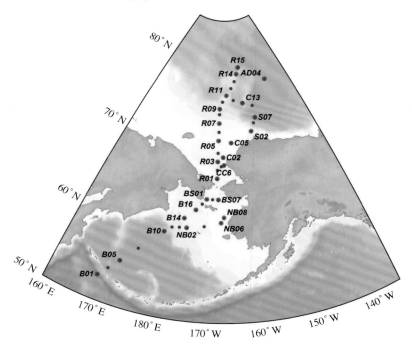

图7-3　中国第六次北极科学考察海洋微小型生物项目重点调查站位示意图
Fig. 7-3　Locations of key sampling station for microbes study during 6th CHINARE

表7-1 中国第六次北极科学考察微小型生物、叶绿素和初级生产力站位和项目
Table 7-1 Station information of microbes, Chl-a and primary production investigation during 6th CHINARE

测区	站位	日期	时间	纬度	经度	水深(m)	叶绿素a	初级生产力	FCM	FCM备份样品	DAPI染色	分子生物学	HPLC
白令海	B01	2014-07-18	12:43	52°57′18″N	169°04′12″E	4 515	√	√	√	√	√	√	√
白令海	B02	2014-07-18	19:52	53°34′00″N	169°44′40″E	1 875	√	√	√	√	√	√	
白令海	B03	2014-07-19	01:49	54°07′03″N	170°34′22″E	3 924	√		√	√	√	√	√
白令海	B04	2014-07-19	09:05	54°43′38″N	171°16′01″E	3 906	√		√	√	√	√	√
白令海	B05	2014-07-19	16:45	55°23′24″N	172°14′25″E	3 886	√		√	√	√	√	√
白令海	B06	2014-07-20	04:12	56°20′03″N	173°41′39″E	3 856	√		√	√	√	√	√
白令海	B07	2014-07-20	13:21	57°23′41″N	175°06′44″E	3 784	√		√	√	√	√	√
白令海	B08	2014-07-21	00:58	58°46′49″N	177°38′02″E	3 752	√	√	√	√	√	√	√
白令海	B09	2014-07-21	10:11	59°21′05″N	178°46′03″E	3 553	√		√	√	√	√	√
白令海	B10	2014-07-21	17:45	60°02′15″N	179°39′34″E	2 654	√	√	√	√	√	√	√
白令海	B11	2014-07-22	01:06	60°17′56″N	179°30′56″W	1 044	√		√	√	√	√	√
白令海	B12	2014-07-22	08:03	60°41′12″N	178°51′19″W	273	√		√	√	√	√	√
白令海	B13	2014-07-22	15:35	61°17′24″N	177°28′48″W	132	√	√	√	√	√	√	√
白令海	NB01	2014-07-22	20:02	60°48′00″N	177°12′10″W	131	√		√	√	√	√	√
白令海	NB02	2014-07-23	02:08	60°52′18″N	175°31′37″W	107	√		√	√	√	√	√
白令海	NB03	2014-07-23	07:21	60°56′23″N	173°51′34″W	81	√		√	√	√	√	√
白令海	NB04	2014-07-23	13:56	61°12′03″N	171°33′37″W	57	√		√	√	√	√	√
白令海	NB05	2014-07-23	19:53	61°25′07″N	169°26′11″W	39	√		√	√	√	√	√
白令海	NB06	2014-07-24	01:21	61°40′52″N	167°43′16″W	25	√		√	√	√	√	√

中国第六次北极科学考察报告

测区	站位	日期	时间	纬度	经度	水深(m)	叶绿素a	初级生产力	FCM	FCM备份样品	DAPI染色	分子生物学	HPLC
白令海	NB07	2014-07-24	04:47	61°53'50"N	166°59'49"W	28	√		√	√	√	√	
白令海	NB08	2014-07-24	07:41	62°17'57"N	167°00'03"W	33	√		√	√	√	√	√
白令海	NB09	2014-07-24	11:52	62°35'45"N	167°36'06"W	24	√		√	√	√	√	√
白令海	B14	2014-07-25	08:05	61°55'58"N	176°24'03"W	102	√		√	√	√	√	√
白令海	B15	2014-07-25	14:33	62°32'11"N	175°18'29"W	79	√	√	√	√	√	√	√
白令海	B16	2014-07-25	20:11	63°00'26"N	173°53'00"W	74	√	√	√	√	√	√	√
白令海	NB10	2014-07-26	00:50	63°28'13"N	172°28'24"W	54	√		√	√	√	√	
白令海	NB11	2014-07-26	03:39	63°45'38"N	172°29'48"W	47	√		√	√	√	√	√
白令海	NB12	2014-07-26	05:33	63°39'58"N	171°59'13"W	53	√		√	√	√	√	
白令海	BS01	2014-07-26	08:30	64°19'57"N	171°28'32"W	47	√		√	√	√	√	√
白令海	BS02	2014-07-26	10:51	64°20'01"N	170°59'14"W	40	√		√	√	√	√	
白令海	BS03	2014-07-26	13:56	64°20'11"N	170°27'58"W	38	√		√	√	√	√	
白令海	BS04	2014-07-26	15:41	64°19'50"N	170°00'06"W	40	√		√	√	√	√	
白令海	BS05	2014-07-26	18:23	64°19'50"N	169°29'58"W	39	√		√	√	√	√	
白令海	BS06	2014-07-27	01:29	64°20'42"N	168°59'30"W	39	√		√	√	√	√	√
白令海	BS07	2014-07-27	04:11	64°20'02"N	168°29'56"W	39	√		√	√	√	√	
白令海	BS08	2014-07-27	07:20	64°19'45"N	168°01'50"W	36	√		√	√	√	√	
楚科奇海	R01	2014-07-27	22:50	66°43'23"N	168°59'31"W	43	√		√	√	√	√	√
楚科奇海	R02	2014-07-28	04:35	67°40'08"N	168°59'58"W	50	√		√	√	√	√	√
楚科奇海	CC1	2014-07-28	07:18	67°46'44"N	168°36'33"W	50	√		√	√	√	√	
楚科奇海	CC2	2014-07-28	09:14	67°54'00"N	168°14'29"W	58	√		√	√	√	√	

测区	站位	日期	时间	纬度	经度	水深(m)	叶绿素a	初级生产力	FCM	FCM备份样品	DAPI染色	分子生物学	HPLC
楚科奇海	CC3	2014-07-28	12:26	68°06'06"N	167°53'55"W	52	✓			✓	✓	✓	✓
楚科奇海	CC4	2014-07-28	14:39	68°07'46"N	167°30'41"W	49	✓			✓	✓	✓	✓
楚科奇海	CC5	2014-07-28	16:52	68°11'34"N	167°18'43"W	46	✓			✓	✓	✓	✓
楚科奇海	CC6	2014-07-28	18:43	68°14'26"N	167°07'38"W	42	✓			✓	✓	✓	✓
楚科奇海	CC7	2014-07-28	20:52	68°17'54"N	166°57'24"W	34	✓			✓	✓	✓	✓
楚科奇海	R03	2014-07-29	01:16	68°37'09"N	169°00'00"W	54	✓			✓	✓	✓	✓
楚科奇海	C03	2014-07-29	08:28	69°01'48"N	166°28'40"W	32	✓	✓		✓	✓	✓	✓
楚科奇海	C02	2014-07-29	11:49	69°07'02"N	167°20'17"W	48	✓			✓	✓	✓	✓
楚科奇海	C01	2014-07-29	14:29	69°13'13"N	168°08'18"W	50	✓			✓	✓	✓	✓
楚科奇海	R04	2014-07-29	18:18	69°36'02"N	169°00'29"W	52	✓	✓		✓	✓	✓	✓
楚科奇海	C06	2014-07-30	05:05	70°31'09"N	162°46'37"W	35	✓	✓		✓	✓	✓	✓
楚科奇海	C05	2014-07-30	09:43	70°45'46"N	164°44'06"W	33	✓			✓	✓	✓	✓
楚科奇海	C04	2014-07-30	14:26	71°00'46"N	166°59'42"W	45	✓			✓	✓	✓	✓
楚科奇海	R05	2014-07-30	19:46	71°00'13"N	168°59'57"W	43	✓	✓		✓	✓	✓	✓
楚科奇海	R06	2014-07-31	01:37	71°59'48"N	168°58'48"W	51	✓			✓	✓	✓	✓
楚科奇海	R07	2014-07-31	10:34	72°59'52"N	168°58'15"W	73	✓	✓		✓	✓	✓	✓
楚科奇海	R08	2014-07-31	21:30	74°00'10"N	169°00'05"W	179	✓			✓	✓	✓	✓
楚科奇海	R09	2014-08-01	06:09	74°36'49"N	169°01'56"W	190	✓	✓		✓	✓	✓	✓
北冰洋	S02	2014-08-02	15:46	71°55'01"N	157°27'54"W	73	✓		✓	✓	✓	✓	✓
北冰洋	S01	2014-08-02	19:55	71°36'54"N	157°55'45"W	63	✓		✓	✓	✓	✓	✓
北冰洋	S03	2014-08-03	02:44	72°14'17"N	157°04'46"W	169	✓			✓	✓		✓

中国第六次北极科学考察报告

测区	站位	日期	时间	纬度	经度	水深（m）	叶绿素a	初级生产力	FCM	FCM备份样品	DAPI染色	分子生物学	HPLC
北冰洋	S04	2014-08-03	07:58	72°32′24″N	156°34′30″W	1 380	√			√	√		
北冰洋	S05	2014-08-03	13:38	72°49′37″N	156°06′19″W	2 679	√			√	√	√	√
北冰洋	S06	2014-08-03	18:18	73°06′29″N	155°36′17″W	3 383	√			√	√	√	
北冰洋	S07	2014-08-04	00:28	73°24′59″N	155°08′15″W	3 798	√			√	√	√	√
北冰洋	S08	2014-08-04	14:20	74°01′10″N	154°17′23″W	3 907	√			√	√		
北冰洋	C11	2014-08-05	08:42	74°46′37″N	155°15′33″W	3 911	√			√	√	√	√
北冰洋	C12	2014-08-06	00:08	75°01′12″N	157°12′11″W	1 464	√			√	√	√	
北冰洋	C13	2014-08-06	06:49	75°12′13″N	159°10′32″W	942	√			√	√	√	
北冰洋	C14	2014-08-06	14:39	75°24′01″N	161°13′57″W	2 085	√			√	√	√	√
北冰洋	C15	2014-08-07	00:33	75°35′49″N	163°06′58″W	2 030	√			√	√	√	√
北冰洋	R10	2014-08-07	14:24	75°25′37″N	167°54′14″W	164	√	√		√	√	√	√
北冰洋	R11	2014-08-08	15:29	76°09′11″N	166°11′45″W	352	√	√		√	√	√	
北冰洋	C25	2014-08-09	17:33	76°24′04″N	149°18′56″W	3 774	√			√	√	√	
北冰洋	C24	2014-08-10	05:40	76°42′51″N	151°03′46″W	3 773	√			√	√	√	√
北冰洋	R12	2014-08-12	14:05	77°00′05″N	163°53′16″W	439	√			√	√	√	
北冰洋	R13	2014-08-13	12:15	77°47′58″N	162°00′00″W	2 661	√	√		√	√	√	√
北冰洋	R14	2014-08-14	10:20	78°37′55″N	160°25′43″W	761	√			√	√	√	
北冰洋	R15	2014-08-15	03:06	79°23′04″N	159°04′14″W	3 284	√	√		√	√	√	√
北冰洋	AD02	2014-08-27	18:52	79°58′26″N	152°41′45″W	3 755	√			√	√	√	
北冰洋	AD04	2014-08-29	19:43	77°26′40″N	146°21′00″W	3 752				√	√	√	√

注：FCM 为流式细胞术，DAPI 为荧光光显微镜检 DAPI 染色法，HPLC 为色素组成 HPLC 采样。

7.2.3 浮游生物调查站位

中国第六次北极科学考察期间，总计完成浮游生物垂直拖网采样站位 72 个，获得浮游动物样品 72 个，浮游植物样品 72 个；完成浮游生物多联网采样站位 4 个，获得浮游生物分层网样品 20 个。其中在北冰洋太平洋扇区的白令海测区完成浮游生物垂直拖网 34 个站位，获得浮游动物样品 34 个，浮游植物样品 34 个；在北冰洋太平洋扇区楚科奇海以及波夫特海边缘测区完成浮游生物垂直拖网 38 个站位，获得浮游动物样品 39 个，浮游植物样品 38 个；在北冰洋 78°N 以北中心区测区完成 MultiNet 多联网采样 4 个站位，获得浮游生物分层样品 20 个。具体调查站位分布如图 7-4 所示，浮游动物和浮游植物垂直拖网站位信息见表 7-2，浮游动物 Multi-Net 拖网站位信息见表 7-3。

鱼类浮游生物方面，在北冰洋太平洋扇区白令海（海峡）测区共进行了 16 个网次的浮游动物水平拖网作业，有效站位 14 个（其中 AD01 站位是增加的站位），除在 NB12 和 BS06 站位挂脏未采集到样品外，其他站位都采集到样品。在北冰洋大西洋扇区楚科奇海海测区进行了 14 个站位的浮游动物水平拖网作业，有效站位 13 个，其中计划的 CC2 站和 R07 站有浮冰无法作业，另增补 C02 站；在北冰洋加拿大海盆测区共进行了 4 个网次的拖网作业，其中 R14 站和 R15 站是增补的站位，鱼类浮游生物拖网站位信息见表 7-4。

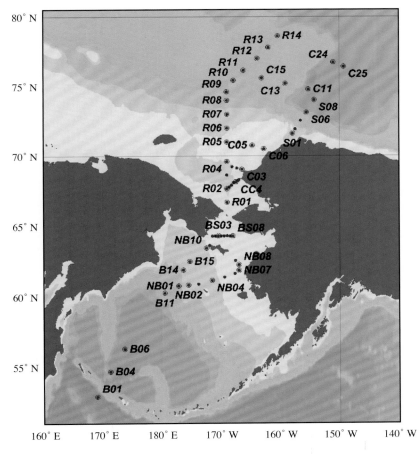

图7-4　中国第六次北极科学考察浮游生物调查站位示意图
Fig.7-4　Location map of planktonic samples during 6th CHINARE

表7-2 中国第六次北极科学考察浮游生物垂直拖网采样记录

Table 7-2 Vertical trawls log for plankton samples during 6th CHINARE

测区	站位	水深 (m)	绳长 (m)	纬度	经度	采集日期	采集时间	浮游植物		浮游动物	
								标本号	瓶号	标本号	瓶号
白令海	B01	6 420.4	200	52°56′46″N	169°07′49″E	2014-07-18	22:50	BJW06-01	1-1	BJX06-01	1-2
白令海	B04	2 703.2	200	54°42′18″N	171°18′24″E	2014-07-19	19:40	BJW06-02	2-1	BJX06-02	2-2
白令海	B06	3 856.5	200	56°18′02″N	173°44′51″E	2014-07-20	14:50	BJW06-03	3-1	BJX06-03	3-2
白令海	B11	1 122.8	200	60°17′21″N	179°31′54″W	2014-07-22	09:59	BJW06-04	4-1	BJX06-04	4-2
白令海	NB01	1 32.5	130	60°47′56″N	177°15′24″W	2014-07-23	04:43	BJW06-05	5-1	BJX06-05	5-2
白令海	NB02	108.9	105	60°52′14″N	175°29′35″W	2014-07-23	10:48	BJW06-06	6-1	BJX06-06	6-2
白令海	NB03	80.58	78	60°56′15″N	173°51′14″W	2014-07-23	16:39	BJW06-07	7-1	BJX06-07	7-2
白令海	NB04	56.79	55	61°12′03″N	171°33′45″W	2014-07-23	22:15	BJW06-08	8-1	BJX06-08	8-2
白令海	NB05	39.16	37	61°24′47″N	169°25′24″W	2014-07-24	04:17	BJW06-09	9-1	BJX06-09	9-2
白令海	NB06	25.1	24	61°41′01″N	167°43′14″W	2014-07-24	09:41	BJW06-10	10-1	BJX06-10	10-2
白令海	NB07	27.2	25	61°53′51″N	167°00′00″W	2014-07-24	13:00	BJW06-11	11-1	BJX06-11	11-2
白令海	NB08	32.79	31	62°17′57″N	167°00′02″W	2014-07-24	15:57	BJW06-12	12-1	BJX06-12	12-2
白令海	NB09	24.7	23	62°35′48″N	167°35′59″W	2014-07-24	20:01	BJW06-13	13-1	BJX06-13	13-2
白令海	B14	101.6	99	61°55′58″N	176°24′01″W	2014-07-25	16:38	BJW06-14	14-1	BJX06-14	14-2
白令海	B15	78.5	77	62°32′11″N	175°18′30″W	2014-07-25	22:53	BJW06-15	15-1	BJX06-15	15-2
白令海	NB10	53.5	52	63°28′18″N	172°28′15″W	2014-07-26	09:01	BJW06-16	16-1	BJX06-16	16-2
白令海	NB12	52.6	51	64°00′09″N	171°58′35″W	2014-07-26	13:57	BJW06-17	17-1	BJX06-17	17-2
白令海	BS01	47.2	46	64°20′09″N	171°27′58″W	2014-07-26	16:53	BJW06-18	18-1	BJX06-18	18-2
白令海	BS02	39.79	38	64°20′02″N	170°59′16″W	2014-07-26	19:06	BJW06-19	19-1	BJX06-19	19-2
白令海	BS03	38	37	62°20′08″N	170°29′36″W	2014-07-26	22:03	BJW06-20	20-1	BJX06-20	20-2
白令海	BS04	40.4	39	64°19′59″N	170°00′07″W	2014-07-27	00:04	BJW06-21	21-1	BJX06-21	21-2

测区	站位	水深 (m)	绳长 (m)	纬度	经度	采集日期	采集时间	浮游植物		浮游动物	
								标本号	瓶号	标本号	瓶号
白令海	BS05	39.1	38	64°20′09″N	169°29′42″W	2014-07-27	03:00	BJW06-22	22-1	BJX06-22	22-2
白令海	BS06	39.1	37	64°20′02″N	168°29′57″W	2014-07-27	09:50	BJW06-23	23-1	BJX06-23	23-2
白令海	BS07	39.7	38	64°19′55″N	168°29′57″W	2014-07-27	12:30	BJW06-24	24-1	BJX06-24	24-2
白令海	BS08	35.2	34	64°19′59″N	167°59′58″W	2014-07-27	15:45	BJW06-25	25-1	BJX06-25	25-2
楚科奇海	R01	42.4	41	66°43′22″N	168°59′34″W	2014-07-28	07:12	BJW06-26	26-1	BJX06-26	26-2
楚科奇海	R02	50.2	49	67°40′03″N	168°59′50″W	2014-07-28	13:15	BJW06-27	27-1	BJX06-27	27-2
楚科奇海	CC1	49.5	48	67°46′52″N	168°36′49″W	2014-07-28	15:30	BJW06-28	28-1	BJX06-28	28-2
楚科奇海	CC2	57	56	67°54′14″N	168°16′32″W	2014-07-28	17:40	BJW06-29	29-1	BJX06-29	29-2
楚科奇海	CC3	52.2	51	68°05′59″N	167°52′54″W	2014-07-28	21:18	BJW06-30	30-1	BJX06-30	30-2
楚科奇海	CC4	49.2	48	68°07′47″N	167°31′20″W	2014-07-28	23:07	BJW06-31	31-1	BJX06-31	31-2
楚科奇海	CC5	46.5	44	68°11′34″N	167°18′43″W	2014-07-29	01:24	BJW06-32	32-1	BJX06-32	32-2
楚科奇海	CC6	42.1	41	68°24′24″N	167°07′54″W	2014-07-29	03:07	BJW06-33	33-1	BJX06-33	33-2
楚科奇海	CC7	34.5	33	68°17′48″N	166°58′16″W	2014-07-29	05:30	BJW06-34	34-1	BJX06-34	34-2
楚科奇海	R03	52.9	51	68°37′17″N	169°01′55″W	2014-07-29	09:40	BJW06-35①	35-1	BJX06-35	35-2
楚科奇海	R03	52.9	51	69°37′17″N	170°01′55″W	2014-07-29	09:40	BJW06-35②	35-3		
楚科奇海	C03	32.6	31	69°02′25″N	166°31′16″W	2014-07-29	18:15	BJW06-36	36-1	BJX06-36	36-2
楚科奇海	C02	48.2	47	69°07′07″N	167°20′41″W	2014-07-29	20:12	BJW06-37	37-1	BJX06-37	37-2
楚科奇海	C01	50.2	49	69°13′24″N	168°08′28″W	2014-07-29	23:00	BJW06-38	38-1	BJX06-38	38-2
楚科奇海	R04	51.9	50	69°36′16″N	169°00′29″W	2014-07-30	02:51	BJW06-39	39-1	BJX06-39	39-2
楚科奇海	C06	35.3	34	70°31′21″N	162°48′15″W	2014-07-30	13:37	BJW06-40	40-1	BJX06-40	40-2
楚科奇海	C05	33.4	32	70°46′00″N	164°44′22″W	2014-07-30	18:12	BJW06-41	41-1	BJX06-41	41-2
楚科奇海	C04	45.5	44	71°00′55″N	166°59′25″W	2014-07-30	22:59	BJW06-42	42-1	BJX06-42	42-2
楚科奇海	R05	43.3	42	71°00′39″N	168°59′38″W	2014-07-31	04:20	BJW06-43	43-1	BJX06-43	43-2

测区	站位	水深 (m)	绳长 (m)	纬度	经度	采集日期	采集时间	浮游植物 标本号	浮游植物 瓶号	浮游动物 标本号	浮游动物 瓶号
楚科奇海	R06	51.3	50	72°00′02″N	168°58′12″W	2014-07-31	10:25	BJW06-44	44-1	BJX06-44	44-2
楚科奇海	R07	73	72	72°59′46″N	168°58′11″W	2014-07-31	19:25	BJW06-45	45-1	BJX06-45	45-2
楚科奇海	R08	176.5	175	74°00′11″N	168°59′58″W	2014-08-01	06:50	BJW06-46	46-1	BJX06-46	46-2
楚科奇海	R09	186.1	185	74°36′41″N	168°59′53″W	2014-08-01	15:09	BJW06-47	47-1	BJX06-47	47-2
北冰洋	S02	57	55	71°54′38″N	157°27′52″W	2014-08-03	00:17	BJW06-48	48-1	BJX06-48	48-2
北冰洋	S01	63	62	71°36′45″N	157°56′05″W	2014-08-03	04:41	BJW06-49	49-1	BJX06-49	49-2
北冰洋	S04	1 282	200	72°32′09″N	156°34′59″W	2014-08-03	19:20	BJW06-50	50-1	BJX06-50	50-2
北冰洋	S06	3 354.6	200	73°05′49″N	155°37′55″W	2014-08-04	04:26	BJW06-51	51-1	BJX06-51	51-2
北冰洋	S08	3 906.8	200	74°01′01″N	154°18′54″W	2014-08-05	00:57	BJW06-52	52-1	BJX06-52	52-2
北冰洋	C11	3 898	200	74°46′41″N	155°15′48″W	2014-08-05	20:25	BJW06-53	53-1	BJX06-53	53-2
北冰洋	C13	950	200	75°12′21″N	159°11′11″W	2014-08-06	14:27	BJW06-54	54-1	BJX06-54	54-2
北冰洋	C15	2 023	200	75°36′35″N	163°09′32″W	2014-10-30	10:43	BJW06-55	55-1	BJX06-55	55-2
北冰洋	R10	168.6	167	75°26′26″N	167°53′18″W	2014-07-23	23:25	BJW06-56	56-1	BJX06-56	56-2
北冰洋	R11	353	200	76°09′08″N	166°12′18″W	2014-08-08	13:30	BJW06-57	57-1	BJX06-57	57-2
北冰洋	C25	3 776	200	76°23′04″N	149°29′22″W	2014-08-10	04:27	BJW06-58	58-1	BJX06-58	58-2
北冰洋	C24	3 780	200	76°42′32″N	151°05′13″W	2014-08-10	15:47	BJW06-59	59-1	BJX06-59	59-2
北冰洋	C22	1 031.5	200	77°11′10″N	154°35′28″W	2014-08-11	08:55	BJW06-60	60-1	BJX06-60	60-2
北冰洋	R12	438.4	200	76°59′56″N	163°54′47″W	2014-08-12	22:33	BJW06-61	61-1	BJX06-61	61-2
北冰洋	R13	2 667.8	200	77°48′00″N	162°13′13″W	2014-08-13	22:58	BJW06-62	62-1	BJX06-62	62-2
北冰洋	R14	760	200	78°37′54″N	162°25′50″W	2014-08-14	19:41	BJW06-63	63-1	BJX06-63	63-2
北冰洋	SR09	181.2	180	74°36′31″N	168°58′34″W	2014-09-07	14:36	BJW06-64	64-1	BJX06-64	64-2
北冰洋	SR09	181.2	180	74°36′31″N	168°58′34″W	2014-09-07	14:36	BJW06-65	64-3		
楚科奇海	SR04	51.5	50	69°35′38″N	169°01′01″W	2014-09-09	03:59	BJW06-66	65-1	BJX06-65	65-2

表7-3 中国第六次北极科学考察浮游生物多联网采样记录

Table 7-3 Multi-Net log for zooplankton samples during 6th CHINARE

标本号	站位	采样瓶号	水深（m）	绳长（m）	纬度	经度	采集日期	采集时间
BJM06-01	IC02	A01	2 000	0～50	77°11′10″N	154°35′28″W	2014-08-11	10:00
BJM06-02		A02		50～100				
BJM06-03		A03		100～200				
BJM06-04		A04		200～500				
BJM06-05		A05		500～900				
BJM06-06	IC04	A06	2 168.2	0～50	78°16′22″N	160°58′38″W	2014-08-14	15:00
BJM06-07		A07		50～100				
BJM06-08		A08		100～200				
BJM06-09		A09		200～500				
BJM06-10		A10		500～1 000				
BJM06-11	长期冰站	A11	3 743.3	0～50	81°09′55″N	156°26′36″W	2014-08-25	11:40
BJM06-12		A12		50～100				
BJM06-13		A13		100～200				
BJM06-14		A14		200～500				
BJM06-15		A15		500～1 000				
BJM06-16	AD04	A16	3 759.1	0～50	77°26′39″N	146°22′00″W	2014-08-30	09:45
BJM06-17		A17		50～100				
BJM06-18		A18		100～200				
BJM06-19		A19		200～500				
BJM06-20		A20		500～1 000				

表7-4 鱼类浮游水平拖网站位信息

Table 7-4 Horizontal trawls log of planktonic fish samples

作业区	站位	纬度	经度	考察日期	水深（m）	拖网时间（min）
白令海和白令海海峡	B12	60°40′56″N	178°51′59″W	2014-07-22	237	20
	B13	61°17′29″N	177°29′57″W	2014-07-23	130	10
	NB01	60°47′54″N	177°14′37″W	2014-07-23	132	20
	NB02	60°52′18″N	175°31′37″W	2014-07-23	107.2	15
	NB04	61°12′02″N	171°34′54″W	2014-07-24	57	10
	NB06	61°40′56″N	167°43′03″W	2014-07-24	25	15
	NB08	62°17′46″N	166°58′58″W	2014-07-24	33	15
	NB09	62°35′35″N	167°36′18″W	2014-07-25	25	15
	AD01	62°08′02″N	173°51′44″W	2014-07-25	62.2	15
	B15	62°32′35″N	175°17′32″W	2014-07-26	78.7	15
	NB10	63°29′35″N	172°26′58″W	2014-07-26	54	15
	NB12	64°00′42″N	171°56′18″W	2014-07-26	52	15
	BS02	64°20′07″N	170°57′57″W	2014-07-27	40	15
	BS04	64°20′03″N	170°00′07″W	2014-07-27	40.4	15
	BS06	64°20′06″N	168°57′48″W	2014-07-27	72	10
	BS08	64°20′15″N	167°59′35″W	2014-07-27	35	15

作业区	站位	纬度	经度	考察日期	水深（m）	拖网时间（min）
楚科奇海	R02	67°40′12″N	169°00′04″W	2014-07-28	50	15
	CC4	68°07′46″N	167°30′53″W	2014-07-29	49	15
	CC6	68°14′20″N	167°08′22″W	2014-07-29	43	15
	R03	68°37′17″N	169°01′58″W	2014-07-29	53	15
	C03	69°01′57″N	166°29′40″W	2014-07-29	32	15
	C01	69°13′59″N	168°10′26″W	2014-07-30	50	15
	C06	70°31′27″N	162°48′58″W	2014-07-30	35.5	15
	C04	71°01′02″N	166°59′15″W	2014-07-31	45	15
	R09	74°36′48″N	169°01′21″W	2014-08-01	187	15
	S02	71°54′59″N	157°27′52″W	2014-08-03	72	15
	S01	71°36′48″N	157°55′59″W	2014-08-03	63	15
	S03	72°14′13″N	157°04′30″W	2014-08-03	168	15
	SR05	70°59′57″N	168°59′45″W	2014-09-08	43	10
加拿大海盆	R11	76°09′07″N	166°12′36″W	2014-08-08	351	15
	R12	76°59′31″N	163°55′10″W	2014-08-13	435	15
	R14	78°38′12″N	160°25′54″W	2014-08-15	742	5（垂直拖网）
	R15	79°23′05″N	159°04′05″W	2014-08-15	3277	5（垂直拖网）

7.2.4　海冰生物群落调查站位

中国第六次北极科学考察的海冰生态调查，共对 6 个短期冰站和 1 个长期冰站进行了冰芯、冰下水以及冰表融池水采样，其中长期冰站在 9 天内对同一个点进行 3 次采样。共计获得冰芯 60 根，最短的 87 cm，最长的 238 cm，总长 48.5 m。对海冰的调查包括海冰理化和海冰生态两方面。海冰理化包含海冰温度，盐度，雪厚，冰站气温，叶绿素含量，营养盐含量；海冰生态包含微小型生物的群落结构组成，生物量以及生物多样性。同时，采集额外冰芯分成上中下三段，进行了分子生物学和 HPLC 分析。冰站采样站位分布如图 7-6 所示，具体调查项目见表 7-5。

（1）海冰理化：到达冰站后，首先测定冰面气温和冰表积雪厚度。冰芯由 Mark II 冰芯钻获得（内径 9 cm），冰芯采集后，立即转移至 PVC 管中。每隔 5 cm 用电钻钻孔，用 Testo 温度计测定冰芯温度。然后对冰芯进行 10 cm 等份分割（其中冰底 5 cm），用冰芯袋包裹并敲碎后放入经稀酸浸泡和 MilliQ 水冲洗的 PE 小桶中自然融化，测定融水盐度以及叶绿素含量，并进行营养盐取样。

总计获得 7 个冰站的 9 个气温数据、45 个冰表积雪数据、30 组冰下海水温盐数据、29 组冰表融池温盐数据。共计采集冰芯 60 根，其中最长的为 2.38 m，最短的为 0.87 m。对其中的 9 支冰芯进行现场温度测量，获得冰芯温度数据 260 个；对另外 9 支冰芯进行 10 cm 等份分割，敲碎融化后进行盐度测量，获得冰芯盐度数据 127 个，并进行叶绿素 a 样品和营养盐样品取样，获得叶绿素 a 和营养盐样品各 185 个。

图7-5 (a) 冰站基础环境参数测量；(b) 冰芯采集；(c) 冰芯分割；(d) 冰表融池观测

Fig.7-5 Ice camp environmental data collection, ice core collection, ice core division and melt ponds

（2）海冰生态：对另外 9 支冰芯进行 20 cm 等份分割（其中冰底 5 cm），敲碎并加入 0.2 μm 滤膜过滤后的海水进行等渗融化后，进行微小型生物丰度生物量、群落结构和生物多样性样品采集。其中利用 DAPI 染色技术进行丰度生物量和群落结构分析，利用分子生物学技术进行生物多样性分析，共计获得 DAPI 染色 0.2 μm 和 0.8 μm 滤膜各 123 张，获得分子生物学样品 47 mm / 20 μm、47 mm / 3 μm 和 47 mm / 0.2 μm 膜样各 44 张。此外，对 24 支冰芯进行上中下三段分割，进行冰芯各部分生物多样性和色素组成分析，共计获得分子生物学样品 47 mm / 20 μm、47 mm / 3 μm 和 47 mm / 0.2 μm 膜样各 89 张，色素组成 HPLC 样品 47 mm / 20 μm、47 mm / 3 μm 和 GF/F 膜样各 86 张。

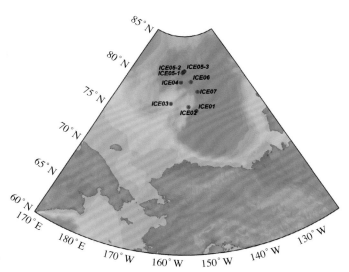

图7-6 中国第六次北极科学考察海冰生物项目海冰站位分布示意图

Fig.7-6 Location map of ice camp during 6th CHINARE

（3）冰表融池连续观测：在长期冰站期间，对两个融池进行每日观测，利用盐度计测量其温度和盐度；并隔天采集水样 4 L 进行 DAPI 染色样品取样、叶绿素和营养盐样品取样、分子生物学和 HPLC 样品取样。共计获得 2 个融池 7 天的温盐数据和 5 天的叶绿素 a 数据，以及各 5 个营养盐样品。

7.2.5　底栖生物调查站位

本航次大型底栖生物定量采样与海洋地质专业相结合，使用大型箱式采泥器抓取泥样。本航次大型底栖生物定量采样实际共完成 42 个站位，其中白令海峡以南 15 个站位，以北 27 个站位。底栖拖网使用网口宽度为 2.2 m 的三角拖网进行作业，本航次底栖拖网实际共完成 34 个站位，白令海峡以南 16 个站位，以北有 18 个站位。定量采样和拖网实际调查站位如表 7–5 所示。共采集 30 个站位 270 份的小型底栖生物样品，每站 3 个平行样，每个平行样分 3 个分层样。详细站位信息如表 7–6 所示。

图7–7　底拖网
Fig.7–7　Benthic Trawling

7.2.6　底表微生物和大型藻类调查站位

根据中国第六次北极科学考察现场实施计划和承担的极地专项任务，本航次共采集 41 个站位的海洋沉积物 41 份，对 32 个站位的生物底拖网中的大型藻类进行了现场分离，具体信息见表 7–6。此外，在本航次中对北极海冰，对融池中的微藻进行了单胞藻的分离培养工作。

从 32 个站位的底拖网样品中，共采集到 5 株大型海藻。获得沉积物样品 41 个（图 7–8），其中的微生物分离和多样性分析等工作将带回实验室进行。

表7-5 中国第六次北极科学考察微小型项目海冰站位工作总表

Table 7-5 A summary list of sea ice microbes research programs during 6th CHINARE

站位	日期	时间	纬度	经度	气温(℃)	介质	层次(cm)	盐度	温度(℃)	叶绿素a	营养盐	DAPI染色	分子生物学	HPLC
ICE01	2014-08-10	19:00	76°42′45″N	151°03′38″W	−1.7	冰芯	10	✓	✓	✓	✓	✓		
		22:00	76°42′39″N	151°04′03″W			20	✓	✓	✓	✓	✓		
							30	✓	✓	✓	✓	✓		
							40	✓	✓	✓	✓	✓		
							50	✓	✓	✓	✓			
							60	✓	✓	✓	✓	✓		
							70	✓	✓	✓	✓			
							80	✓	✓	✓	✓	✓		
							90	✓	✓	✓	✓			
							100	✓	✓	✓	✓	✓		
							110	✓	✓	✓	✓			
							120	✓	✓	✓	✓	✓		
							130	✓	✓	✓	✓			
							140	✓	✓	✓	✓	✓		
							150	✓	✓	✓	✓			
							160	✓	✓	✓	✓	✓		
							170	✓	✓	✓	✓			
							180	✓	✓	✓	✓	✓		
							190	✓	✓	✓	✓			
							200	✓	✓	✓	✓	✓		
							210	✓	✓	✓	✓			
							220	✓	✓	✓	✓	✓		
							233	✓	✓	✓	✓			
							238	✓	✓	✓	✓			
							0～100	✓	✓	✓	✓		✓	✓
							100～200	✓	✓	✓	✓		✓	✓
							200～255	✓	✓	✓	✓		✓	✓
						冰下水	0 m	✓	✓	✓	✓		✓	✓
							2 m	✓	✓	✓	✓		✓	✓
							5 m	✓	✓	✓	✓		✓	✓
							8 m	✓	✓	✓	✓		✓	✓
						融池	MP1	✓	✓	✓	✓		✓	✓
							MP2	✓	✓	✓	✓		✓	✓
							MP3	✓	✓	✓	✓		✓	✓

续表

站位	日期	时间	纬度	经度	气温(℃)	介质	层次(cm)	盐度	温度(℃)	叶绿素a	营养盐	DAPI染色	分子生物学	HPLC
ICE02	2014-08-11	13:25	77°11′02″N	154°35′58″W	1.9	冰芯	10	✓	✓	✓	✓	✓		
							20	✓	✓	✓	✓			
							30	✓	✓	✓	✓	✓		
							40	✓	✓	✓	✓			
							50	✓	✓	✓	✓	✓		
							60	✓	✓	✓	✓			
							70	✓	✓	✓	✓	✓		
							80	✓	✓	✓	✓	✓		
	18:30	77°10′43″N	154°34′52″W				87	✓	✓	✓	✓		✓	✓
							0~30	✓	✓	✓	✓		✓	✓
							30~60	✓	✓	✓	✓		✓	✓
							60~85	✓	✓	✓	✓		✓	✓
						冰下水	0 m	✓	✓	✓	✓	✓	✓	✓
							2 m	✓	✓	✓	✓		✓	✓
							5 m	✓	✓	✓	✓		✓	✓
							8 m	✓	✓	✓	✓		✓	✓
						融池	MP1	✓	✓	✓	✓	✓	✓	✓
							MP2	✓	✓	✓	✓		✓	✓
							MP3	✓	✓	✓	✓		✓	✓
ICE03	2014-08-14	13:30	77°29′12″N	163°08′14″W	2.9	冰芯	10		✓		✓			
							20				✓			
							30		✓		✓			
							40				✓			
							50		✓		✓			
							60				✓			
							70		✓		✓			
							80							
							90		✓	✓	✓			
							103		✓		✓			
	16:30	78°16′22″N	160°58′38″W				108	✓	✓		✓	✓		
							0~40	✓					✓	
							40~80						✓	
							80~105						✓	
						冰下水	0 m	✓	✓		✓		✓	✓
							2 m	✓	✓		✓		✓	✓
							5 m	✓	✓	✓	✓		✓	✓
							8 m	✓						
						融池	MP1	✓						
							MP2	✓			✓			

站位	日期	时间	纬度	经度	气温 (℃)	介质	层次 (cm)	盐度	温度 (℃)	叶绿素a	营养盐	DAPI 染色	分子 生物学	HPLC
ICE04	2014-08-16	12:37	79°55′47″N	158°36′46″W	2.7	冰芯	10	√	√	√	√			
		16:30	79°56′15″N	158°38′07″W			20	√	√	√	√	√	√	
							30	√	√	√	√		√	
							40	√	√	√	√	√	√	
							50	√	√	√	√			
							60	√	√	√	√	√	√	
							70	√	√	√	√			
							80	√	√	√	√	√	√	
							90	√	√	√	√		√	
							100	√	√	√	√	√	√	
							110	√	√	√	√			
							120	√	√	√	√	√	√	
							125	√	√	√	√			
							130	√	√	√			√	
						冰下水	0~45						√	√
							45~90					√	√	√
							90~135							√
							0 m	√	√	√	√	√	√	√
						融池	2 m	√	√	√	√	√	√	√
							5 m	√	√	√	√		√	√
							8 m	√	√	√	√	√	√	√
							MP1	√	√	√	√	√	√	√
							MP2	√	√	√	√	√	√	√
							MP3	√	√	√		√	√	√

站位	日期	时间	纬度	经度	气温(℃)	介质	层次(cm)	盐度	温度(℃)	叶绿素a	营养盐	DAPI染色	分子生物学	HPLC
ICE05	2014-08-19	13:30	80°56′52″N	157°38′44″W	1.3	冰芯	10	✓	✓		✓			
		16:30	80°58′34″N	157°39′16″W			20	✓	✓	✓	✓	✓	✓	
							30	✓	✓		✓			
							40	✓	✓	✓	✓	✓	✓	
							50	✓	✓		✓			
							60	✓	✓	✓	✓	✓	✓	
							70	✓	✓		✓			
							80	✓	✓	✓	✓	✓	✓	
							90	✓	✓		✓			
							100	✓	✓	✓	✓	✓	✓	
							110	✓	✓		✓			
							120	✓	✓	✓	✓	✓	✓	
							130	✓	✓		✓			
							140	✓	✓	✓	✓	✓	✓	
							148	✓	✓					
							153	✓	✓			✓	✓	
						冰下水	0~45						✓	✓
							45~90						✓	✓
							90~135						✓	✓
							0 m	✓	✓	✓	✓	✓	✓	✓
							2 m	✓	✓	✓	✓	✓	✓	✓
							5 m	✓	✓	✓	✓	✓	✓	✓
							8 m	✓	✓	✓	✓	✓	✓	✓
						融池	MP1	✓	✓	✓		✓	✓	✓
							MP2	✓	✓	✓		✓	✓	✓
							MP3	✓	✓	✓		✓	✓	✓

站位	日期	时间	纬度	经度	气温(℃)	介质	层次(cm)	盐度	温度(℃)	叶绿素a	营养盐	DAPI染色	分子生物学	HPLC
ICE05-2	2014-08-22	13:30	81°06′05″N	157°07′11″W	1.3	冰芯	10	✓	✓	✓	✓	✓		
		16:30	81°05′40″N	157°03′17″W			20	✓	✓	✓	✓	✓	✓	
							30	✓	✓	✓	✓	✓		
							40	✓	✓	✓	✓	✓	✓	
							50	✓	✓	✓	✓	✓		
							60	✓	✓	✓	✓	✓	✓	
							70	✓	✓	✓	✓	✓		
							80	✓	✓	✓	✓	✓	✓	
							90	✓	✓	✓	✓	✓		
							100	✓	✓	✓	✓	✓	✓	
							110	✓	✓	✓	✓	✓		
							120	✓	✓	✓	✓	✓	✓	
							130	✓	✓	✓	✓	✓		
							140	✓	✓	✓	✓	✓	✓	
							150	✓	✓	✓	✓	✓		
							158	✓	✓	✓	✓	✓	✓	✓
							163	✓	✓	✓	✓	✓	✓	✓
						冰下水	0~45				✓		✓	✓
							45~90				✓			✓
							90~135				✓		✓	✓
							0 m	✓	✓	✓	✓	✓	✓	✓
						融池	2 m	✓	✓	✓	✓	✓		✓
							5 m	✓	✓	✓	✓	✓	✓	✓
							8 m	✓	✓	✓	✓	✓	✓	✓
							MP1-5	✓	✓	✓	✓	✓	✓	✓
							MP2-5	✓	✓	✓	✓	✓		✓
							MP3-5	✓	✓	✓	✓	✓	✓	✓
							MP4-5	✓	✓	✓	✓	✓	✓	✓
							MP1-6	✓	✓	✓	✓	✓	✓	✓
							MP2-6	✓	✓	✓	✓	✓	✓	✓
							MP1*-6	✓	✓	✓	✓	✓	✓	✓
							MP2*-6	✓	✓	✓	✓	✓	✓	✓

站位	日期	时间	纬度	经度	气温(℃)	介质	层次(cm)	盐度	温度(℃)	叶绿素a	营养盐	DAPI染色	分子生物学	HPLC
ICE05-3	2014-08-26	15:40 17:00	81°09′37″N	156°26′01″W	0.0	冰芯	10	✓	✓	✓	✓			
							20	✓	✓	✓	✓	✓	✓	
							30	✓	✓	✓	✓			
							40	✓	✓	✓	✓	✓	✓	
							50	✓	✓	✓	✓			
							60	✓	✓	✓	✓	✓	✓	
							70	✓	✓	✓	✓			
							80	✓	✓	✓	✓	✓	✓	
							90	✓	✓	✓	✓			
							100	✓	✓	✓	✓		✓	
							110	✓	✓	✓	✓		✓	
							115	✓	✓	✓	✓		✓	
							0~45						✓	✓
							45~90						✓	✓
							90~125						✓	✓
						冰下水	0 m	✓	✓	✓	✓	✓	✓	✓
							5 m	✓	✓	✓	✓	✓	✓	✓
						融池	MP1*-7	✓	✓	✓	✓	✓	✓	✓
							MP2*-7	✓	✓	✓	✓	✓	✓	✓

站位	日期	时间	纬度	经度	气温(℃)	介质	层次(cm)	盐度	温度(℃)	叶绿素a	营养盐	DAPI染色	分子生物学	HPLC
ICE06	2014-08-28	13:30	79°58′36″N	152°38′37″W	0.0	冰芯	10	✓	✓	✓	✓			
		16:00	79°58′26″N	152°37′48″W			20	✓	✓	✓	✓	✓	✓	
							30	✓	✓	✓	✓	✓	✓	
							40	✓	✓	✓	✓	✓	✓	
							50	✓	✓	✓	✓	✓	✓	
							60	✓	✓	✓	✓	✓	✓	
							70	✓	✓	✓	✓	✓	✓	
							80	✓	✓	✓	✓	✓	✓	
							90	✓	✓	✓	✓			
							100						✓	✓
							109	✓	✓		✓	✓	✓	✓
							114	✓	✓	✓	✓	✓	✓	✓
						冰下水	0~45					✓	✓	✓
							45~90	✓	✓	✓	✓	✓	✓	✓
							90~130	✓	✓	✓	✓	✓	✓	✓
						融池	0 m	✓	✓	✓	✓	✓	✓	✓
							5 m	✓	✓	✓	✓		✓	✓
							MP1				✓	✓	✓	✓
							MP2	✓	✓			✓		
							MP3	✓	✓	✓	✓	✓	✓	✓
							MP4	✓	✓			✓		
							MP5	✓	✓	✓	✓	✓	✓	✓

站位	日期	时间	纬度	经度	气温(℃)	介质	层次(cm)	盐度	温度(℃)	叶绿素a	营养盐	DAPI染色	分子生物学	HPLC
ICE07	2014-08-29	08:30	78°48′11″N	149°21′20″W	0.4	冰芯	10	✓	✓	✓	✓			
		11:00	78°48′57″N	149°21′53″W			20	✓	✓	✓	✓	✓	✓	
							30	✓	✓	✓	✓			
							40	✓	✓	✓	✓	✓	✓	
							50	✓	✓	✓	✓	✓	✓	
							60	✓	✓	✓	✓			
							70	✓	✓	✓	✓		✓	
							80	✓	✓	✓	✓			
							90	✓	✓	✓	✓		✓	
							100							
							105	✓		✓	✓	✓	✓	
						冰下水	0~35						✓	✓
							35~70						✓	✓
							70~105						✓	✓
						融池	0 m	✓	✓	✓	✓	✓	✓	✓
							5 m	✓	✓				✓	✓
							MP1	✓	✓	✓	✓	✓	✓	✓

表7-6 中国第六次北极科学考察底栖生物、浮游鱼类、大型藻类和沉积物微生物调查站位

Table 7-6 Sampling stations of benthos, planktonic fish, macroalgae and sediment microbes during 6th CHINARE

海区	站号	时间	纬度	经度	水深（m）	大型底栖 采泥	大型底栖 拖网	小型底栖 采泥	微生物/沉积物 采泥	大型藻类 拖网	微生物资源 采泥
白令海	OS3	2014-07-16	48°23.460′N	148°23.560′E	1 464				√		√
白令海	B10	2014-07-22	59°57′42″N	179°48′48″W	2 493				√		
白令海	B11	2014-07-22	60°16′46″N	179°35′24″W	1 530				√	√	√
白令海	14B12	2014-07-22	60°41′12″N	178°51′19″W	273	√			√	√	√
白令海	14B13	2014-07-23	61°17′29″N	177°30′01″W	130.5	√	√		√	√	
白令海	14NB01	2014-07-23	60°47′57″N	177°16′06″W	132.8		√		√	√	√
白令海	14NB02	2014-07-23	60°52′18″N	175°31′37″W	107	√	√				
白令海	14NB03	2014-07-23	60°56′23″N	173°51′34″W	81	√	√		√	√	√
白令海	14NB04	2014-07-23	61°12′03″N	171°33′37″W	57		√	√			
白令海	14NB05	2014-07-23	61°25′07″N	169°26′11″W	39	√	√	√			
白令海	14NB06	2014-07-24	61°40′52″N	167°43′16″W	25		√			√	
白令海	14NB08	2014-07-24	62°17′57″N	167°00′03″W	33		√		√		√
白令海	14NB09	2014-07-24	62°35′45″N	167°36′06″W	24		√		√	√	
白令海	AD01	2014-07-25	62°08′10″N	173°51′49″W	63	√	√	√			√
白令海	14B14	2014-07-25	61°56′03″N	176°21′01″W	101		√	√	√	√	√
白令海	14B15	2014-07-26	62°32′56″N	175°16′32″W	78.3	√	√				
白令海	14NB10	2014-07-26	63°28′13″N	172°28′24″W	54	√	√			√	
白令海	14NB11	2014-07-26	63°45′38″N	172°29′48″W	47	√	√				√
白令海	14NB12	2014-07-26	63°39′58″N	171°59′13″W	53	√	√		√	√	√
白令海峡	14BS02	2014-07-26	64°20′01″N	170°59′14″W	40		√			√	

海区	站号	时间	纬度	经度	水深(m)	大型底栖 采泥	大型底栖 拖网	小型底栖 采泥	微生物/沉积物 采泥	大型藻类 拖网	微生物资源 采泥
白令海峡	14BS04	2014-07-26	64°19′50″N	170°00′06″W	40	√	√			√	
白令海峡	14BS06	2014-07-27	64°20′42″N	168°59′30″W	39	√	√		√	√	
白令海峡	14BS07	2014-07-27	64°20′02″N	168°29′56″W	39	√					
白令海峡	14BS08	2014-07-27	64°19′45″N	168°01′50″W	36	√	√			√	
楚科奇海	14R02	2014-07-28	67°40′52″N	169°01′18″W	50	√		√	√	√	
楚科奇海	14CC2	2014-07-28	67°54′13″N	168°16′27″W	57.4	√	√	√	√		√
楚科奇海	14CC3	2014-07-29	68°06′03″N	167°53′25″W	52.7	√		√	√		√
楚科奇海	14CC4	2014-07-29	68°07′48″N	167°31′56″W	49.36	√	√	√	√	√	√
楚科奇海	14CC5	2014-07-28	68°11′34″N	167°18′43″W	46	√	√	√	√		√
楚科奇海	14CC6	2014-07-29	68°14′15″N	167°09′00″W	42.79	√	√	√	√	√	√
楚科奇海	14R03	2014-07-29	68°37′23″N	169°03′12″W	53.7	√	√	√	√	√	√
楚科奇海	14C03	2014-07-29	69°02′15″N	166°30′42″W	32.47	√	√	√	√		√
楚科奇海	14C01	2014-07-30	69°13′37″N	168°09′41″W	50	√		√	√		√
楚科奇海	14R04	2014-07-30	68°36′39″N	169°00′49″W	52	√		√	√		√
楚科奇海	14C06	2014-07-30	70°31′09″N	162°46′37″W	35	√	√	√	√	√	√
楚科奇海	14C05	2014-07-30	70°45′46″N	164°44′06″W	33	√		√	√		√
楚科奇海	14C04	2014-07-31	71°00′48″N	166°59′37″W	45.34	√		√	√	√	√
楚科奇海	14R05	2014-07-31	71°00′48″N	169°00′00″W	43.58	√		√	√		√
楚科奇海	14R06	2014-07-31	71°00′36″N	168°57′28″W	51.4	√	√	√	√	√	√
楚科奇海	14R07	2014-07-31	72°59′46″N	168°58′11″W	73	√	√	√	√	√	√
楚科奇海	14R08	2014-08-01	74°00′28″N	168°58′30″W	180.66	√	√	√	√	√	√

海区	站号	时间	纬度	经度	水深（m）	大型底栖 采泥	大型底栖 拖网	小型底栖 采泥	微生物/沉积物 采泥	大型藻类 拖网	微生物资源 采泥
楚科奇海	14R09	2014-08-01	74°36′44″N	168°57′38″W	185.4	✓	✓	✓	✓	✓	✓
加拿大海盆	14S02	2014-08-03	71°54′32″N	157°27′53″W	72	✓	✓	✓	✓	✓	✓
加拿大海盆	14S01	2014-08-03	71°36′38″N	157°56′18″W	63.54	✓	✓	✓	✓	✓	✓
加拿大海盆	14S03	2014-08-03	72°14′15″N	157°04′45″W	169.3	✓	✓	✓	✓		✓
加拿大海盆	14C12	2014-08-06	72°00′32″N	157°11′50″W	1 564.91						✓
加拿大海盆	14C13	2014-08-06	75°12′03″N	159°09′44″W	930.8	✓		✓	✓		✓
加拿大海盆	14C14	2012-08-07	75°23′45″N	161°18′00″W	2 084.23	✓		✓	✓		✓
加拿大海盆	14C15	2014-08-07	75°37′02″N	163°14′04″W	2 015.90						✓
楚科奇海台	14R10	2014-08-07	75°25′37″N	167°54′14″W	164	✓	✓	✓	✓		✓
楚科奇海台	14R11	2014-08-08	76°08′26″N	166°20′13″W	339.17	✓	✓	✓	✓	✓	✓
楚科奇海台	14C25	2014-08-10	76°22′53″N	149°30′05′W	3 776.3						✓
楚科奇海台	14C21	2014-08-10	77°23′29″N	156°44′18″W	1 644						✓
楚科奇海台	14R12	2014-08-13	76°59′20″N	163°56′00″W	438.42	✓	✓	✓	✓	✓	✓
楚科奇海台	14SIC03	2014-08-13	77°29′09″N	163°08′06″W	466.25	✓			✓		✓
楚科奇海台	14R13	2014-08-14	77°48′01″N	162°13′21″W	466.25	✓			✓		✓
楚科奇海台	14R14	2014-08-15	78°38′16″N	160°26′50″W	740.38	✓		✓	✓		✓
楚科奇海台	14R15	2014-08-15	79°23′05″N	159°04′05″W	3 277						✓
楚科奇海台	14LIC03	2014-08-20	81°04′40″N	157°39′45″W	3 634.2	✓		✓	✓		✓
楚科奇海	14SIC06	2014-08-28	79°58′32″N	152°38′02″W	3 763						✓
楚科奇海	14SR09	2014-09-07	74°36′31″N	168°58′34″W	181.2		✓			✓	✓
楚科奇海	14R05	2014-09-09	69°35′38″N	169°01′01″W	51.5		✓			✓	✓

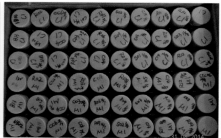

图7-8 用于微生物多样性分析的沉积物样品
Fig.7-8　Sediment samples for microbial diversity analysis

对从北极高纬度站位的海水、长短期冰站的海冰和海冰融池中，采集到的微藻进行了分离培养。共分离了 50 余株单胞藻，但由于船上培养条件所限，其生长情况还有待于继续观察。

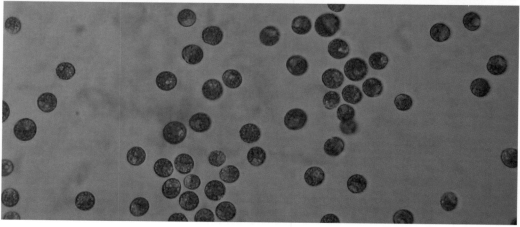

图7-9　海冰和融池中单细胞藻的分离
Fig.7-9　Sepration of unicellular alage from sea ice and melt ponds

7.2.7　微生物多样性和资源调查站位

中国第六次北极科学考察的微生物多样性和资源，共采集了 60 个站位的表层海水样品，过滤滤膜 60 份置于 20% 甘油，冻存 –20℃（图 7-10 左）；获得沉积物样品 43 个（图 7-10 右），对 60 个站位的表层海水样品进行了真空抽滤，保存滤膜 60 份（表 7-7）。

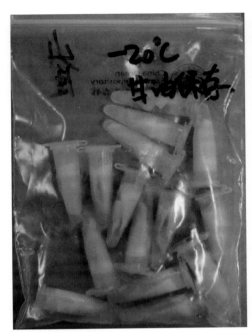

图7–10 用于微生物多样性分析的沉积物样品

Fig.7–10 Sediment samples for microbial diversity analysis

表7–7 中国第六次北极科学考察表层海水过滤采样记录

Table 7–7 Stations of surface sea water filtration sampling during 6th CHINARE

测区	站位	经纬度	采样时间	过滤体积（L）	水深（m）	备注
白令海	B02	53°32′54″N, 169°45′23″E	2014–07–19	2	1 412	
白令海	B03	54°04′09″N, 170°35′30″E	2014–07–19	3	3 914	
白令海	B04	54°35′23″N, 171°19′59″E	2014–07–19	2	3 899	
白令海	B05	55°22′23″N, 172°15′30″E	2014–07–20	1.8	3 879	
白令海	B06	56°10′16″N, 173°58′40″E	2014–07–20	2	3 848	
白令海	B07	57°24′00″N, 175°06′36″E	2014–07–21	2	3 751	
白令海	B08	60°56′20″N, 177°45′11″E	2014–07–21	4	3 750	
白令海	B09	59°21′00″N, 178°46′12″E	2014–07–21	3	3 725	
白令海	B11	60°16′15″N, 179°27′47″W	2014–07–22	3	1 494	
白令海	B12	60°41′24″N, 178°51′00″W	2014–07–22	3	260	
白令海	B13	61°17′29″N, 177°30′01″W	2014–07–23	3	130.5	

测区	站位	经纬度	采样时间	过滤体积（L）	水深（m）	备注
白令海	NB01	60°48′00″N, 177°12′00″W	2014-07-23	3	149	
白令海	NB02	60°52′12″N, 175°31′48″W	2014-07-23	2	107.2	
白令海	NB03	60°56′20″N, 173°51′27″W	2014-07-23	2	80.64	
白令海	NB04	61°12′02″N, 171°33′19″W	2014-07-24	3	57	
白令海	NB05	61°25′12″N, 169°26′24″W	2014-07-24	3	39	
白令海	NB07	61°53′50″N, 166°59′08″W	2014-07-24	2	27	
白令海	NB09	62°35′35″N, 167°36′18″W	2014-07-24	2	25	
白令海	B14	61°55′48″N, 176°26′12″W	2014-07-25	2	102	
白令海	B15	62°32′56″N, 175°16′32″W	2014-07-26	2	78.3	
白令海	B16	63°00′33″N, 173°50′06″W	2014-07-26	3	73	
白令海	NB11	73°45′27″N, 172°29′57″W	2014-07-26	3	47.5	
白令海	NB12	64°01′00″N, 171°55′51″W	2014-07-26	2	55	
白令海	BS01	64°19′48″N, 171°30′00″W	2014-07-27	2	39	
白令海	BS02	64°20′03″N, 170°58′33″W	2014-07-27	3	40	
白令海	BS04	64°20′15″N, 170°00′05″W	2014-07-27	2	39	
白令海	BS05	64°19′48″N, 169°30′00″W	2014-07-27	2	38	
白令海	BS06	64°21′17″N, 168°58′58″W	2014-07-27	2	40	
白令海	BS07	64°21′01″N, 168°29′25″W	2014-07-27	2	39	
楚科奇海	R02	67°40′52″N, 169°01′18″W	2014-07-28	3	44	
楚科奇海	CC3	67°54′07″N, 168°14′54″W	2014-07-28	2	57	
楚科奇海	CC6	68°14′15″N, 167°09′00″W	2014-07-29	2	42.79	

中国第六次北极科学考察报告

测区	站位	经纬度	采样时间	过滤体积（L）	水深（m）	备注
楚科奇海	R03	68°37′23″N, 169°03′12″W	2014-07-29	3	53.7	
楚科奇海	C01	69°13′16″N, 168°08′26″W	2014-07-30	3	50	
楚科奇海	R04	69°30′00″N, 169°00′00″W	2014-07-30	2	51	
楚科奇海	C06	70°31′12″N, 162°46′12″W	2014-07-30	2	35	
楚科奇海	C05	70°45′36″N, 164°43′48″W	2014-07-30	3	34.10	
楚科奇海	R05	71°00′00″N, 169°00′00″W	2014-07-31	3	43.58	
楚科奇海	R06	72°00′12″N, 168°57′56″W	2014-07-31	3	51.40	
楚科奇海	R07	72°59′57″N, 168°57′58″W	2014-08-01	1.5	71	
楚科奇海	R08	74°00′28″N, 168°58′30″W	2014-08-01	2	80.66	
楚科奇海	R09	74°35′01″N, 168°53′21″W	2014-08-01	3	187	
北冰洋	S02	71°54′53″N, 157°27′46″W	2014-08-03	3	72.18	
北冰洋	S01	71°36′38″N, 157°56′18″W	2014-08-03	2	63.54	
北冰洋	S03	72°14′15″N, 157°04′45″W	2014-08-03	2	169.3	
北冰洋	S04	72°31′41″N, 156°37′37″W	2014-08-03	2	1 308.6	
北冰洋	S07	73°24′40″N, 155°10′13″W	2014-08-04	3	3 781.23	
北冰洋	C11	74°46′37″N, 155°15′38″W	2014-08-05	3	4 556.7	
北冰洋	C12	75°00′32″N, 157°11′50″W	2014-08-06	3	1 564.91	
北冰洋	C14	75°24′02″N, 161°14′10″W	2014-08-07	2	2 084.33	
北冰洋	C15	75°37′02″N, 163°14′04″W	2014-08-07	3	2 015.9	
北冰洋	R11	76°08′29″N, 166°21′50″W	2014-08-08	4	339.4	
北冰洋	C25	76°23′27″N, 149°23′50″W	2014-08-10	2	3 775.3	

测区	站位	经纬度	采样时间	过滤体积（L）	水深（m）	备注
北冰洋	C24	76°42′22″N, 151°05′37″W	2014-08-10	3	3 777.3	
北冰洋	C23	76°54′31″N, 152°26′11″W	2014-08-11	3	3 781.6	
北冰洋	C22	77°11′12″N, 154°35′40″W	2014-08-11	3	1 025	
北冰洋	C21	77°23′29″N, 156°44′18″W	2014-08-12	3	1 664	
北冰洋	R12	76°59′09″N, 163°56′56″W	2014-08-13	2	443.36	
北冰洋	R13	77°48′01″N, 162°13′21″W	2014-08-14	3	2 667.8	
北冰洋	R14	78°38′12″N, 160°26′53″W	2014-08-14	2	742.8	

7.3　调查设备与分析仪器

海洋生物与生态考察浮游生物取样主要在"雪龙"船舯部甲板作业，依托于 SBE 911 plus CTD 附带的 Rosette 采水器系统进行水样采集，浮游植物与浮游动物样品的采集则依托于"A"型架和生化绞车；底栖生物、底表微生物和大型藻类取样则和后甲板地质作业同步，需要借助地质绞车、生化绞车、"A"型架、绞缆机和折臂吊车等甲板支撑系统来完成。主要调查和分析设备如下。

7.3.1　叶绿素荧光仪

型号：Turner Design Trilogy（图 7-11）。

可对叶绿素萃取荧光和活体荧光进行测量，测量精度 0.02 g/L。

图 7-11　叶绿素荧光仪TD 7200

Fig.7-11　Chlorophyll fluorescence spectrometer model TD7200

7.3.2 现场初级生产力培养器

见图7-12，用于初级生产力水样的模拟现场培养。通过设置不同光衰减层，可以模拟光照100%、75%、50%、32%、25%、10%、3%和1%的水层。通过现场培养、过滤和实验室液闪计数分析，可以得到各水层浮游植物的固碳量，积分平均计算得到单位面积海域的初级生产力。

图7-12 初级生产力培养器
Fig. 7-12 Incubator for primary production study

7.3.3 流式细胞仪BD FACSCalibur

型号：BD FACSCalibur（图7-13）。

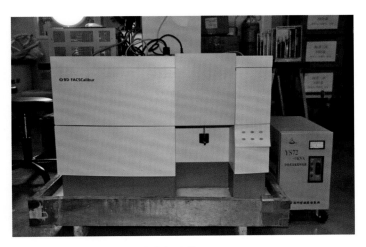

图7-13 流式细胞仪BD FACSCalibur
Fig. 7-13 Flow Cytometer model BD FACSCalibur

拥有488nm和633nm两根激光管，可对FSC、SSC、FL1、FL2、FL3和FL4荧光信号进行检测。流速分为low、med、hi三级，最大检测细胞数可达每秒10 000个。利用独特的液流系统使得检测目标逐个通过检测器，激光管照射检测目标激发检测目标荧光，并通过分析检测目标荧光信号种类和强弱来达到区分检测目标的目的。可对海水中微微型浮游植物，微型浮游生物以及浮游细菌进行检测和丰度测量。

7.3.4 营养盐自动分析仪

型号：Skalar San ++。

由荷兰Skalar公司生产，可对氨盐、硝酸盐、亚硝酸盐、磷酸盐和硅酸盐进行浓度自动测量。配备有自动进样器，可提高仪器自动性。可同时对3种营养盐进行检测，检测精度达0.01 μmol。利用自动分光光度法对样品中营养盐进行检测，可实现海域营养盐水平的大规模高精度分析。

7.3.5　切向流系统

由 Pall 公司生产。通过切向超滤对水体微小颗粒进行富集，用于大体积海水病毒样品的富集。见图 7-14。

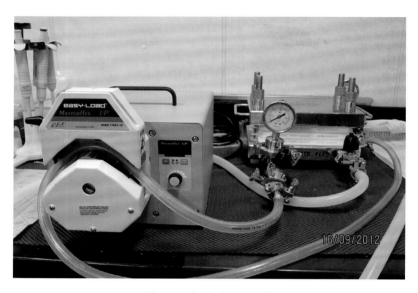

图 7-14　切向流超滤系统
Fig. 7-14　Tangential Flow Filtration Systems

7.3.6　浮游植物网

网目 70 μm，用于浮游植物垂直拖网采样。调查站位水深小于 200 m 时，使用浮游植物网从离海底 2 m 到表层垂直拖网；水深大于 200 m 时，从 200 m 深度到表层垂直拖网。网口悬挂流量计，测定过滤水体体积（图 7-15）。样品用甲醛固定，最终浓度 4%。

7.3.7　大型浮游动物网和北太平洋分层网

网目分别为 500 μm 和 330 μm，用于大、中型浮游动物垂直拖网采样。调查站位的水深小于 200 m 时，使用浮游动物网从离海底 4 m 到表层垂直拖网；水深大于 200 m 时，从 200 m 深度到表层垂直拖网。网口悬挂流量计，测定过滤水体体积（图 7-15）。样品用甲醛固定，最终浓度 4%。

7.3.8　浮游动物多联网

又称浮游生物分层采样系统（MultiNet 网），网目 150 μm，在水深超过 1 000 m 站位进行 1 000 m 到表层的全水层浮游动物垂直拖网，用于 500 ~ 1 000 m、200 ~ 500 m、100 ~ 200 m、50 ~ 100 m 和 0 ~ 50 m 等五个连续的不同水层的浮游动物采样（图 7-16）。样品用甲醛固定，最终浓度 4%。

图7-15　浮游植物网和浮游动物网
Fig.7-15　Vertical trawls

7.3.9　底栖生物采集工具

图7-16　浮游动物多联网
Fig. 7-16　Multi-Net

大型底栖生物定量主要使用 $0.25\ m^2$ 大型箱式采泥器（少数站位用 $0.1\ m^2$ 采泥器），并用船载的万米绞车进行取样。泥样用漩涡分选器淘洗，生物样品用 $0.5\ mm$ 筛网截留。所有生物样品包括残渣全部收集起来，装瓶后用稀释的 7% 福尔马林溶液固定，带回国内实验室分析鉴定。底栖拖网采用三角拖网，仍用船载的万米绞车作业。作业时，拖网绳长为现场水深的 $2\sim3$ 倍，船速控制在 3 kn 以内。起网后挑选部分样品在现场拍照，记录其形状体色等特征，而后尽可能收集所有的生物类别，将样品装袋后放入盛有固定液的标本桶，带回实验室分析。图 7-17 为底栖生物作业常用设备。

(a) 大型箱式采泥器

(b) 漩涡分选器

(c) 三角拖网

(d) 现场底拖作业

图7-17　底栖生物专业常用设备
Fig. 7-17　Equipment for benthos sampling

7.3.10　鱼类浮游生物采集工具

主要设备为"雪龙"船的船载万米绞车、三角拖网和鱼类浮游生物水平拖网，此为还有拉绳、保护绳、工具箱和测量工具等。如图7-18和图7-19所示。

图7-18　底栖生物三角拖网
Fig. 7-18　Triangle trawls for benthos sampling

图7-19　鱼类浮游生物水平拖网
Fig. 7-19　Horizontal trawls for planktonic Fish

7.4　考察人员及作业分工

本航次海洋生物专业组人员组成和分工如表7-8所示，共12名科考队员，来自6个科研单位。

表7-8　中国第六次北极科学考察海洋生物组作业人员组成
Table 7-8　Manning of marine biology and ecology group during 6th CHINA

序号	姓名	单位	承担任务
1	顾海峰	国家海洋局第三海洋研究所	生物生态组组长
2	郝锵	国家海洋局第二海洋研究所	叶绿素、初级生产力
3	刘晨临	国家海洋局第一海洋研究所	大型藻类、底栖微生物
4	林凌	中国极地研究中心	微小型生物、海冰生物
5	曹叔楠	中国极地研究中心	微小型生物、海冰生物
6	张灿	中国科技大学/中国极地研究中心	微小型生物、海冰生物
7	钟指挥	国家海洋局第三海洋研究所	底栖生物
8	林俊辉	国家海洋局第三海洋研究所	底栖生物
9	黄丁勇	国家海洋局第三海洋研究所	底栖生物
10	崔鹏飞	国家海洋局第三海洋研究所	微生物资源
11	徐志强	中科院海洋所	浮游生物
12	王少青	中科院海洋所	浮游生物

7.5　考察完成情况

在中国第六次北极科学考察期间，按照极地专项03-05课题"2014年度北极海域海洋生物和生态考察"任务书以及《现场实施计划》要求，在白令海、楚科奇海、楚科奇海台和北冰洋中心区加拿大海盆的广大海域，共计完成了80个叶绿素测站和15个初级生产力测站，86个微型和微微型浮游生物测站，68个大中型浮游生物测站，30个鱼类浮游生物测站，42个大型地栖生物箱式样测站和32个拖网测站，30个底表微生物和大型藻类测站以及6个短期冰站和1个长期冰站共7个海冰生物群落结构测站，获得各类样品近万份。各考察项目都完成或超额完成了极地专项任务书规定的任务，具体工作量完成情况见表7-9。

表7-9　中国第六次北极科学考察海洋生物计划工作量和实际工作量
Table 7-9　Planned and finished workload of marine biology investigation during 6th CHINARE

项目	任务		计划		实际完成		完成百分率	
			站位数(个)	样品数(个)	站位数(个)	样品数(个)	站位数(个)	样品数(个)
叶绿素和初级生产力	叶绿素	总叶绿素	60	360	80	1 966	133%	546%
		分级叶绿素	30	540	45	1 217	150%	225%
	初级生产力	初级生产力	15	270	17	740	113%	274%
微型和微微型浮游生物	浮游细菌	丰度调查	60	360	86	667	143%	185%
		群落结构	30	90	48	367	160%	408%
	微微型光合浮游生物	丰度和生物量	60	360	86	667	143%	185%
		群落结构	30	90	48	226	160%	251%
	微型浮游植物	丰度和生物量	60	360	86	667	143%	185%
		群落结构	30	90	48	226	160%	251%
大中型浮游生物	小型浮游植物	丰度和群落结构（水样）	30	180	81	667	270%	371%
		丰度和群落结构（垂直拖网）	40	40	68	68	170%	170%
	大、中型浮游动物	垂直拖网	40	40	68	68	170%	170%
鱼类浮游生物	浮游鱼类	水平拖网	30	30	30	30	100%	100%
底栖生物	大型底栖动物	丰度与群落结构（箱式样）	20	20	42	42	210%	210%
		丰度与群落结构（拖网样）	30	30	34	34	113%	113%
	小型底栖动物	丰度与群落结构（多管或箱式样）	30	90	30	270	100%	300%
底表微生物	海洋沉积物微生物	多样性分析	30	30	41	41	137%	137%
	大型藻类	种类鉴定（拖网样）	30	30	32	32	107%	107%
海冰生物	海冰生物	种类组成	6	42	7	133	117%	317%

7.6　数据和样品评价

7.6.1　叶绿素和初级生产力样品评价

本次北极考察航次，在叶绿素和初级生产力方面总计完成77个叶绿素站位、17个初级生产力站位的作业；共获取总叶绿素样品622个，分级叶绿素（分 Net、Nano、Pico 三个粒级）样品1 544个，初级生产力样品752个。其中叶绿素样品在现场处理完毕；初级生产力样品为膜样，于 –20℃冷冻保存，带回实验室测定。白令海海盆区属于典型的"高营养盐低叶绿素"（HNLC）海域，存在明显的铁限制，因此船体及采水设备裸露在外的铁制器件可能会对浮游植物的培养实验产生影响。相关研究（Kolber et al., 1994）显示，铁对浮游植物光合活性的影响通常在培养 24 h 后才较为显著，因此本航次在白令海有关浮游植物初级生产力的现场培养时间控制在 4 h 以内，在此条件下船体和采水设备所释放的铁元素对实验结果的影响可以忽略。生物样品的采集、贮存、运输、分析，标本制作与资料处理均按照《GB/T 12763.1－2007 海洋调查规范——第 1 部分：总则》、《GB17378.3－2007 海洋监测规范——第 3 部分：样品采集、贮存与运输》、《GB/T 12763.6－2007 海洋调查规范——第 6 部分：海洋生物调查》、《GB/T 12763.9－2007 海洋调查规范——第 9 部分：海洋生态调查指南》、《HY/T 084－2005 海湾生态监测技术规程》中的有关规定进行。考察过程中无特殊垃圾物质产生，具有较高的安全性和环保性。对于少量船上实验过程中产生的垃圾已按照船上有关管理规定进行处理。

7.6.2　微微型和微型生物样品评价

在微微型和微型浮游生物方面，本航次工作站位为 81 个，其中重点站位 43 个，获得数据1000 多组，获得各类样品将近 5000 份。BD 公司工程系在起航前对本航次主要的仪器流式细胞仪FACSCalibur 进行了校准，并出具了仪器状态报告；航次过程中也经常使用 BD 公司提供的微球进行激光信号检测且未出现异常现象，观测数据可靠。海洋微微型和微型生物样品的采集和保存方法按照极地专项《极地生态环境监测规范》严格执行，数据和样品可靠性高。考察过程中使用的试剂和产生的废液和垃圾已严格按照船上有关规定进行处理。

7.6.3　浮游生物样品评价

浮游生物方面总计完成浮游生物垂直拖网采样站位 68 个，获得浮游动物样品 68 个，浮游植物样品 68 个；完成浮游生物多联网采样站位 4 个，获得浮游生物分层网样品 200 个，多联网采样同步物理和生物数据量约 300 KB。采样期间，船舶排放等非自然因素影响轻微，不影响数据可靠性。生物样品的分析、贮存、运输、分析和标本制作与资料处理均按照《GB/T 12763.1－2007 海洋调查规范——第 1 部分：总则》、《GB17378.3－2007 海洋监测规范——第 3 部分：样品采集、贮存与运输》、《GB/T 12763.6－2007 海洋调查规范——第 6 部分：海洋生物调查》、《GB/T 12763.9－2007 海洋调查规范——第 9 部分：海洋生态调查指南》、《HY/T 084－2005 海湾生态监测技术规程》中的有关规定进行。考察过程中无特殊垃圾物质产生，具有较高的安全性和环保性。对于少量船上实验过程中产生的垃圾将按照船上有关管理规定实施。

鱼类浮游生物水平拖网计划 30 个站位，完成了 33 个站位的作业，有效样品 31 份，采集的样品根据种类和用途分别采用乙醇和福尔马林固定液保存，同时放入内标签并标好外标签，填好采样记录表，所有样品送回实验室分析。

7.6.4　底栖生物样品评价

小型底栖生物方面，在白令海完成 4 个站位，其中 2 个站位样品采自箱式采样器，2 个站位采自多管采样器，除站位 14B13 受干扰较大外，其他站位的采样结果均较为理想；在楚科奇海完成 17 个站位，其中 13 个站位样品采自箱式采样器，4 个站位采自多管采样器，除站位 14CC4、14CC6 受干扰较大外，其他站位的采样结果均较为理想；在北冰洋完成 9 个站位，其中 8 个站位样品采自箱式采样器，1 个站位采自多管采样器。

大型底栖拖网计划实施30个站位，实际完成34个站位的网次拖网作业，其中AD01站是增补站，已超额完成任务。获得有效鱼类样品32个，采集的样品根据种类和用途分别采用冷冻和福尔马林固定液保存，同时放入内标签并标好外标签，并填写采样记录表。各类底栖生物样品的处理和分析及资料整理均按照《海洋调查规范》（GB/T 12763.6－2007）进行操作，所有样品送回实验室分析。

鱼类样品采集之前采泥器和底拖网都已确定处于正常可用状态，钢缆和绳索完整。采泥和拖网过程中严格按照操作规程进行，底拖网网具入水后的船速、钢缆拉力都在预设范围以内，保证了获取的鱼类样品的可靠性和精确性。样品上甲板后的收集和分离严格按照采样程序执行，采样和分析记录人员也具有相应资质，分析和计数处理等细节和过程严格按照《海洋调查规范——第6部分：海洋生物调查》（GB/T 12763.6－2007）的相关规定处置，保证了鱼类和底栖动物样品和数据的可靠性。

7.7 观测数据初步分析

7.7.1 叶绿素和初级生产力

从已获得的结果来看（图7-20），白令海陆架和海盆区存在明显的分化：在180°E以西的海盆区，叶绿素的高值往往出现在近表层，其中以Net级浮游植物的分布尤为明显。这可能是因为白令海海盆属于HNLC海区，常规营养盐如N、P等不构成限制，Fe成为最主要的限制因子，而Fe主要来自于大气沉降而非底层水的混合补充，所以浮游植物生物量的高值往往出现在近表层，而随着深度增加，Fe和光照的限制同时增加，导致浮游植物叶绿素浓度迅速降低，在200 m左右已经接近仪器的检出限。在180°E以东的陆架海域，浮游植物存在明显的次表层叶绿素浓度最大值（SCM）。这可能是因为陆架区浮游植物由Fe限制转向常规营养盐限制，后者在近表层趋于耗尽并主要依赖于底层水的补充，所以浮游植物叶绿素的高值出现在光照和营养盐达到最佳平衡的次表层。从各粒级对总叶绿素的贡献来看，在海盆区以小颗粒Pico级份的贡献为主，而在陆架区，则以较大颗粒的Net级份贡献为主。各级份贡献比的变化，反映出白令海浮游植物的受限制情况，即海盆区趋于较强的营养盐限制，而随着水深变浅，这种限制渐渐减弱。

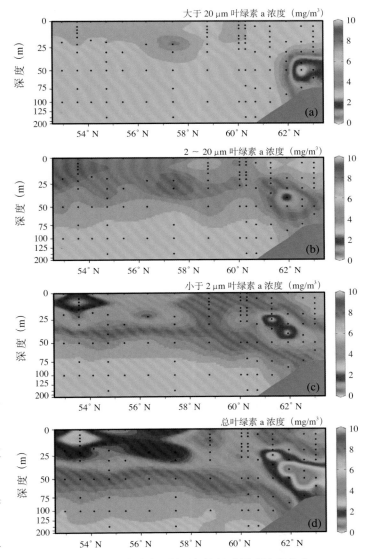

图7-20 白令海B断面各粒级叶绿素浓度分布
(a)Net级份叶绿素；(b)Nano级份叶绿素；(c)Pico级份叶绿素；(d)总叶绿素
Fig. 7-20 Chl-a distribution along section B at Bering Sea, a: Net Chl-a;
b: Nano Chl-a; c: Pico Chl-a; d: Total Chl-a

在楚科奇海，R 断面的观测显示（图 7-21），可以 75°N 为界，将楚科奇海分为两个不同的生态区：在 75°N 以南的楚科奇海台，叶绿素浓度相对较高，以 Net 级份的贡献为主，个别站位如 R2、R7 都出现叶绿素浓度大于 10 mg/m³ 的情况，显示这一海域存在较为丰富的生物生产；而在 75°N 以北的海盆区域，叶绿素浓度迅速降低，Pico 级份对总生物量的贡献最大。这种生物—地理分布上的巨大反差表明，海台区和海盆区可以视作两个不同的生态系统。此外在 75°N 以南的海台区，各站位叶绿素最高值所在的水层并不一致，高叶绿素值几乎在各个水层都可能出现。这一现象说明楚科奇海台区浮游植物的分布可能存在一个较快的动态过程。这可能是因为浮游植物旺发后、Net 级份占优导致浮游植物不断沉降，所以在各个水层中都有可能观测到叶绿素的高值，也没有稳定的 SCM 层。这可能是北冰洋"食物脉冲"的一种表现形式：上层浮游植物所产生的初级生产迅速向底层输送，从而导致底栖生物的高生物量。而在 75°N 以北的海盆区，营养盐的限制和海冰覆盖

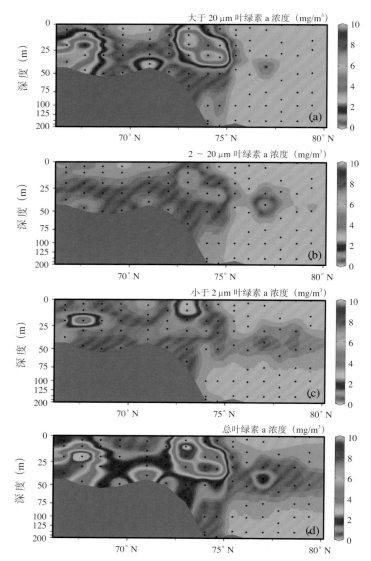

图 7-21　楚科奇海R断面各粒级叶绿素浓度分布
(a) Net级份叶绿素；(b) Nano级份叶绿素；(c) Pico级份叶绿素；(d) 总叶绿素
Fig. 7-21　Chl-a distribution along section R at Chukchi Sea, a: Net Chl-a; b: Nano Chl-a; c: Pico Chl-a; d: Total Chl

所导致的光限制，使得浮游植物生物量迅速降低，其叶绿素浓度较海台区低近一个数量级。海盆区叶绿素的垂向分布较为稳定，其 SCM 主要出现水深在 50 m 左右处。这意味着混合层控制的营养盐分布主导着叶绿素分布。而本航次在 75°N 以北海冰覆盖较为严重，海冰覆盖所导致的光限制对叶绿素分布的影响也不能忽视，但光与营养盐孰为浮游植物生长的首要限制因子仍需进一步分析。

　　海冰观测是我国北极科考中的重要内容，国际上有关"海冰—水体"这一系统的生态效应研究已经成为北极研究的热点之一。海洋生物考察组利用本航次冰站作业的机会，通过对冰下水体的模拟实验和原位培养，评估了海冰下方水体生产者的生物量和生产力，并尝试分析其首要环境限制因子。在原位营养盐加富实验中，设置了冰下和海表两个对照组，通过加入营养盐后浮游植物叶绿素的变化来评估浮游植物生长的首要限制因子。实验初步结果显示，冰下组即便加入过量的营养盐，在一周内也无明显生长；而海表组加入营养盐后，一周后加入硝酸盐的实验组是海表对照组叶绿素浓度的 3 倍，而硅酸盐和铁盐实验组叶绿素浓度的增长并不明显。这一结果说明，在无冰海域 N 是浮游植物生长的首要限制因子，而在冰下水体中光照很可能取代营养盐成为首要限制因子。这有望

为我们认识"海冰—水体"系统的环境调控提供一些新的证据。相关数据仍有待结合其他专业资料进一步分析整理。

7.7.2 微微型和微型生物

中国第六次北极科学考察期间，调查海域微微型真核浮游植物（P-euk）表层丰度较低，普遍在 5 cells/μL 以下（图 7-22）。在白令海，其高值区主要位于白令海盆和阿拉斯加沿岸；从白令海陆坡到白令海陆架区，表层受极地冷水团的影响，P-euk 丰度降低。在楚科奇海和加拿大海盆海域，表层主要受低温融冰水影响，P-euk 普遍低于 1 cells/μL；只有在阿拉斯加沿岸流强影响区域 CC 断面，P-euk 表层丰度高于 1 cells/μL 并达到 4 cells/μL 左右，说明 P-euk 适合于在高温低盐低营养盐的阿拉斯加沿岸水中生长。

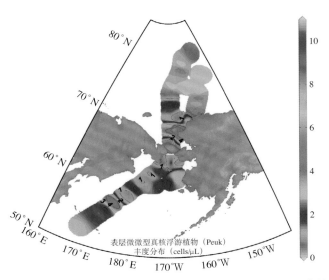

图7-22 中国第六次北极科学考察期间调查海域微微型真核浮游植物（P-euk）丰度表层分布
Fig. 7-22 Picoeukaryotes abundance (P-euk) surface distribution at Pacific sector of Arctic and subarctic Ocean during 6th CHINARE

聚球藻（Syn）的丰度分布与 P-euk 有些类似，其表层丰度主要高值区都位于白令海盆，其值在 2～8 cells/μL 之间。虽然与 P-euk 丰度的表层分布类似，聚球藻丰度在白令海陆坡和陆架区受到冷水团的影响而降低，但其表层分布并不是严格意义上的随纬度增加而降低。Syn 在白令海 B 断面表层的丰度特征是高值低值间隔的条带式分布，白令海盆中心区值较低而在陆坡区值较高（图 7-23）。白令海涡旋（Bering Sea Gyre）的存在使得太平洋水在穿过阿留申岛链后，表层海水主要沿着海盆边缘运动，而具有鲜明暖水特征的 Syn 丰度也主要分布在海盆边缘区。北冰洋 Syn 丰度基本在 1 cells/μL 以下，但是在门捷列夫海岭海域出现了异常的 Syn 高值区（2～8 cells/μL）。由于北冰洋的 Syn 分布主要是受到白令海峡方向

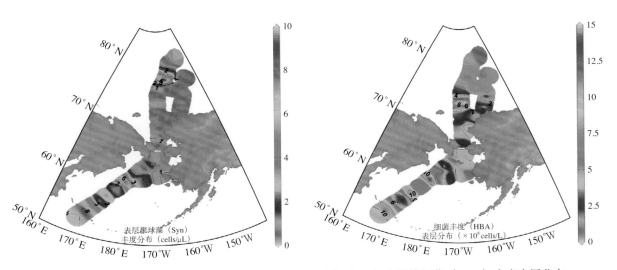

图7-23 中国第六次北极科学考察期间调查海域聚球藻（Syn）和异养细菌（HBA）丰度表层分布
Fig. 7-23 Synechococcus (Syn) and heterotrophic bacteria (HBA) abudance surface distribution at Pacific sector of Arctic and subarctic Ocean during 6th CHINARE

ACW 入流水以及其他海域的地表径流影响，而白令海峡方向门捷列夫海岭海域以南并没有明显的 Syn 分布，因此推测该区域 Syn 主要来源于西伯利亚沿岸河流水输入。

　　受表层水温影响，异养细菌（HB）丰度表层分布在白令海和楚科奇海差异明显。在白令海，其表层丰度范围是（2 ～ 10）× 10⁸ cells/L 之间，而在楚科奇海，其表层丰度普遍在 3 × 10⁸ cells/L 以下（图 7-22）。异养细菌在白令海盆区表层分布与 Syn 有些类似，也出现高值低值间隔的条带式分布模式，其影响因素也与 Syn 类似，主要受白令海涡旋的流动方向影响。进入白令海陆架区以后，其表层有一低值区（低于 3 × 10⁸ cells/L）。该海域的主要水团为白令海陆架水。在白令海陆架水影响较大的其他区域如白令海峡，楚科奇海 Herald 浅滩以南，HB 丰度都低于 3 × 10⁸ cells/L；而在 ACW 主要影响区域包括白令海陆架区阿拉斯加沿岸，楚科奇海 Hop 角附近 CC 断面海域，HB 都高于 4 × 10⁸ cells/L。北冰洋中心区加拿大海盆表层主要受融冰水影响，低温低盐而且低营养盐，不利于异养细菌生长，因此大部分海域其表层 HBA 都低于 1 × 10⁸ cells/L。楚科奇海 Herald 浅滩是个非常特殊的海域，由于海底地形的缘故，白令海入流进入楚科奇海后，在先驱浅滩以南分为东西两支而不直接流经先驱浅滩，造成先驱浅滩附近海域水体非常稳定。夏季无冰季节受太阳直接照射影响，该海域水温很高，是对异养细菌生长非常有利的条件，因此在该海域经常出现 HBA 的异常高值。

　　中国第六次北极科学考察期间，白令海 B 断面 100 m 以浅微微型真核浮游植物（P-euk）丰度范围是 0.05 ～ 10.28 cells/μL，聚球藻（Syn）丰度范围是 0.16 ～ 21.43 cells/μL，异养细菌丰度（HBA）范围是（0.08 ～ 15.72）× 10⁸ cells/L。P-euk 主要分布在 40 m 以浅水层中，40 m 以深丰度小于 1 cells/μL（图 7-24）。P-euk 丰度随纬度没有明显变化，在 58°N 以南，主要丰度高值都位于表层，但是在进入白令海陆坡（58°N 以北）以后，其表层丰度降低至 1 cells/μL 以下，高值出现在 30 m 左右水层当中。B 断面 P-euk 丰度最高值出现在 B14 站位 30 m 水层。与 P-euk 相比，聚球藻分布较 P-euk 深度更大，而且高值区一般在 20 ～ 30 m 之间，最高值出现在 B01 站位的 30 m 层。受北方表层水温降低的影响，聚球藻的分布深度随断面向北而增大，其高值区下沉至 50 m 左右。异养细菌丰度分布随深度增加而降低，主要高值都出现在表层；但是在白令海陆坡区 B13 站位，异养细菌高值出现在 30 m 水层，这可能与该区域的上升流

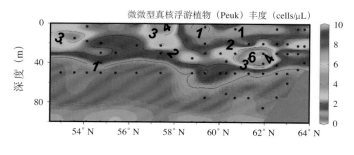

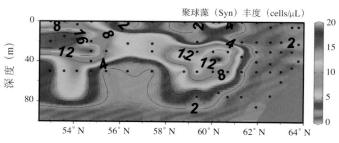

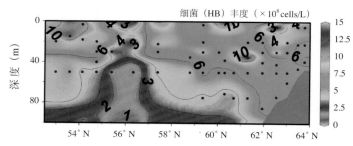

图7-24　中国第六次北极科学考察白令海B断面微微型真核浮游生物（P-euk）、聚球藻（Syn）和异养细菌（HBA）丰度分布

Fig. 7-24　P-euk, Syn and HBA distribution along section B at Bering Sea during 6th CHINARE

有关系。白令海 B 断面在 56°N 附近有一明显的 HBA 低值区，Syn 在该区域同样出现低值，这主要与白令海涡旋的存在有关。白令海涡旋受海盆海底地形影响，主要沿海盆边缘流动，并且其携带的主要水团为亚热带太平洋水，因此对水温敏感的 Syn 和 HB 高值区也沿海盆边缘分布。该现象在 Syn 和 HB 的表层分布上表现得更加明显。

白令海陆架区 NB 断面东段受白令海涡旋和白令海陆架水的影响，西段则是受白令海陆架水和阿拉斯加沿岸水的影响。因此断面东段 P-euk、Syn 和 HB 丰度都较高，其中 P-euk 的丰度在 35 m 层甚至高于 10 cells/μL（图 7-25）。NB 断面微微型浮游生物呈现明显的水团分布特异性：断面东段受白令海涡旋携带的太平洋暖水团影响，该水团在 NB 断面主要分布在 50 m 以浅，50 m 以深则为白令海陆架水占据，该段 P-euk 丰度高于 3 cells/μL，Syn 丰度高于 2 cells/μL 而 HBA 丰度高于 3×10⁸ cells/L；175°W

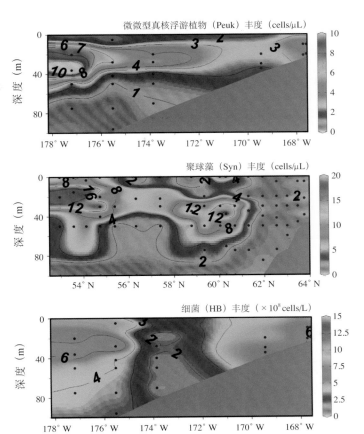

图7-25 中国第六次北极科学考察白令海 NB 断面微微型真核浮游生物（P-euk）、聚球藻（Syn）和异养细菌（HBA）丰度分布图
Fig. 7-25 P-euk, Syn and HBA distribution along section NB at Bering Sea during 6th CHINARE

与 169°W 之间海域则主要为 BSW 控制，P-euk 丰度低于 3 cells/μL，Syn 丰度接近 0 cells/μL，HBA 丰度普遍低于 2×10⁸ cells/L；断面西段为受阿拉斯加沿岸水影响海域，P-euk 丰度高于 3 cells/μL，Syn 丰度高于 1 cells/μL，HBA 丰度高于 5×10⁸ cells/L。

白令海峡 BS 断面微微型浮游生物以微微型真核类和异养细菌为主（见图 7-26），基本上没有聚球藻的分布。微微型真核藻类（Peuk）丰度整体较低，基本在 2 cells/μL 以下，并且自西向东分为 3 个区域，断面中部白令海陆架水范围内丰度最高，在 1 ~ 2 cells/μL 之间，断面西侧和东侧都较低，低于 1 cells/μL。异养细菌在 BS 断面分布均匀，普遍在（4 ~ 6）×10⁸ cells/L 之间，没有明显的东西向分布差异，表层丰度较低。

楚科奇海 CC 断面聚球藻丰度很低，基本低于 0.5 cells/μL；而 P-euk 的高值（大于 3 cells/μL）主要分布在 ACW 流经区域阿拉斯加沿岸海域；异养细菌丰度分布在该断面与 P-euk 相反，其高值区（大于 6×10⁸ cells/L）主要分布于断面西段的下层水体，在表层和断面东段 ACW 影响区域，其丰度低于 4×10⁸ cells/L（图 7-27）。

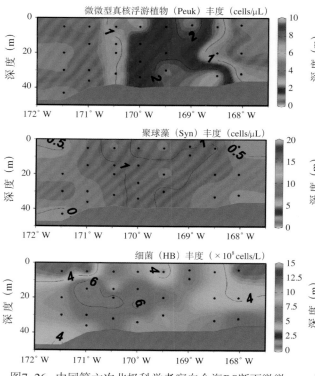

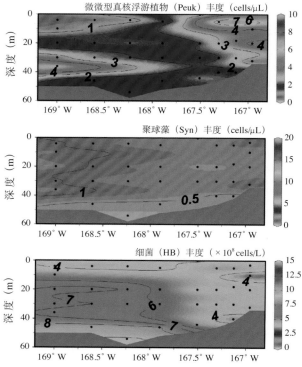

图7-26 中国第六次北极科学考察白令海BS断面微微型真核浮游生物（P-euk）、聚球藻（Syn）和异养细菌（HBA）丰度分布

Fig. 7-26 P-euk, Syn and HBA distribution along section BS at Bering Sea during 6th CHINARE

图7-27 中国第六次北极科学考察楚科奇海CC断面微微型真核浮游生物（P-euk）、聚球藻（Syn）和异养细菌（HBA）丰度分布

Fig. 7-27 P-euk, Syn and HBA distribution along section CC at Chukchi Sea during 6th CHINARE

楚科奇海 R 断面微微型浮游生物丰度分布呈现明显的南高北低现象（图7-28），以 Herald 浅滩所在 71°N 作为分界线，分界线以南 P-euk 丰度高于 2 cells/μL，而 HBA 丰度高于 5×10^8 cells/L。这样的分布主要与楚科奇海 R 断面特殊的海底地形有关系。Herald 浅滩附近特殊的地形，使得北上的白令海入流在流经该地区时不能继续向北推进，转而向东西两侧分支，导致其北侧海域受到极地冷水团的严重影响，生物量很低。但是 Syn 的丰度分布则截然相反，R 断面门捷列夫海岭海域（76°N 到 78°N 之间）聚球藻丰度很高，其高于 2 cells/μL 的高值区下探至 75 m 附近。排除白令海入流水的影响，再考虑 Syn 的普遍陆源性特征，推测该海域海水受到西伯利亚沿岸地表径流的显著影响。

在北冰洋中心区加拿大海盆区域，聚球藻基本没有分布，总体的生物量也特别低（图

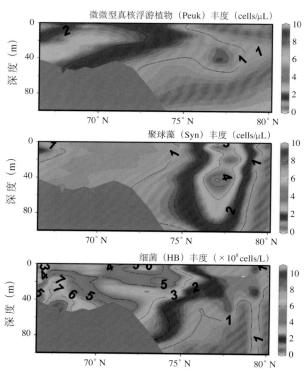

图7-28 中国第六次北极科学考察楚科奇海和北冰洋中心区R断面微微型真核浮游生物（P-euk）、聚球藻（Syn）和异养细菌（HBA）丰度分布

Fig. 7-28 P-euk, Syn and HBA distribution along section R at Chukchi Sea during 6th CHINARE

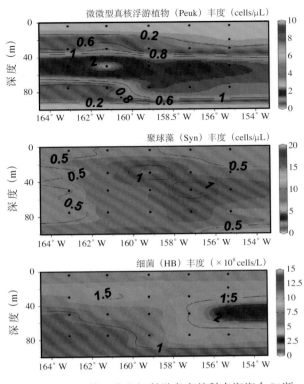

图7-29 中国第六次北极科学考察楚科奇海台C1断面微微型真核浮游生物（P-euk）、聚球藻（Syn）和异养细菌（HBA）丰度分布图

Fig. 7-29 P-euk, Syn and HBA distribution along section C1 at Chukchi Plateau during 6th CHINARE

7-29）。与以前的航次观测结果类似，在C1断面加拿大海盆P-euk主要分布在50 m水深附近，在该水层其丰度大于1 cells/μL。HB在C1断面的分布显示，海盆区（断面东段）异养细菌生物量比海台区（断面西段）稍高。

7.7.3 浮游生物

白令海区可见浮游植物量较少，浮游动物组成中最主要的类群是桡足类。浮游动物生物量以桡族类中体型较大的斯氏手水蚤（成体 > 5 mm）占绝对优势；布氏真哲水蚤（≤ 5 mm）其次；伪哲水蚤类（≤ 1mm）虽然体型较小，但是数量众多。此外，还有少量以翘箭虫为主的毛颚类。大型水母的捕捞困难，而且个数极少，对此没有记录；小型水母只有在极个别的站位的数量较多。

楚科奇海水深较浅，来自北太平洋的暖水与北冰洋的冷水在这里交汇混合，海水的能见度较低。进入楚科奇海以后，可见浮游植物生物量明显增多。浮游动物桡族类以北极哲水蚤早期幼体（五期以下）以及体型较小的伪哲水蚤类为主，同时滤食性的被囊类生物量明显增多。在靠近白令海峡的R01站位以及阿拉斯加沿岸，发现大量的藤壶无节幼体以及腺介幼体，数量甚至超过了桡足类物种的总和。

进入72°N以北，楚科奇海台附近，可见浮游植物在冰缘线的位置极为丰富。正值北冰洋的春季与初夏，光照强度的逐渐增加导致了冰下浮游植物的大量爆发。尤其是冰藻，当海冰消退，大量的冰藻等浮游植物沉降进入海底。以前对北冰洋"初级生产力极为低下"的错误估计，很重要的原因就是忽略了冰下的大量浮游植物。浮游动物的组成与楚科奇海相比较为单一，总的浮游动物数量以及生物量也较楚科奇海低得多，其中桡足类占浮游动物数目的90%以上。浮游动物在种群发育结构上也以晚期幼体以及成体为主，体型较小的伪哲水蚤类数目明显减少，体型较大的北极哲水蚤、极北哲水蚤以及细长长腹水蚤的数目较多。

北冰洋中心区相对于外围海区，浮游生物群落结构比较单一，浮游植物以冰盖覆盖下的冰藻占绝对优势，浮游动物则以大体型的极北哲水蚤的五期及成体为主。从中心区向外极北哲水蚤的早期幼体明显增多，而五期及成体则有减少的趋势。

由高纬度浮冰区4个Multi-Net网的采样结果发现，浮游动物的分层现象明显。浮游动物的生物量以及数量主要集中在上200 m层以内，200～500 m的水层只有少量的极北哲水蚤与北极哲水蚤的成体，500～1 000 m层的浮游动物生物量极低，不及200 m以浅浮游动物生物量的千分之一。

结合往年的观测结果，发现北冰洋太平洋扇区浮游动物的分布呈现明显的地域性。其中白令海测区呈现明显的北太平洋区系特征；白令海暖水与楚科奇海冷水在白令海峡附近的混合，使该区域的浮游动物组成呈现出部分的白令海区系特征，尤其是斯氏手水蚤，布氏真哲水蚤等种类在某些站位丰度极高；楚科奇海陆架区水深较浅，一般不会超过 50 m，这里的浮游动物组成以小型桡足类以及大型桡足类的早期幼体为主，间以少量的成体；楚科奇海台位于楚科奇海与北冰洋中心区之间，浮游动物的生物量明显减少，群落区系特征也开始呈现明显的北极特征，群落组成以体型较大的桡足类晚期幼体以及成体为主，小型桡足类的数目减少，间以少量的微哲水蚤类，而这些微哲水蚤类一般被认为是随海流由加拿大海盆进入的。

具体的浮游生物分布区系特征，还需要进行解剖镜下镜检，对不同的浮游生物进行鉴定和计数，根据镜检的结果再作结论。

鱼类浮游生物方面，本航次大型底栖拖网共完成了 32 个站位的拖网作业，获得有效鱼类样品 30 个，虾蟹类样品 31 个。所获样品种类较为丰富，并拍摄了大量的标本图片，为分析北极海区的鱼类生物量、种类组成和空间分布及多样性现状提供了基础数据。鱼类组成包括狮子鱼、鲽、杜父鱼、鳕鱼、绵鳚等。本次调查共完成浮游动物水平拖网作业 30 个站位，具体种类组成需要将样品带回实验室分析。

经初步统计分析，渔获物（包括虾蟹类）总重 148.43 kg，种类数大约 70 种，其中鱼类 40 多种，虾蟹类 20 多种。在白令海测区以 BS 断面鱼类种群最丰富，其次是 NB 断面；在楚科奇海测区各个断面都有部分站位表现出丰富的鱼类种群特征，其中 R 断面以 R02、R03 为代表（各 16 种），CC 断面以 CC6 站为代表（13 多种），S 断面以 S01 站为最多（10 种）。

后续工作主要包括鱼类、头足类、虾蟹类的种类鉴定，并据此进行不同类型地理群落的划分，在对比历史相关样品及数据结果的基础上研究海洋生物种类组成的地理变化以及与海冰覆盖等环境因子的关系等。部分鱼类和底栖生物形态如图 7-30 所示。

图7-30　中国第六次北极科学考察期间采集到的部分鱼类和底栖动物
Fig. 7-30　Fish and benthods samples collected during 6th CHINARE

7.7.4 海冰生物群落

本次考察共完成了 6 个短期冰站和 1 个长期冰站共 9 次冰芯采集，现场测量冰芯温度数据，冰芯融化后测量冰芯盐度，并收集冰表融池水和冰下海水。各个站位温度数据如图 7-31 所示，其中纵坐标中长度表示冰芯的长度，0 cm 用的是冰表融池的数据，冰下海水（冰下 0 m、2 m、5 m 和 8 m）的温度在图中的位置分别为冰芯长度加 5 cm、200 cm、500 cm 和 800 cm。短期冰站各个站位冰芯温度从表到底逐渐降低，冰芯温度在 –1.5 ~ 0℃；冰表融池水温受气温影响较大，一般在 –0.2 ~ 0.8℃之间；冰下海水温度较低，在 –1.5℃左右，与冰芯底部温度接近。长期冰站每 3 天采集一次冰芯，冰芯温度没有明显变化，与短期冰站冰芯温度之间也没有明显差异。

冰芯盐度分布（图 7-32）和冰芯温度数据相反，从冰表到冰底盐度逐渐增加，这与冰芯下部浸泡在海水当中而海水盐度较高有关。冰芯盐度一般在 3.5 以下，冰芯上层 0 ~ 40 cm 盐度都接近 0，冰芯中部盐度则在 2 左右，冰底稍高，接近 3.5；冰表融池盐度则在 2 左右，偶尔也能观测到纯淡水融池；冰下海水盐度则在 26 左右。长期冰站冰芯与短期冰站冰芯盐度之间没有明显差异。

冰站叶绿素 a 浓度分布如图 7-33 所示。所有观测值都在 0.5 μg/L 以下，不同冰芯之间差异明显。特别是 ICE01 站冰芯，生物量极低，接近 0 μg/L。并且 ICE01 站冰芯最长，长度达到 240 cm，冰下海水和冰表融池叶绿素 a 浓度也很低，几乎达到检测最低限。其他冰芯的叶绿素 a 浓度主要分布在冰表 0 ~ 30 cm 和冰底 15 cm，冰芯中部生物量也较低，在 0.1 μg/L 左右。这与往年的冰芯观测结果有些不同：以往北极考察获得的冰芯，冰芯上部分（冰表 0 ~ 30 cm）生物量一般都很低，

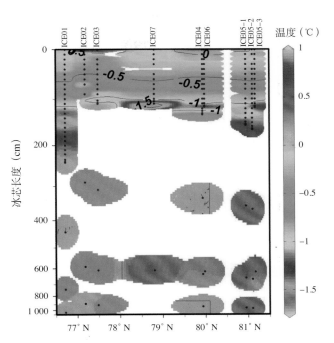

图7-31 中国第六次北极科学考察海冰冰芯、融池和冰下水温度分布

Fig. 7-31 Temperature distribution at ice cores, melt ponds and underlying sea water during 6th CHINARE

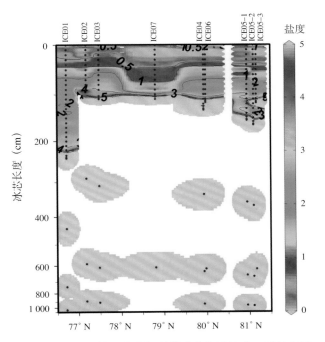

图7-32 中国第六次北极科学考察海冰冰芯、融池和冰下水盐度分布

Fig. 7-32 Salinity distribution at ice cores, melt ponds and underlying sea water during 6th CHINARE

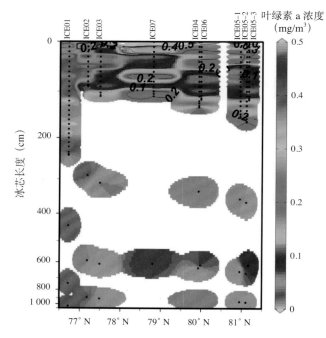

图7-33 中国第六次北极科学考察海冰冰芯、融池和冰下水叶绿素a浓度分布

Fig. 7-33 Chl a distribution at ice cores, melt ponds and underlying sea water during 6th CHINARE

生物量主要集中在冰芯底部与海水直接接触的部分，本航次在冰芯上部分发现相对较高的叶绿素a含量，是个很值得研究的方向。此外，ICE07站发现了两个爆发了藻华的融池，其叶绿素a含量高达15 μg/L，为冰芯和冰下海水的100倍，藻华爆发的原因还有待进一步分析，但如果确认该藻华爆发具有普遍性的话，将是重要发现。

本航次长期冰站观测期间，还挑选了2个融池进行连续观测，其盐度、温度和叶绿素a观测结果如图7-34所示。2个融池的各项观测值在8天内变化趋势都不明显，尽管我们在观测的第7天用冰芯钻将融池打穿，但各项观测值都变化不大。出现这种现象的原因应该是，融池水高温低盐低密度的特性，导致其与冰下海水的交换很难形成。我们本来拟采取打穿融池的方式来观察融池融穿对上层海洋的影响，但目前的结果显示实验设计还需要进一步完善。

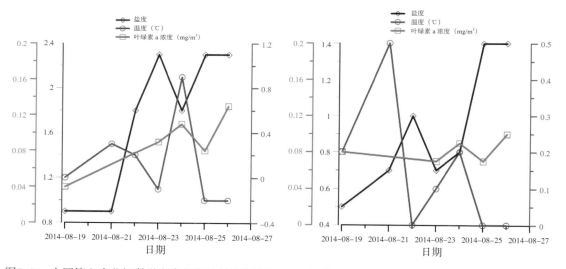

图7-34 中国第六次北极科学考察长期冰站期间融池MP1（上）和MP2（下）盐度、温度和叶绿素a观测结果

Fig. 7-34 Daily observation of melt pond salinity, temperature and Chl a at long-term ice camp during 6th CHINARE, MP1 (Top) and MP2 (Bottom)

7.7.5 底栖生物

大型底栖生物的分布受到多种因素的影响，其中最为重要是沉积物性质，包括粒径、含水量、有机质含量和氧化还原电位等等。本航次经过的不同海域，在底质状况、水深和海冰覆盖等方面都存在显著不同，因此大型底栖生物（定量）分布情况也各不相同。白令海陆架区多数站位水深在

200 m 以浅，表层海水的温度一般高于底层，但两者的盐度接近，底质主要是黑色细砂或泥沙，沉积物分选较好，箱式采泥器抓取的沉积物量不大，底栖生物一般以多毛类和端足类为主；白令海峡水浅流急，水深一般在 40 m 左右，表层海水温度高于底层，但两者的盐度接近，底质主要是细砂，并伴有砾石，箱式采泥器抓取的沉积物量很少，生物量不高，生物种类以端足类为主，少数站位生物样品有松叶蟹；楚科奇海南部水深一般不超过 50 m，海水混合均匀，表底层水温和盐度都较为接近，底质主要是砂质泥，伴有砾石，箱式采泥器抓取的沉积物量较多，生物种类有多毛类、双壳类和棘皮动物等；楚科奇海北部以及加拿大海盆水深逐步加大，表底层水温接近，在 0℃ 上下，盐度表层低底层高，可能出现盐跃层，越向北海冰覆盖面积越大且冰层越厚，表底层盐度差进一步拉大，该海域沉积物一般是软泥，伴有砾石，沉积物表层 3～6 cm 部分呈黄褐色，松软，可能是因为含锰量高，下层黏稠，箱式采泥器采获的沉积物厚度一般都在 30 cm 以上，但生物量和生物多样性都低，生物种类组成主要是多毛类和角贝，估计原因是该海域被海冰覆盖时间长，表层海水年初级生产力相对较低，加上水深较大，水体又存在盐跃层，表层能够沉降到底部海水－沉积物界面的有机质十分有限，而底栖动物属于异养型生物，外来食物来源少，必将影响底栖动物生物量。

本航次大型底栖生物拖网覆盖白令海和楚科奇海陆架区，获得了丰富的生物样品。初步估算底栖生物（不含底栖鱼类）种类达百余种，随着后续分析工作的开展，生物多样性还会进一步提高。不少站位的生物多样性相当高，且存在生物种类在不同站位重复出现率高的特点。所获的底栖生物种类从低等到高等分别有大型海藻、海绵动物、腔肠动物、纽形动物、软体动物、环节动物、星虫动物、甲壳动物、苔藓动物、棘皮动物和尾索动物等门类，其中以软体动物的腹足类和双壳类，以及棘皮动物的海星类种类最为丰富。一些经济种类分布范围较大，如松叶蟹，从白令海到楚科奇海的广大海域都有分布，且数量都较为可观；然而也有部分资源种，虽然分布范围较大，但仅在一两个站位形成数量高峰，如蛤蜊和扇贝。不同海区拖网样品组成有较大的差异，即使在同一个海区，虽然生物种类彼此接近，但是优势种组成也存在不同。白令海陆架区拖网样品底栖生物多样性主要源于丰富的腹足类种类，估计该海区腹足类有将近 20 种，其他较为常见门类有虾蟹类、多毛类和海星、珊瑚、海兔、海鞘、海盘车和海胆仅在部分站位出现；白令海峡拖网样品数量优势种为松叶蟹，其数量优势明显，分布密度高，该海域软体动物种类丰富，海盘车、海星、海饼干和虾类也较为常见；楚科奇海南部陆架拖网样品生物多样性非常高，每站的种类数估计可达数十种，该海域另一个特征是双壳类的种类和数量都明显增加，大个体生物也较多，如海盘车、海胆、海星、海鞘等棘皮动物，这一带贝类资源相当丰富，如毛蚶、扇贝和蛤蜊，腹足类种类虽然不少，但种类组成和白令海陆架接近；楚科奇海北部及陆架边缘海域一年的大部分时间为海冰所覆盖，该海域底栖生物多样性不高，数量优势种一般是管栖多毛类或棘皮动物，棘皮动物主要有海蛇尾和小海星。图 7-35 至图 7-50 为主要门类的图片以及部分站位的拖网样品照片，具体底栖生物种类组成情况见附录。

图7-35　不同门类底栖生物
Fig. 7-35　Different benthic phylum samples

腔肠动物/Coelenterate　纽形动物/Nemerteans　软体动物/Mollusc

环节动物/Annelids　星虫动物/Sipuncula　甲壳动物/Crustacean

苔藓动物/Bryozoa　棘皮动物/Echinoderm　尾索动物/Urochordata

图7-36　14B15站拖网：海蛇尾占优势
Fig. 7-36　Overview of station 14B15 trawling: with Ophiurid dominated

图7-37　14BS02站：拖网破损，估计松叶蟹漏掉，只剩下海饼干
Fig. 7-37　Overview of station 14BS02 trawling

图7-38　14BS06站：采获大量蟹类
Fig. 7-38　Overview of station 14BS06 trawling: lots of crabs were collected

图7-39　14BS08站：以松叶蟹和棘皮动物为主
Fig. 7-39　Overview of station 14BS08 trawling: with Hypothalassia armata and Echinoderm dominated

图7-40　14R02站：多样性以松叶蟹和贝类为主
Fig. 7-40　Overview of station 14R02 trawling: with Hypothalassia armata and Shellfish dominated

图7-41　14CC4站：海胆，海鞘和黑色蛤类，底质硬泥，带砾石
Fig. 7-41　Overview of station 14CC4 trawling: With urchins, Ascidians and black clams

图7-42　14CC6站：扇贝资源丰富，海鞘、海胆、海盘车数量大
Fig. 7-42　Overview of station 14CC6 trawling: With scallops, urchins, Ascidians and lots of asterids

图7-43　14R03站：松叶蟹数量极大
Fig. 7-43　Overview of station 14R03 trawling: With lots of Hypothalassia armata

图7-44 14C03站：生物量低，数量以虾为主
Fig. 7-44 Overview of station 14C03 trawling: with low biomass and shrimps dominated

图7-45 14C06站：底质硬泥，生物以海盘车、海饼干为主
Fig. 7-45 Overview of station 14C06 trawling: with asterids and seabiscuits dominated

图7-46 14C04站：以管栖多毛类和贝类为主，底质软泥
Fig. 7-46 Overview of station 14C04 trawling: with polychaetes and shellfish dominated

图7-47 14R07站：底质软泥，以小海星和贝类为主
Fig. 7-47 Overview of station 14R07 trawling: with stelleroids and shellfish dominated

图7-48 14S02站：底质软泥，以小海星和贝类为主
Fig. 7-48 Overview of station 14S02 trawling: with stelleroids and shellfish dominated

图7-49 14S01站：底质软泥，以海蛇尾和小海星为主，贝类数量也很丰富
Fig. 7-49 Overview of station 14S01 trawling: with Ophiurids, stelleroids and shellfish dominated

图7–50　14R12站：底质软泥，内有砾石，仅有十几个海蛇尾
Fig. 7–50　Overview of station 14R12 trawling: few organisms were sampled

7.7.6　大型藻类

中国第六次北极科学考察航次期间共采集到大型海藻 3 株（图 7–51），根据形态学初步鉴定均属于仙菜目红藻。另外还采集到海藻组织碎片（图 7–52），属于褐藻，推断其为孔叶藻。所有样品还需要带回实验室进行更为详细的形态学和分子生物学鉴定，以进一步确定其种属。

图7–51　本航次采集到的3株大型海藻
Fig. 7–51　Macroalgae collected during 6th CHINARE

图7–52　本航次采集到的部分海藻组织
Fig. 7–52　Alage tissues collected during 6th CHINARE

7.8　小　结

7.8.1　主要工作亮点

叶绿素与初级生产力调查方面，首次在北冰洋实现浮游植物初级生产力甲板培养结合 P–I 曲线测站，并辅以营养盐加富实验和铁加富实验，对浮游植物生态状态对初级生产力的影响进行详细讨论，同时系统分析北冰洋浮冰覆盖下海水浮游植物生长状态营养元素缺失，从多方面系统解释北冰洋浮游植物的生长和对北冰洋初级生产的贡献。

海冰生物调查方面，采集到了一个正在爆发藻华的融池样本，其叶绿素 a 含量高达 15 mg/m³，是冰下海水和冰芯生物量的 100 倍。同时，对冰芯叶绿素 a 含量的测定显示，冰芯上层（0 ～ 40 cm）浮游植物生物量较高，用观测事实证明了冰表融池爆发浮游植物藻华的可能性。该融池水的理化性质还有待进一步详细分析，以探讨该融池是否具有爆发藻华的普遍代表性。能够爆发藻华的融池是对北冰洋能量循环和碳循环理论的重要修正，对北冰洋很多理论都具有潜在影响。

本航次采集到了 2 株红藻，并且结构比较完整，有雌雄同体，孢子囊等结构，有助于其生活史的进一步研究。另外目前在国内还未见北极嗜冷藻的相关研究报道，本次分离到融池藻和冰藻，可以很好地补充嗜冷藻种资源。

7.8.2　主要结论

叶绿素和初级生产力方面，白令海陆架和海盆区存在明显的生态区分化：在 180°E 以西的海盆区，叶绿素的高值往往出现在近表层，其中以 Net 级浮游植物的分布尤为明显，而 Fe 是最主要的限制因子；在 180°E 以东的陆架海域，浮游植物存在明显的次表层叶绿素浓度最大值（SCM），这可能是因为陆架区浮游植物由 Fe 限制转向常规营养盐限制，后者在近表层趋于耗尽且主要依赖于底层水的补充，导致浮游植物叶绿素的高值出现在光照和营养盐达到最佳平衡的次表层。从各粒级对总叶绿素的贡献来看，在海盆区以小颗粒 Pico 级份的贡献为主，而在陆架区则以较大颗粒的 Net 级份贡献为主。各级份贡献比的变化，反映出白令海浮游植物的受限制情况，即海盆区趋于较强的营养盐限制，该限制随着水深变浅而逐渐减弱。

在楚科奇海，R 断面的观测显示，可以 75°N 为界，将楚科奇海分为两个不同的生态区。在 75°N 以南的楚科奇海台，叶绿素浓度相对较高，以 Net 级份的贡献为主，个别站位如 R2、R7 还出现叶绿素浓度大于 10 mg/m³ 的情况，说明这一海域存在较为丰富的生物生产；而在 75°N 以北的海盆区域，叶绿素浓度迅速降低，Pico 级份对总生物量的贡献最大。这种生物 – 地理分布上的巨大反差表明，海台区和海盆区可以视作两个不同的生态系统。

微微型浮游生物方面，各类型微微型浮游生物的丰度范围分别是：微微型真核浮游植物（P-euk）0 ～ 14.1 cells/μL；聚球藻（Syn）0.07 ～ 21.4 cells/μL；异养细菌（HBA）0.08×10⁸ ～ 15.7×10⁸ cells/L。微微型浮游生物呈现出明显的白令海高于楚科奇海和北冰洋中心区加拿大海盆的分布特征其表层分布和垂直分布都明显受到水团和水流的影响，主要表现为：在白令海盆，其表层分布和垂直分布都受到白令海涡旋的影响，有明显的高低值间隔条带状分布特征；白令海 B 断面，主要分布在断面南段受阿留申岛链外太平洋水影响较大的暖水团中，断面北段受冷水团影响，丰度较低；白令海 NB 断面，在太平洋水影响的海盆边缘区和阿拉斯加沿岸水（ACW）中的丰度明显高于白令海陆架水（BSW）；楚科奇海 CC 断面，P-euk 在 ACW 中丰度明显高于 BSW，而 Syn 在门捷列夫海岭海域中的高丰度显然与西伯利亚沿岸淡水输入有关系。

浮游生物方面，结合往年的观测结果，发现北冰洋太平洋扇区浮游动物的分布呈现明显的地域性：白令海测区呈现明显的北太平洋区系特征；白令海峡附近，白令海暖水与楚科奇海冷水的混合，使浮游动物组成呈现出部分的白令海区系特征，尤其是斯氏手水蚤，布氏真哲水蚤等种类在某些站位丰度极高；楚科奇海陆架区的浮游动物组成以小型桡足类以及大型桡足类的早期幼体为主，间以少量的成体；楚科奇海台的浮游动物生物量明显减少，群落区系特征也开始呈现明显的北极特征，群落组成上以体型较大的桡足类晚期幼体以及成体为主，小型桡足类的数目减少，间以少量的微哲水蚤类，而这些微哲水蚤类一般被认为是随海流由加拿大海盆进入的。

底栖生物方面，发现白令海峡南北两侧大型底栖生物多样性较高，陆架边缘和深海以及靠近河口的站位生物多样性较低；白令海和楚科奇海陆架软体动物和棘皮动物种类多样性非常高，海区出现率和数量都很高，而海绵动物和大型海藻则分布较少；部分种类资源丰富，如松叶蟹、扇贝和蛤蜊等。

海冰生物方面，发现海冰生物量特别是浮游植物生物量主要集中在冰芯上部分和下部分，尤其是上部分雪冰结构当中，明显高于冰芯中部。这与以往的观测结果是不一致的：往年的结果显示冰芯浮游植物生物量主要集中在冰芯底部，而本航次的发现可以为冰表融池爆发浮游植物藻华提供物种基础。

7.8.3　经验与建议

中国第六次北极科学考察，顺利完成了大型底栖生物拖网和鱼类浮游水平拖网作业，获得了较好的样品。但由于诸多因素及底质条件的限制，底栖生物调查水深范围较窄，尤其是三角拖网多集中于 300 m 以浅的海区，还不足以充分了解调查海域底栖生物多样性特征，R11 站和 R12 站水深虽达到 300 ～ 450 m，但浮冰的冰层较厚增加了作业难度。如果今后能够增加调查站位，拓宽水深范围的话，应该能会取得更多的成果。另外，为更为全面地了解北极鱼类多样性，建议增设在白令海和楚科奇海水深达到 400 ～ 500 m 的站位；建议增加中层拖网等调查方式。

大型底栖生物专业的考察较以往航次有一些进步：其一是定量采样面积加大，过去作业时间偏紧，沉积物分配偏紧，底栖生物专业定量采样面积仅为 1/16 m^2，而本航次大多站位采样面积达 0.25 m^2，更符合生物规范要求；其二是取样站位增多，海区覆盖率更高；其三是本航次采集并保存了部分经济种质资源，可能会为水产增养殖提供相关资源。不足之处：其一是定量采样无法获取重复样；其二是人员配置偏紧，遇到连续作业，出现工作不能按时完成的现象；其三是生物调查偏好重复站位，但由于航次任务和作业实际情况有变，无法做到与以往站位完全重叠；其四是深海站位比例少，由于深海站位水深大，作业时间长，不确定因素多，因此，实际作业中经常跳过深海站位。

此外，对大型底栖生物专业的考察而言，定量采样除了保证样方面积外，最好能重复采样，这要求或者增加采样次数，或者使用多箱式采泥器；如能设计两条从陆架延伸到深海盆地的断面：一条在白令海；一条在海冰覆盖的加拿大盆地，则对于讨论有无海冰覆盖下水深变化对底栖生物生物的影响将更有益处。

附录 大型底栖生物拖网种类图谱

（共计130种，不含底栖鱼类）

Appendix: Species composition and figures of macrobenthods sampled by benthic trawling, a total of 130 species are counted and groundfish are not contained

大型海藻/Macroalgae 4种

海绵动物/Spongia 1种

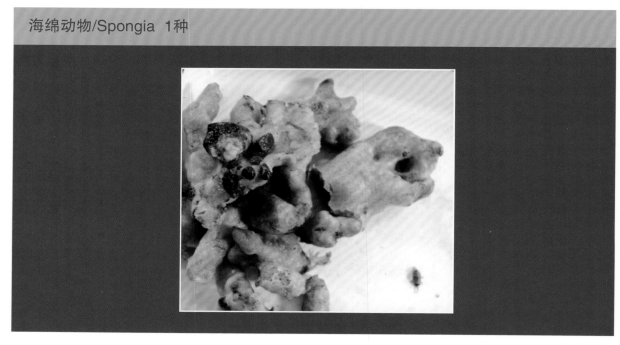

腔肠动物/Coelenterate 5种

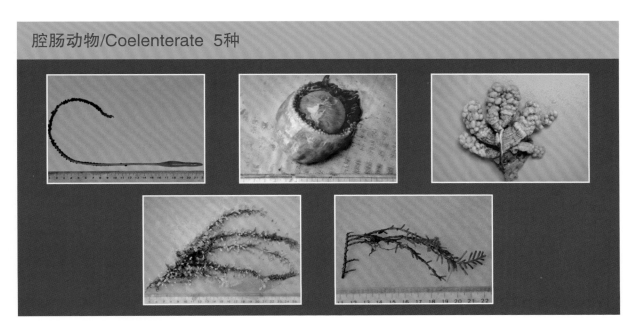

纽形动物/Nemertinea 1种

环节动物/Annelida 4种

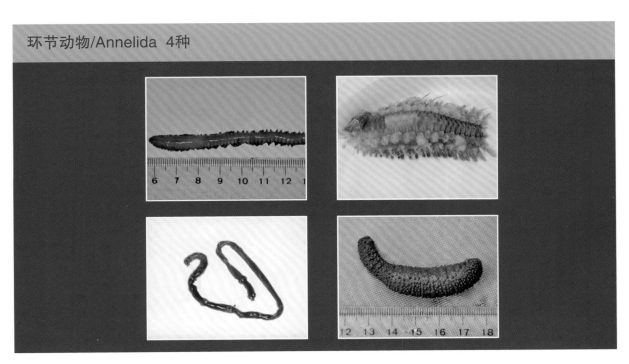

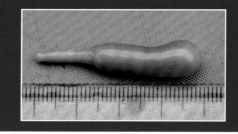

软体动物/Mollusc 53种

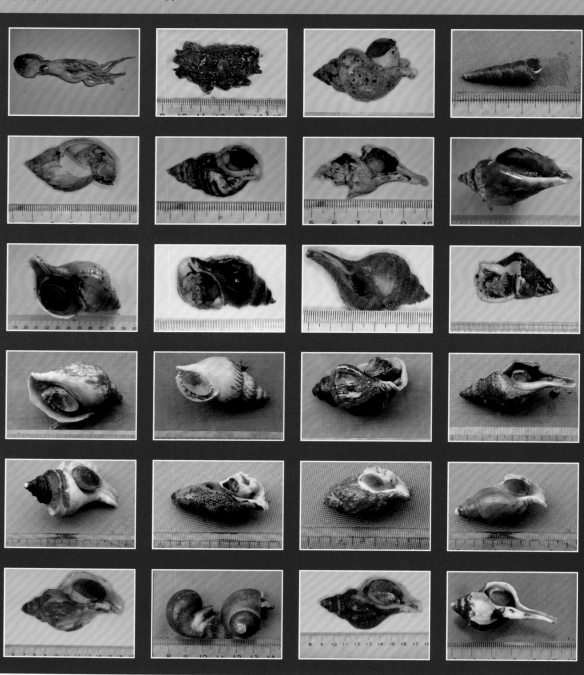

节肢动物/Arthropod 22种

 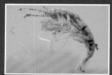   

益虫动物 1种

苔藓动物/Bryozoa 1种

棘皮动物/Echinoderm　27种

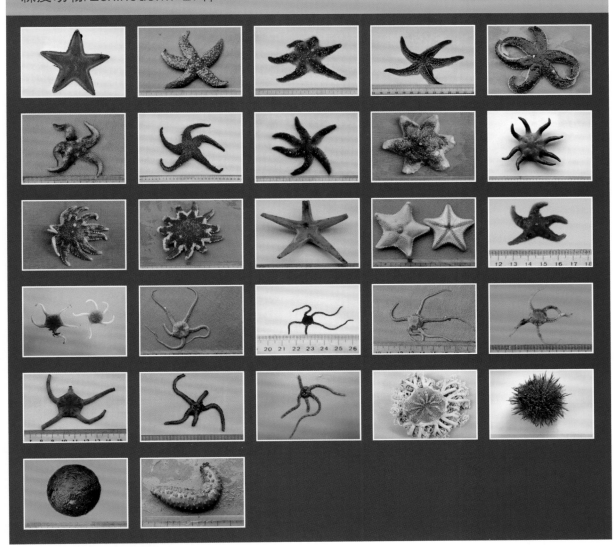

尾索动物/Urochordata　4种

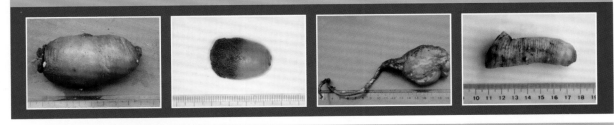

未知生物/Unclassified organism　3种

中国第六次北极科学考察主要成果、经验及建议 第 **8** 章

- 考察取得的主要成果
- 经验及建议

中国第六次北极科学考察是"南北极环境综合考察与评估"专项的第二个北极科考航次，也是我国成为北极理事会观察员国后实施的首次极地科学考察。此时正值我国南极考察30周年，北极建站10周年，也是我国实施极地考察"十二五"规划的关键一年。考察队临时党委团结带领全体考察队员乘我国极地科考事业大发展之东风，在国家海洋局的坚强领导下，在极地考察办公室的精心指挥和中国极地研究中心的大力保障下，在各考察任务参与单位的大力支持下，弘扬"爱国、拼搏、求实、创新"的极地精神，认真学习习近平总书记系列讲话精神，坚决贯彻国家海洋局党组对第六次北极科学考察的指示精神，根据《中国第六次北极科学考察现场实施计划》的要求，科学合理安排科考计划，奋力拼搏，共历时76天，总航程22 000多千米，在白令海、楚科奇海、楚科奇海台、北风海脊、加拿大海盆等重点海域完成了船基和冰基综合科考作业，安全、顺利、圆满地完成了各项考察任务。

8.1 考察取得的主要成果

作为近北极国家，北极气候变化对我国气候环境、工农业生产和人民生活都有着重要的影响，北极航道的开通以及北极资源的开发也将给我国这一北半球最大的发展中国家的社会经济发展带来机遇和挑战。因此，本次科考围绕"北极快速变化及其对我国气候的影响"这一主体，安排了船基和冰基的综合科考，重点考察内容涵盖了海洋水文与气象、海洋地质、地球物理、海洋化学、海洋生物与生态等。考察队克服了恶劣天气和北冰洋海冰较常年偏重等不利因素的影响，完成了90个站位的船基定点综合考察，7个短期冰站和1个长期冰站的冰基综合观测，布设了多种海洋和海冰观测浮标，开展了船基走航综合地球物理探测、抛弃式观测以及海冰物理特征综合观测。共获得各类观测数据逾1 000 G，各类样品逾2万份，部分工作超额完成计划考察任务。在锚碇浮标布放、深水冰拖曳浮标布放、近海底磁力测量、海冰浮标阵列布放等方面取得了突出成绩，开展的全程质量管理与控制工作也使得极地科考的现场管理迈上了一个新台阶。现将取得的主要成果概述如下。

8.1.1 物理海洋与海洋气象考察

计划作业站位82个，实际完成90个站位。其中CTD剖面观测站位90个，流速剖面（LADCP）观测站位89个，海洋光学观测站位44个，湍流观测站位43个，海雾辐射观测站位1个。完成抛弃式观测站位459个（XBT422枚，XCTD37枚），布放Argo浮标10套，Argos漂流浮标8套，投放GPS探空气球90个。开展了船基走航海洋多要素观测（海表温盐、海流、溶解氧、温室气体含量，等）和走航大气环境多要素观测（常规气象要素、海气界面通量、大气化学组成等）。在55°36′N，172°36′E，水深3 800 m的白令海海域成功布放了我国首套锚碇观测浮标。

8.1.2 海洋地质考察

计划作业站位50个，实际完成70个站位。表层沉积物采样完成60个站位（箱式采样46个站位，多管采样14个站位），柱状沉积物采样完成23个站位（2个空站），表层悬浮体采样完成70个站位，大体积海水原位过滤采样完成50个站位。利用重力取样器获得的21个高质量的沉积物岩芯累计长度达到75 m，单芯最长的615 cm，最短的75 cm，平均长度356 cm。

8.1.3 海洋地球物理考察

采用国际先进的探测技术，首次在极地海域开展了近海底磁力测量，共完成2条测线592 km；根据调查海域冰情条件，择机开展了海面拖曳磁力测量，共完成2条测线513 km；海洋重力测量完成 3 条测线 831 km；反射地震测量完成 1 条测线 200 km；搭载海洋地质考察作业，在 19 个站位进行了海底热流测量，其中有 5 个为长期冰站作业时的密集站位测量。另外还开展了 GPS 联测作业。

8.1.4　海洋化学考察

计划作业站位 60 个，实际完成 89 个站位。海水化学考察水样采集站位 89 个，硝酸盐剖面观测站位 40 个；大气化学考察共采集大气化学样品 358 个，大气汞数据 10 000 余个，大气氮氧化物数据 153 个，挥发性有机物（VOCs）样品 38 个，总悬浮颗粒物（TSP）样品 92 张；沉积化学方面完成 43 个站位表层沉积物采集；于 8 月 5 日在加拿大海盆高纬度地区成功布放了沉积物捕获器锚系 1 套，这也是继中国第三次北极科学考察后在北冰洋又一次布放沉积物捕获器锚系。。

8.1.5　海洋生物生态考察

计划作业站位 60 个，实际完成 81 个站位。完成浮游植物生物量调查站位 77 个、浮游动物和浮游植物样品采集 72 个站位、微型和微微型浮游生物采样站位 81 个（重点站位 43 个）；叶绿素和初级生产力考察累计完成叶绿素测站 80 个、初级生产力测站 17 个、P-I 曲线测站 15 个以及营养盐加富实验测站 1 个；浮游生物考察完成垂直拖网采样 68 个站位，浮游生物多联网采样 4 个站位；底栖生物考察完成大型底栖生物拖网 32 个站位，大型底栖生物定量采样 42 个站位，小型底栖生物采样 30 个站位；另外还选择典型站位进行了底表微生物、大型藻类等样品的采集。海冰生物考察发现一个正在爆发藻华的融池，其叶绿素 a 含量高达 15 mg/m^3，是冰下海水和冰芯生物量的 100 倍，同时对冰芯叶绿素 a 含量的测定显示冰芯上层（0 ～ 40 cm）浮游植物生物量较高，用观测事实显示了冰表融池爆发浮游植物藻华的可能性。

8.1.6　冰基海－冰－气界面多要素立体协同观测

本次考察共开展了 7 个短期冰站和 1 个为期 10 天的长期冰站多学科立体协同观测。

首次进行了海冰浮标（海冰温度链浮标、海冰漂移浮标）阵列布放，开展了电磁感应式海冰厚度观测、冰雪面 / 融池 / 冰下的短波辐射连续观测等。布放了 37 枚冰基浮标，其中包括冰面气象站浮标 1 枚，海冰物质平衡浮标 1 枚，气－冰－海温度链浮标 21 枚，以及 10 枚 GPS 浮标。布放了国内自主研发的浅水冰拖曳浮标 1 套，开展了海冰厚度、辐射通量、流速剖面、冰下上层海洋微结构以及冰下自主 / 遥控机器人（ARV）观测等，以及走航海冰综合观测。

8.1.7　国际合作成果显著

本次科考共有来自美国（3 人）、俄罗斯（1 人）、德国（1 人）、法国（1 人）和我国台湾地区（1 人）的 7 位科学家参加了海洋地质、海洋化学和海洋生物生态考察以及深水冰拖曳浮标（ITP）浮标布放作业。在考察作业过程中，中外考察队员精诚合作，结下了深厚的友谊。外方考察队员均积极参加各项作业，取得了满意的样品和数据，为下一步深入合作研究做好了充足的准备。尤其是在长 / 短期冰站期间布放 3 套 ITP 浮标过程中，美方不仅对冰厚和纬度有一定的要求，而且还要求 3 个浮标之间的相互距离在 100 km 以上。考察队多次召开专题会议，协调船、直升机、冰站和 ITP 布放小组，研究冰情与布放方案，成功将 3 套 ITP 浮标圆满布放到位并全部工作正常，受到美方人员的高度赞扬，美方合作单位伍兹霍尔海洋研究所（Woods Hole）负责人特意致信考察队表示感谢。

8.1.8　航次质量控制与监督管理工作

为加强极地专项的质量控制与监督管理工作，确保专项任务的完成质量，国家海洋局极地专项办公室制定了《极地专项质量控制与监督管理办法》。国家海洋标准计量中心作为极地专项质量监督管理工作机构，依据相关管理办法制定了《中国第六次北极考察航次质量控制与监督管理实施方案》。中国第六次北极考察设立随船质量监督员，并由其组织开展随船质量监督检查工作，这在我国南北极科学考察航次尚属首次。本次考察严格按照《中国第六次北极科学考察现场实施方案》规定，专门任命了质量监督员，配合工作机构开展质量控制与监督管理工作。质量监督员参与了仪器的自校准（比对、比测）和仪器的有效期间核查，考察期间完成了 3 次检查，对科考作业过程中工作日志、班报、相关原始记录、仪器故障情况记录和解决措施记录，对采集样品现场预处理和储存是否符合技术规程规定等工作进行仔细检查，并督促各考察任务组开展质量工作自查。针对质量监督员定期反馈的问题和不足，考察队领导及各学科负责人积极配合整改工作，确保了本航次考察各项任务安全、高效、高质量的完成。

8.2　经验及建议

在我国大力推进海洋强国战略和海上丝绸之路建设的当今时代，北极地区对我国未来的经济社会发展具有重要的战略意义。开展北极科学考察是我国了解北极，认识北极的重要途径，也是我国参与北极事务的重要体现。通过执行中国第六次北极考察现场任务，取得的经验体会如下。

（1）鉴于我国北极科学考察队组成人员来自不同部门和不同单位，同时还有一些国外合作人员，需要一定的时间相互熟悉。因此，考察队的坚强领导和组织十分必要，只有发挥好考察队临时党委和领导的核心作用，以身作则，率先垂范，才能在短时间内迅速树立榜样，建立起各项规章制度，并使之得以贯彻执行，使临时组建的考察队形成凝聚力和战斗力。

（2）北冰洋环境恶劣，气象、海况和冰清变化无常。要做好北极考察的现场工作，不仅需要事先周密计划，更需要现场考察的精心组织与科学合理安排。考察队必须根据实际冰情、气象和海况条件，及时对考察计划和航线作出相应的调整。要发扬民主，集思广益，听取各方意见，反复进行磋商，才能科学决策，正确决策，保证科考和航行任务的完成。通过本次考察，我们感觉到虽然北极地区近年来环境变暖导致冰雪消融十分迅速，但在区域变化方面存在着不确定性，这对科学考察和航行带来挑战，对此应当予以充分的重视。

（3）考察船与科考队必须高度协同才能完成好各项考察任务。

随着我国的科技进步与发展，现在的极地考察已进入高科技时代，使用的考察工具和装备囊括了海、陆、空等多个方面，需要整体团队的密切协同配合。尤其是在长期冰站作业和大型浮标的布放上，更需要作业人员与船员的紧密配合，甚至直升机组也需参与进来，构成一种集成方式的考察活动，对计划、组织、指挥和安全保障等方面提出了更高要求，必须认真对待每一个细节。

（4）搞好考察队的文化生活是团队和谐的重要保证。北冰洋考察通常以"雪龙"船为考察平台，近 130 名人员在一个狭小的空间中要一起工作、生活近 3 个月，团队和谐至关重要。而要做到这一点，需要方方面面的细致工作，队员的思想状况，身体健康，人际关系、伙食及卫生状况、生活习惯等都会对考察产生影响。因此，考察队的业余文化生活至关重要。本次考察从一开始就周密制订了文化生活的计划，组织开展了形式多样的文艺和比赛活动，开办了北极大学，使队员的心理和精神状态始终保持健康稳定，为考察队的和谐建设作出了贡献。

结合本次北极考察实践，对现场考察实施中存在的一些问题，提出的改进建议如下。

（1）由于北极考察从国内抵达作业点的航程时间短，考察队员之间的磨合时间少，因此，建议在今后的北极考察现场实施方案的制定中，应当事先召集各参与部门和负责人进行沟通与研讨，客观考虑现场实施条件，并尽可能使实施方案详细周全，以减少现场实施中遇到的困难。

（2）目前在考察中，现场工作人员许多是研究生或者参加课题的年轻成员，对开展课题研究的主要目标并不十分了解，所以在现场考察中往往机械性工作，一些研究生可能就是一次性参加考察活动，造成可持续性不强，这使得参与现场的科考人员培训成本大大提高。建议在挑选队员时，应充分考虑人员参与考察的持续性，构建合理的机制，鼓励课题负责人和有经验的科学家参与现场考察，提高现场考察的效益。

（3）对外合作是极地考察的最大特点之一。在考察过程中，考察队与外方参与者的沟通与管理至关重要。因此，建议今后由极地考察主管部门对现场考察中的对外合作项目实施统一管理，并作为现场考察中对外合作中的唯一窗口，避免由课题组各自负责时产生的信息不畅，造成误会。此外，当外籍考察队员较多时，应当考虑在考察队中设立一名对外联络员，负责考察现场的对外沟通和管理。

附件 中国第六次北极科学考察人员名录

（共128人）

曲探宙

任务：领队、临时党委书记
单位：国家海洋局极地考察办公室
电话：010－68017624
邮箱：qutanzhou@caa.gov.cn

潘增弟

任务：首席科学家
单位：国家海洋局东海分局
电话：021－58612433
邮箱：zdpan@263.net

徐世杰

任务：领队助理、党办主任
单位：国家海洋局极地考察办公室
电话：13910925586
邮箱：xushijie@caa.gov.cn

沈权

任务：领队助理、船长
单位：中国极地研究中心
电话：13917314105
邮箱：shenquan@pric.gov.cn

金波

任务：领队助理、首席科学家助理
单位：国家海洋局极地考察办公室
电话：13671376278
邮箱：jinbo@caa.gov.cn

刘焱光

任务：首席科学家助理
单位：国家海洋局第一海洋研究所
电话：13553074910
邮箱：yanguangliu@fio.org.cn

李丙瑞

任务：首席科学家助理
单位：中国极地研究中心
电话：13524298025
邮箱：libingrui@pric.gov.cn

赵觅

任务：行政秘书
单位：国家海洋局宣传教育中心
电话：13701180780
邮箱：zhaomi@vip.163.com

薛丹

任务：后勤保障
单位：中国极地研究中心
电话：13564457107
邮箱：xuedan@pric.gov.cn

王方园

任务：后勤保障
单位：中国极地研究中心
电话：15201934510
邮箱：wangfangyuan@pric.gov.cn

李志强

任务：气象保障
单位：国家海洋环境预报中心
电话：13581832853
邮箱：zqli@nmefc.gov.cn

陈志坤

任务：气象保障
单位：国家海洋环境预报中心
电话：18611546653
邮箱：zhkchen@nmefc.gov.cn

李凤山

任务：飞行员
单位：中信海直公司
电话：13823183608
邮箱：lifengshan@aircitic.com

刘海波

任务：飞行员
单位：中信海直公司
电话：18682010567
邮箱：liuhaibo@aircitic.com

郭 云

任务：机械师
单位：中信海直公司
电话：15626535946
邮箱：guoyun@aircitic.com

姚平博

任务：机械师
单位：中信海直公司
电话：15899861006
邮箱：yaopingbo@aircitic.com

徐 硙

任务：记者
单位：新华社
电话：13683357375
邮箱：13683357375@163.com

吴建波

任务：记者
单位：中央电视台
电话：13717698131
邮箱：49442691@qq.com

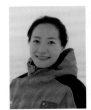

李 洁

任务：记者
单位：中央电视台
电话：13911560119
邮箱：jijie1029@126.com

张一玲

任务：记者
单位：中国海洋报社
电话：18612258948
邮箱：zylyl10@126.com

梁新友

任务：随船保障
单位：国家海洋技术中心
电话：13691076905
邮箱：icetree@eyou.com

多雪松

任务：随船保障
单位：国家海洋技术中心
电话：15810673990
邮箱：duoxuesong@aliyun.com

周红进

任务：随船保障
单位：国家海洋技术中心
电话：18604094081
邮箱：jiangangone@gmail.com

刘 娜

任务：物理海洋调查
单位：国家海洋局第一海洋研究所
电话：13668888172
邮箱：liun@fio.org.cn

边洪村

任务：物理海洋调查
单位：国家海洋局第一海洋研究所
电话：13964211061
邮箱：bhc@fio.org.cn

刘洪宁

任务：物理海洋调查
单位：国家海洋局第一海洋研究所
电话：15063997705
邮箱：liuhn@fio.org.cn

董林森

任务：海洋地质调查
单位：国家海洋局第一海洋研究所
电话：13793291338
邮箱：donglinsen@126.com

何琰

任务：物理海洋调查
单位：国家海洋局第一海洋研究所
电话：13553003552
邮箱：heyan@fio.org.cn

华清峰

任务：地球物理调查
单位：国家海洋局第一海洋研究所
电话：15588669389
邮箱：hqf@fio.org.cn

王子成

任务：海洋化学调查
单位：国家海洋局第一海洋研究所
电话：18669735201
邮箱：wangzc@fio.org.cn

刘晨临

任务：海洋生物调查
单位：国家海洋局第一海洋研究所
电话：13553085922
邮箱：ch.lliu@163.com

腾芳

任务：海洋化学调查
单位：国家海洋局第一海洋研究所
电话：18660258610
邮箱：tengfang@fio.org.cn

陈钟为

任务：物理海洋调查
单位：国家海洋局第二海洋研究所
电话：15257074145
邮箱：chenzhongwei1991@163.com

叶黎明

任务：海洋地质调查
单位：国家海洋局第二海洋研究所
电话：15088714087
邮箱：xinshanren@163.com

张涛

任务：地球物理调查
单位：国家海洋局第二海洋研究所
电话：13958084471
邮箱：zhangtaosio@gmail.com

王威

任务：地球物理调查
单位：国家海洋局第二海洋研究所
电话：15105816156
邮箱：575740893@qq.com

卢　勇

任务：海洋化学调查
单位：国家海洋局第二海洋研究所
电话：13867124905
邮箱：luyong@sio.org.cn

白有成

任务：海洋化学调查
单位：国家海洋局第二海洋研究所
电话：13656682041
邮箱：bycheng2006@hotmail.com

庄燕培

任务：海洋化学调查
单位：国家海洋局第二海洋研究所
电话：15968847650
邮箱：pei368@163.com

张　扬

任务：海洋化学调查
单位：国家海洋局第二海洋研究所
电话：15068878804
邮箱：yangz1357@126.com

郝　锵

任务：海洋生物调查
单位：国家海洋局第二海洋研究所
电话：13071895613
邮箱：ghq@vip.sina.com

邓芳芳

任务：海洋化学调查
单位：国家海洋局第三海洋研究所
电话：15960268705
邮箱：dengfangfang@tio.org.cn

李海东

任务：地球物理调查
单位：国家海洋局第三海洋研究所
电话：15959252229
邮箱：lihaidong@tio.org.cn

郑江龙

任务：海洋地质调查
单位：国家海洋局第三海洋研究所
电话：18205929603
邮箱：zhengjianglong@tio.org.cn

李玉红

任务：海洋化学调查
单位：国家海洋局第三海洋研究所
电话：13074867793
邮箱：liyuhong@tio.org.cn

顾海峰

任务：海洋生物调查
单位：国家海洋局第三海洋研究所
电话：13063052574
邮箱：guhaifeng@tio.org.cn

黄丁勇

任务：海洋生物调查
单位：国家海洋局第三海洋研究所
电话：15960280535
邮箱：hdyxmu@tio.org.cn

林俊辉

任务：海洋生物调查
单位：国家海洋局第三海洋研究所
电话：13515963602
邮箱：linjunhui@tio.org.cn

钟指挥

任务：海洋生物调查
单位：国家海洋局第三海洋研究所
电话：13656036108
邮箱：zhongzhihui@tio.org.cn

崔鹏飞

任务：海洋生物调查
单位：国家海洋局第三海洋研究所
电话：15060796092
邮箱：edmundcui@126.com

田忠翔

任务：大气观测
单位：国家海洋环境预报中心
电话：18911580056
邮箱：tzhx@live.com

肖 林

任务：大气观测
单位：国家海洋环境预报中心
电话：13651019869
邮箱：xiaolin@nmefc.gov.cn

马新东

任务：海洋生物调查
单位：国家海洋环境监测中心
电话：13998587561
邮箱：xdma@nmemc.gov.cn

林 凌

任务：海洋生物调查
单位：中国极地研究中心
电话：13621991766
邮箱：linling@pric.gov.cn

唐学远

任务：海冰观测
单位：中国极地研究中心
电话：13761139049
邮箱：tangxueyuan@pric.gov.cn

雷瑞波

任务：海冰观测
单位：中国极地研究中心
电话：15216727374
邮箱：leiruibo@pric.gov.cn

曹叔楠

任务：海洋生物调查
单位：中国极地研究中心
电话：15810953769
邮箱：caoshunan83@gmail.com

吴文彬

任务：物理海洋调查
单位：国家海洋局东海分局
电话：13816974343
邮箱：seanwwb@gmail.com

綦声波

任务：物理海洋调查
单位：中国海洋大学
电话：13656487526
邮箱：qishengbo@ouc.edu.cn

李 涛

任务：物理海洋调查
单位：中国海洋大学
电话：18765993176
邮箱：litaoocean@gmail.com

中国第六次北极科学考察报告

THE REPORT OF 2014 CHINESE ARCTIC RESEARCH EXPEDITION

王晓宇

任务：物理海洋调查
单位：中国海洋大学
电话：15964288363
邮箱：wangxiaoyu331@163.com

钟文理

任务：物理海洋调查
单位：中国海洋大学
电话：13553050849
邮箱：wlzhongouc@163.com

牟龙江

任务：物理海洋调查
单位：中国海洋大学
电话：15969820890
邮箱：oucmlj@gmail.com

张麋鸣

任务：海洋化学调查
单位：厦门大学
电话：15060779302
邮箱：zhangmiming2010@163.com

祁第

任务：海洋化学调查
单位：厦门大学
电话：15960258792
邮箱：qidi60@qq.com

曾健

任务：海洋化学调查
单位：厦门大学
电话：15260220186
邮箱：641665009@qq.com

林辉

任务：海洋化学调查
单位：厦门大学
电话：14759781030
邮箱：253199881@qq.com

邓恒祥

任务：海洋化学调查
单位：厦门大学
电话：13606938306
邮箱：652357965@qq.com

逯昌贵

任务：大气科学
单位：中国气象科学研究院
电话：13683225003
邮箱：lcg@cams.cma.gov.cn

丁明虎

任务：大气科学
单位：中国气象科学研究院
电话：13810705182
邮箱：dingminghu@cams.cma.gov.cn

徐志强

任务：海洋生物调查
单位：中国科学院海洋研究所
电话：13964229018
邮箱：sddxsaga@126.com

王少青

任务：海洋生物调查
单位：中国科学院海洋研究所
电话：13791938178
邮箱：mbm@qdio.ac.cn

林丽娜

任务：物理海洋调查
单位：中国科学院南海海洋研究所
电话：15964201406
邮箱：linln@fio.org.cn

曾俊宝

任务：物理海洋调查
单位：中科院沈阳自动化研究所
电话：15940518923
邮箱：zengjb@sia.cn

贺鹏真

任务：海洋化学调查
单位：中国科学技术大学
电话：18709858137
邮箱：hpz@mail.ustc.edu.cn

张 灿

任务：海洋生物调查
单位：中国科学技术大学
电话：13637073077
邮箱：zcan93@mail.ustc.edu.cn

刘 磊

任务：物理海洋调查
单位：太原理工大学
电话：15135155181
邮箱：ai285832570@126.com

王庆凯

任务：物理海洋调查
单位：大连理工大学
电话：15242606166
邮箱：dlutwqk@163.com

郑宏元

任务：海洋生物调查
单位：同济大学
电话：15317238727
邮箱：715671696@qq.com

梅 静

任务：海洋地质调查
单位：同济大学
电话：13585641082
邮箱：meijing0315@126.com

何宣庆

任务：海洋生物调查
单位：台湾海洋生物博物馆
电话：+886-925566211
邮箱：hohc@nmmba.gov.tw

肖晓彤

任务：海洋地质调查
单位：德国极地与海洋研究所
电话：+49(016)25454683
邮箱：Xiaotong.Xiao@awi.de

Andrew Collins

任务：海洋化学调查
单位：美国佐治亚大学
电话：13107742395
邮箱：andrew.u.collins@gmail.com

Victoire Rerolle

任务：海洋化学调查
单位：法国巴黎第六大学
电话：13486120858
邮箱：virlod@locean_ipsl.upmc.fr

Bosin Aleksandr

任务：海洋地质调查
单位：俄罗斯太平洋研究所
电话：15853214730
邮箱：bosin@poi.dvo.ru

James Dunn

任务：物理海洋调查
单位：美国伍兹霍尔海洋研究所
电话：15089626103
邮箱：jdunn@whio.edu

Alexi Shalapyonok

任务：海洋科学
单位：美国伍兹霍尔海洋研究所
电话：15085409570
邮箱：alexi@whoi.edu

王硕仁

任务：政委
单位：中国极地研究中心
电话：13482265861
邮箱：wangshuoren@pric.gov.cn

朱 利

任务：大副
单位：中国极地研究中心
电话：13764859515
邮箱：13764859515@139.com

肖志民

任务：二副
单位：中国极地研究中心
电话：15821123008
邮箱：xiaozhimin@pric.gov.cn

龚慧佳

任务：三副
单位：上海海事大学
电话：13564716582
邮箱：jiajia.1510@163.com

张旭德

任务：三副
单位：中国极地研究中心
电话：13916199656
邮箱：zhangxude@pric.gov.cn

李铭剑

任务：三副
单位：中国极地研究中心
电话：15801931860
邮箱：limingjian@pric.gov.cn

唐飞翔

任务：水手长
单位：中国极地研究中心
电话：13641745922
邮箱：tangfeixiang@pric.gov.cn

夏云宝

任务：木匠
单位：中国极地研究中心
电话：13641703124
邮箱：xiayunbao@pric.gov.cn

许 浩

任务：水手
单位：中国极地研究中心
电话：15008001553
邮箱：xuhao.1984@aliyun.com

赵孝伟

任务：水手
单位：上海中波轮船股份有限公司
电话：13813073825
邮箱：362050865@qq.com

潘礼锋

任务：水手
单位：中国极地研究中心
电话：15000446808
邮箱：371857295@qq.com

邢　豪

任务：实习生
单位：中国极地研究中心
电话：13616000015
邮箱：seamanship9@gmail.com

陈冬林

任务：实习生
单位：中国极地研究中心
电话：13916486387
邮箱：617995727@qq.com

翟羽丰

任务：实习生
单位：中国极地研究中心
电话：18616763396
邮箱：zhaiyufeng@pric.gov.cn

刘少甲

任务：实习生
单位：中国极地研究中心
电话：15632150607
邮箱：273031965@qq.com

缪　炜

任务：管事
单位：中国极地研究中心
电话：13916497574
邮箱：xingrus@163.com

尹全升

任务：厨师
单位：中国极地研究中心
电话：13641796437
邮箱：yinquansheng@pric.gov.cn

张堪升

任务：厨师
单位：中国极地研究中心
电话：15800953008
邮箱：zhangkansheng@pric.gov.cn

李顶文

任务：厨师
单位：中国极地研究中心
电话：18202119079
邮箱：2010505433@qq.com

秦冬雷

任务：厨师
单位：中国极地研究中心
电话：13773890225
邮箱：526201881@qq.com

陈　文

任务：厨师
单位：中国极地研究中心
电话：15252837895
邮箱：chenwennanji@163.com

吴建生

任务：服务员
单位：中国极地研究中心
电话：13002165180
邮箱：wujiansheng@pric.gov.cn

张方根

任务：服务员
单位：中国极地研究中心
电话：13816298595
邮箱：94505480@qq.com

吴 健

任务：轮机长
单位：中国极地研究中心
电话：13917852701
邮箱：wujian@pric.gov.cn

范 远

任务：大管轮
单位：国家海洋局东海分局
电话：13918009955
邮箱：178933627@qq.com

黄 磊

任务：大管轮
单位：中国极地研究中心
电话：15821929615
邮箱：630873349@qq.com

陈晓东

任务：二管轮
单位：中国极地研究中心
电话：15618718305
邮箱：chenxiaodong@pric.gov.cn

李文明

任务：三管轮
单位：中国极地研究中心
电话：13918586564
邮箱：liwenming@pric.gov.cn

陈利平

任务：机匠长
单位：中国极地研究中心
电话：13818064133
邮箱：356969389@qq.com

方 平

任务：机工
单位：中国极地研究中心
电话：13400099191
邮箱：13400099191@139.com

王彩军

任务：机工
单位：中国极地研究中心
电话：13918222623
邮箱：baobeishina@sohu.com

汤建国

任务：机工
单位：中国极地研究中心
电话：13764077024
邮箱：356969389@qq.com

陈相林

任务：机工
单位：上海中波轮船股份有限公司
电话：15151893458
邮箱：2551665923@qq.com

丁佳伟

任务：机工
单位：中国极地研究中心
电话：15221841688
邮箱：232692574@qq.com

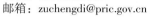

祖成弟

任务：机工
单位：中国极地研究中心
电话：15000239400
邮箱：zuchengdi@pric.gov.cn

曹玮康

任务：机工
单位：中国极地研究中心
电话：15058524262
邮箱：326033134@qq.com

何金海

任务：系统工程师
单位：中国极地研究中心
电话：13918581346
邮箱：285600677@qq.com

丁　峰

任务：电工
单位：中国极地研究中心
电话：18751357878
邮箱：1214216753@qq.com

夏寅月

任务：实验员
单位：中国极地研究中心
电话：15021741528
邮箱：xiayinyue@pric.gov.cn

肖永琦

任务：实验员
单位：中国极地研究中心
电话：13524385763
邮箱：minibrave@hotmail.com

程　鹏

任务：医生
单位：长海医院
电话：13564650688
邮箱：dfbbcxjh@hotmail.com